まえがき

　本書は，実教出版「機械設計1」（工業710）および「機械設計2」（工業711）の教科書に準拠した演習ノートである。

　「機械設計」の内容は，よくいわれる応用力学・機構学・機械設計が融合されたものになっている。それらは相互に関連して学習していくことによって，機械設計の総合的な基礎能力を養うことができるのである。したがって，自分は応用力学が好きだからといって，それだけの問題を解決できても，けっして総合的な能力を養うことにはならないので，じゅうぶん注意する必要がある。

　「機械設計」を学習するにあたって，とくに注意しなければならない点を次に述べる。

1. 機械設計には，いろいろな計算式が出てくる。それらの計算式をただ暗記するというのではなく，計算式の表している意味をよく理解することのほうがたいせつなことである。
　　また，問題を解くときに，例えば「この数値が小さくなったとき，結果にどのような変化があるのか」など，もう一歩深く考えてみる課題探究・発見の視点をもつようにしてほしい。

2. 機械設計には，いろいろな量記号がでてくる。計算式は，それらの量記号によって表されているが，量にはそれぞれ単位が用いられる。計算式に用いられている量の単位と設計で与えられる量の単位とは，必ずしも一致していないことがある。したがって，計算式によって計算する場合，同じ量の単位は一致させて計算しなければならない。単位をそろえないで計算することは無意味であることをじゅうぶんに知ってもらいたい。

3. 計算では，適宜関数電卓を使用し，πはπキーを使い，原則として，計算の途中では有効数字4けたで計算を進め，計算結果は四捨五入して有効数字3けた以内とし，その数値に応じた設計値を求めるようにする。

　教科書の内容は，教科書を読んだり，講義を聞いたりしただけではじゅうぶんに理解したとはいえない。本書では，この点を補い学習効果をあげるため，学習事項の要点を設問の形式でまとめ，皆さんが教科書を読みながら設問に答えていくという方法をとった。さらに計算問題も繰り返し出題して，教科書で学んだ内容を復習し，教科書を理解できるようにくふうして編修した。

JN059943

■ 目 次

重要な計算式 ……………………… 3

第1章　機械と設計
1 機械のしくみ ……………………… 5
2 機械設計 …………………………… 6

第2章　機械に働く力と仕事
1 機械に働く力 ……………………… 7
2 運　動 ……………………………… 18
3 力と運動の法則 …………………… 22
4 仕事と動力 ………………………… 26
5 摩擦と機械の効率 ………………… 33

第3章　材料の強さ
1 材料に加わる荷重 ………………… 36
2 引張・圧縮荷重 …………………… 36
3 せん断荷重 ………………………… 39
4 温度変化による影響 ……………… 41
5 材料の破壊 ………………………… 42
6 はりの曲げ ………………………… 46
7 ねじり ……………………………… 66
8 座　屈 ……………………………… 70

第4章　安全・環境と設計
1 安全・安心と設計 ………………… 73
2 倫理観を踏まえた設計 …………… 74
3 環境に配慮した設計 ……………… 74

第5章　ね　じ
1 ねじの用途と種類 ………………… 75
2 ねじに働く力と強さ ……………… 77

第6章　軸・軸継手
1 軸 …………………………………… 82
2 キー・スプライン ………………… 88
3 軸継手 ……………………………… 89

第7章　軸受・潤滑
1 軸受の種類 ………………………… 92
2 滑り軸受 …………………………… 92
3 転がり軸受 ………………………… 94
4 潤　滑 ……………………………… 97
5 密封装置 …………………………… 97

第8章　リンク・カム
1 機械の運動 ………………………… 98
2 リンク機構 ………………………… 99
3 カム機構 …………………………… 101
4 間欠運動機構 ……………………… 101

第9章　歯　車
1 歯車の種類 ………………………… 102
2 回転運動の伝達 …………………… 102
3 平歯車の基礎 ……………………… 103
4 平歯車の設計 ……………………… 110
5 その他の歯車 ……………………… 118
6 歯車伝動装置 ……………………… 119

第10章　ベルト・チェーン
1 ベルトによる伝動 ………………… 125
2 チェーンによる伝動 ……………… 130

第11章　クラッチ・ブレーキ
1 クラッチ …………………………… 132
2 ブレーキ …………………………… 134

第12章　ばね・振動
1 ば　ね ……………………………… 136
2 振　動 ……………………………… 138

第13章　圧力容器と管路
1 圧力容器 …………………………… 139
2 管　路 ……………………………… 142

第14章　構造物と継手
1 構造物 ……………………………… 143

重　要　な　計　算　式

(p. ○○ は該当する教科書のページ)

■　機械に働く力と仕事　■

[直角な２力の合成]　$F = \sqrt{F_1^2 + F_2^2}$, $\tan\alpha = \dfrac{F_2}{F_1}$
　　　　　　　　　　　　　　　　　　　　　　　p. 26

[力のモーメント]　$M = Fr = Fa\sin\theta$　　　　p. 29

[等速直線運動]　$v = \dfrac{s}{t}$, $s = vt$　　　　　p. 40

[等加速度運動]　$a = \dfrac{v - v_0}{t}$, $v = v_0 + at$　　p. 41

　　　　　$s = v_0 t + \dfrac{1}{2}at^2$, $v^2 - v_0^2 = 2as$　p. 42

[周速度]　$v = \dfrac{l}{t} = r\omega$　　　　　　　　　p. 43

[角速度]　$\omega = \dfrac{\theta}{t} = \dfrac{2\pi}{60}n$　　　　　　p. 43, 44

[向心加速度]　$a = v\omega = r\omega^2 = \dfrac{v^2}{r}$　　p. 45

[運動方程式]　$F = ma = \dfrac{W}{g}a$　　　　p. 47, 48

[力積]　$Ft = mv - mv_0$　　　　　　　p. 51

[仕事]　$A = Fs\cos\alpha = Fr\theta = T\theta$　p. 54, 63

[運動エネルギー]　$E_k = \dfrac{1}{2}mv_0^2$　　　p. 61

[位置エネルギー]　$E_p = mgH$　　　　p. 62

[動力]　$P = \dfrac{A}{t} = Fv = T\omega$　　　　p. 62, 63

[最大静摩擦力]　$f_0 = \mu_0 R$　　　　　p. 66

[静摩擦係数]　$\mu_0 = \tan\rho$　　　　　p. 67

[仕事と効率]　　　　　　　　　　　　p. 69

　$\eta = \dfrac{A_E}{A_E + A_C} \times 100\% = \dfrac{P_E}{P_E + P_C} \times 100\%$

■　材料の強さ　■

[応力]　$\sigma = \dfrac{W}{A}$, $\tau = \dfrac{W}{A}$　　　　p. 75, 83

[ひずみ]　$\varepsilon = \dfrac{\Delta l}{l}$, $y = \dfrac{\lambda}{l} = \tan\phi \fallingdotseq \phi$　p. 77, 84

[縦弾性係数]　$E = \dfrac{\sigma}{\varepsilon} = \dfrac{Wl}{A\Delta l}$　　　p. 80, 81

[横弾性係数]　$G = \dfrac{\tau}{y} \fallingdotseq \dfrac{W}{A\phi}$　　　　p. 85

[熱応力]　$\sigma = E\alpha(t' - t)$　　　　　p. 88

[許容応力]　$\sigma_a = \dfrac{\sigma_F}{S}$　　　　　　p. 97

[集中荷重を受ける片持ばり]　　　　p. 107
　せん断力　$F_x = -W$
　最大曲げモーメント（固定端）$M_{max} = -Wl$

[集中荷重を受ける単純支持ばり]　　p. 108, 109
　支点の反力　$R_A = \dfrac{Wb}{l}$, $R_B = \dfrac{Wa}{l}$
　せん断力　$F_{AC} = R_A$, $F_{CB} = -R_B$
　最大曲げモーメント　$M_{max} = R_A \cdot a = \dfrac{Wab}{l}$

[等分布荷重を受ける片持ばり]　　　p. 110
　最大せん断力（固定端）$F_{max} = -wl$
　最大曲げモーメント（固定端）$M_{max} = -\dfrac{wl^2}{2}$

[等分布荷重を受ける単純支持ばり]　p. 112
　支点の反力　$R_A = R_B = \dfrac{wl}{2}$
　せん断力（中央）$F = 0$
　（支点）$F_A = R_A = \dfrac{wl}{2}$, $F_B = -R_B = -\dfrac{wl}{2}$
　最大曲げモーメント（中央）$M_{max} = \dfrac{wl^2}{8}$

[断面係数]　$Z = \dfrac{1}{6}bh^2$（長方形）, $= \dfrac{\pi}{32}d^3$（円形）p. 116

[曲げ応力]　$\sigma_b = \dfrac{M}{Z}$　　　　　　p. 118

[はりのたわみ]　$\delta_{max} = \beta\dfrac{Wl^3}{EI}$　　p. 121

[ねじり応力]　$\tau = G\dfrac{d\cdot\theta}{2\,l}$, $\tau = \dfrac{T}{Z_p}$　p. 129, 130

[極断面係数]　$Z_p = \dfrac{\pi}{16}d^3$（中実円形）　p. 131

[柱の強さ]
　オイラーの式　$W = n\pi^2\dfrac{EI_0}{l^2}$　　　　p. 136

　細長比　$\dfrac{l}{k_0}$, $k_0 = \sqrt{\dfrac{I_0}{A}}$　　　　p. 136

　ランキンの式　$W = \dfrac{\sigma_c A}{1 + \dfrac{a}{n}\left(\dfrac{l}{k_0}\right)^2}$　　p. 136

■　ね　　じ　■

[ねじを回すトルク]
　$F_s = \dfrac{T}{L}$, $T = 0.2\,dW$　　　　p. 164, 165

[ねじの効率]　$\eta = \dfrac{\tan\beta}{\tan(\rho + \beta)}$　　p. 166

[ねじの強さとボルトの大きさ]
　軸方向の荷重から　$A = \dfrac{W}{\sigma_a}$　　p. 167
　軸方向の荷重とねじり荷重から　$A = \dfrac{4W}{3\sigma_a}$　p. 168
　せん断荷重から　$d = \sqrt{\dfrac{4W}{\pi\tau_a}}$　　p. 169

[たがいに接触しているねじ山の数・はめあい長さ]
　$z \geq \dfrac{4W}{\pi q(d^2 - D_1^2)}$, $L \geq \dfrac{4WP}{\pi q(d^2 - D_1^2)}$　p. 170, 171

■　軸・軸継手，軸受　■

[ねじりモーメント]　$T = 9.55 \times 10^3 \dfrac{P}{n}$　p. 179

[ねじりだけを受ける中実丸軸と中空丸軸の直径]
　中実丸軸　$d \geq \sqrt[3]{\dfrac{5.09T}{\tau_a}}$　　　　p. 180
　中空丸軸　$d_2 \geq \sqrt[3]{\dfrac{5.09T}{\tau_a(1 - k^4)}}$, $\left(k = \dfrac{d_1}{d_2}\right)$　p. 180

[曲げだけを受ける中実丸軸と中空丸軸の直径]

$$d \geqq \sqrt[3]{\frac{10.2\,M}{\sigma_a}}, \quad d_2 \geqq \sqrt[3]{\frac{10.2\,M}{\sigma_a(1-k^4)}} \qquad \text{p.182}$$

[ねじりと曲げを受ける軸の直径]

相当ねじりモーメント　$T_e = \sqrt{M^2 + T^2}$ 　　p.183

相当曲げモーメント　$M_e = \dfrac{M + T_e}{2}$

中実丸軸　$d \geqq \sqrt[3]{\dfrac{5.09\,T_e}{\tau_a}}$ 　中空丸軸　$d_2 \geqq \sqrt[3]{\dfrac{5.09\,T_e}{\tau_a(1-k^4)}}$

[中実丸軸と中空丸軸の直径の比較]

$d = d_2 \sqrt[3]{1-k^4}$ 　　p.184

[許容ねじれ角（1 m あたり $\frac{1}{4}°$）から求める軸の直径]

$$d \geqq 387 \sqrt[4]{\frac{P}{nG}} \qquad \text{p.187}$$

[許容ねじれ角から求める鋼製の軸の直径]

$$d \geqq 22.9 \sqrt[4]{\frac{P}{n}} \quad (G = 82\,\text{GPa として}) \qquad \text{p.187}$$

[ラジアル滑り軸受の強さ]

端ジャーナル　$d \geqq \sqrt[3]{\dfrac{5.09\,Wl}{\sigma_a}}$ 　　p.209

中間ジャーナル　$d \geqq \sqrt[3]{\dfrac{1.27\,W(l+2\,l_1)}{\sigma_a}}$ 　　p.210

[軸受圧力][端ジャーナル][摩擦熱]

$$p = \frac{W}{dl}, \quad \frac{l}{d} \fallingdotseq \sqrt{\frac{\sigma_a}{5.09\,p}} \qquad \text{p.210}$$

$$a_f = \frac{\mu Wv}{dl} = \mu pv, \quad l = 5.24 \times \frac{Wn}{pv \times 10^5} \qquad \text{p.212}$$

[転がり軸受の速度係数，寿命係数，荷重係数]　p.219

玉軸受　$f_n \fallingdotseq \left(\dfrac{33.3}{n}\right)^{\frac{1}{3}}$, 　$L_h = 500 f_h^3$

ころ軸受　$f_n \fallingdotseq \left(\dfrac{33.3}{n}\right)^{\frac{3}{10}}$, 　$L_h = 500 f_h^{\frac{10}{3}}$

$f_h = \dfrac{C}{W} f_n$, 　$W = f_w W_0$

■ 歯　　車　■

[周速度]　$v = \dfrac{\pi dn}{60 \times 10^3}$ 　　p.33

[モジュール]　$m = \dfrac{d}{z} = \dfrac{p}{\pi}$, 　$p = \pi m$ 　　p.37

[速度伝達比]　$i = \dfrac{n_1}{n_2} = \dfrac{d_2}{d_1} = \dfrac{mz_2}{mz_1} = \dfrac{z_2}{z_1}$ 　p.38

[中心距離]　$a = \dfrac{d_1 + d_2}{2} = \dfrac{m(z_1 + z_2)}{2}$ 　p.38

[標準平歯車]　$h_a = m$, 　$h_f = 1.25\,m$ 　p.45

$h = 2.25\,m$, 　$d_a = d + 2\,h_a = m(z + 2)$

[伝達動力]　$P = Fv$ 　　p.49

[歯の曲げ強さ]　$\sigma_F = \dfrac{F}{bm} Y K_A K_V S_F \leqq \sigma_{F\text{lim}}$ 　p.51

[歯の歯面強さ]　　p.53

$$\sigma_H = \sqrt{\frac{F}{d_1 b} \cdot \frac{u+1}{u}}\, Z_H Z_E \sqrt{K_A} \sqrt{K_V}\, S_H \leqq \sigma_{H\text{lim}}$$

[歯車列の速度伝達比] $= \dfrac{\text{従動歯車の歯数の積}}{\text{原動歯車の歯数の積}}$ 　p.71

■ ベルト・チェーン ■

[回転比]　$i = \dfrac{d_{e2}}{d_{e1}} = \dfrac{n_1}{n_2}$ 　　p.85

[ベルトの長さ]　　p.85

$$L = 2a + \frac{\pi}{2}(d_{e2} + d_{e1}) + \frac{(d_{e2} - d_{e1})^2}{4a}$$

[Vベルト設計動力]　$P_d = K_0 P$ 　　p.86

[軸間距離]　$a = \dfrac{B + \sqrt{B^2 - 2(d_{e2} - d_{e1})^2}}{4}$ 　p.87

ただし，$B = L - \dfrac{\pi}{2}(d_{e2} + d_{e1})$

[補正伝動容量]　$P_c = (P_s + P_a) K_\theta K_L$ 　p.88

[本数]　$Z = \dfrac{P_d}{P_c}$ 　　p.89

[歯付ベルトの幅]　$b \geqq \dfrac{P_d}{\left(\dfrac{P_r}{25.4}\right)}$ 　　p.92

[基準伝動容量]　$P_r = 0.5236 \times 10^{-7}\, dnF_a$ 　p.93

[スプロケットの平均速度]　$v_m = \dfrac{pzn}{60 \times 10^3}$ 　p.100

[リンクの数]　　p.101

$$L_P = \frac{2a}{p} + \frac{1}{2}(z_1 + z_2) + \frac{p(z_2 - z_1)^2}{4\pi^2 a}$$

■ クラッチ・ブレーキ ■

[単板クラッチが伝達できるトルク]　　p.110

$$T = \frac{\pi \mu f}{16}(D_2 + D_1)^2 (D_2 - D_1)$$

[ブレーキてこに加える力]　$F = \dfrac{fa}{\mu l}$ 　p.114

[ブレーキトルク]　$T = f\dfrac{D}{2} = \mu R \dfrac{D}{2}$ 　p.114

[ブロックブレーキ押付け圧力]　$p = \dfrac{R}{hb}$ 　p.118

[ブレーキ容量]　$\mu pv = \dfrac{P}{hb}$ 　p.119

■ ばね・振動 ■

[ばね定数]　$k = \dfrac{W}{\delta}$ 　　p.123

[弾性エネルギー]　$U = \dfrac{1}{2} W\delta = \dfrac{1}{2} k\delta^2$ 　p.123

[コイルばねのたわみ]　$\delta = N_a \Delta = \dfrac{8 N_a WD^3}{Gd^4}$ 　p.125

[コイルばねのねじり修正応力]　$\tau = \kappa \dfrac{8\,WD}{\pi d^3}$ 　p.125

[有効巻数]　$N_a = \dfrac{Gd^4\delta}{8 D^3 W}$ 　p.126

[重ね板ばねの曲げ応力]　$\sigma_b = \dfrac{3\,Wl}{2 Nbh^2}$ 　p.130

[たわみ]　$\delta = \dfrac{3\,Wl^3}{8 Nbh^3 E}$ 　p.130

[ばね振り子の周期]　$T = \dfrac{2\pi}{\omega} = 2\pi\sqrt{\dfrac{m}{k}}$ 　p.133, 134

■ 圧力容器と管路 ■

[円筒容器の肉厚]　　p.146

$p \leqq 0.385\, \sigma_a \eta$ （薄肉円筒）　　　$p > 0.385\, \sigma_a \eta$ （厚肉円筒）

$$t = \frac{pD}{2\,\sigma_a \eta - 1.2\,p} \qquad\qquad t = \frac{D}{2}\left(\sqrt{\frac{\sigma_a\eta + p}{\sigma_a\eta - p}} - 1\right)$$

[球形容器の肉厚]　　p.148

$p \leqq 0.665\, \sigma_a \eta$ （薄肉球）　　　$p > 0.665\, \sigma_a \eta$ （厚肉球）

$$t = \frac{pD}{4\,\sigma_a \eta - 0.4\,p} \qquad\qquad t = \frac{D}{2}\left\{\sqrt[3]{\frac{2(\sigma_a\eta + p)}{2\,\sigma_a\eta - p}} - 1\right\}$$

[管の内径]　$D = 2 \times 10^3 \sqrt{\dfrac{Q}{\pi v_m}}$ 　p.152

第1章　機械と設計

1 機械のしくみ　機械設計1　p.10〜15

1 機械と器具，構造物のちがい

機械の入力と出力に注目した機械の定義は，（¹　　　　　　　　　　　）を入力として受け入れ，これを（²　　　　　　　　　　）して，最後に違った形のエネルギー・物質・情報を（³　　　　　）として出すものをいい，（⁴　　　　　　）をするものである。

問 1　次のものは機械とよべるか考えよ。

①扇風機　②はさみ　③ドライバ（ねじ回し）　④ベビーカー　⑤電子レンジ　⑥電子体温計

(答)　機械とよべるのは

2 機械のなりたち

機械は，1) 機械を動かすために（¹　　　　　　　）を受け入れる入力部，2) エネルギーの形を変えたり伝えたりする（²　　　　　　），3) エネルギーによって（³　　　　　　　）出力部，4) これらの三部分を適切な位置に保持する部分（⁴　　　　）で構成される。

問 2　コンピュータやドローンの各部分を，入力部，変換・伝達部，出力部，保持部に分類せよ。

3 機械のしくみ

① 機械の部品にはたがいに接触し，（¹　　　　　　）をするものがあり，このような部品の組み合わせを（²　　　　）といい，（³　　　　　　）（⁴　　　　　　）（⁵　　　　　　）がある。

② 機械は対偶を組み合わせることで，次々に運動の変換や伝達をする。運動の変換や伝達を目的としていくつかの対偶を組み合わせて，限定した運動をするものを（⁶　　　　）という。

③ 与えられた条件に従って機械の運動を自動的に行わせるためには（⁷　　　　　）が必要で，制御方式として，（⁸　　　　　　）制御と（⁹　　　　　　　）制御がよく用いられる。

問 3　自転車は，ペダルを踏む力をチェーンやベルトで後輪に伝えている。ほかの方法で伝えるとすれば，どのような方法があるか考えよ。

問 4　シーケンス制御が用いられている機械を調べよ。

問 5　フィードバック制御が用いられている機械を調べよ。

4 機械要素

機械に共通あるいは同じ目的で用いられるボルト，軸，軸受，歯車，ばねなどの部品を総称して（¹　　　　　　）といい，ボルトや軸のように単体のものもあれば，（²　　　　　　　　）のように複数の部品から構成されているものもある。

問 6　旋盤に使われている機械要素を調べ，使用目的別に分類せよ。

締結	軸	伝動	エネルギーの吸収	流体

2 機械設計　機械設計1　p.16〜20

1 設計とは

設計は，機構や構造を主体として設計し図面化する（1　　　　　　）と，これに基づいて加工・組立の簡易化や経済性を考えた（2　　　　　　）に分けることができる。また，外観や色彩の調和など，市場性を高める要素について考える（3　　　　　　）やだれでも利用しやすい（4　　　　　　　　　）の分野からの検討もおろそかにはできない。

2 機械設計の進めかた

一般的に，機械設計は（1　　　　）を満たす構造・機構を考え，形状・寸法・材料・加工法などを決め，加工・検査・組立などに必要な図面をつくることである。図面を描く作業は，設計者の有効な（2　　　　）であり，図面は顧客への（3　　　　　　　）などにも使われる。

機械要素などを組み合わせて，機械の構造をまとめることを（4　　　　）という。各部材の強さなどを検討する作業を（5　　　）といい，設計条件に対して最も適切なものになっているかどうかを（6　　　）する。設計の途中で問題点があれば，総合の段階に戻る作業を（7　　　）といい，評価の段階を経た設計結果を（8　　　）という。

問7　機械の設計において"総合""解析"とはどのような作業であるかをそれぞれ説明せよ。

問8　図面の役割を説明せよ。

3 コンピュータの活用

設計から生産のすべての過程で，製品化に要する（1　　　　　），（2　　　　　　　）などが求められ，これらのことに対応するためコンピュータを活用したシステムが有用である。

① CADは設計・製図の作業に使用するシステムで，資料の（3　　　　　　）をはじめ，（4　　　　　　）などの作業を短時間で処理することができる。三次元CADの活用により，（5　　　　）や部品と部品の（6　　　）を立体的に確認できる。

② CAMはコンピュータによって生産を（7　　　）するシステムであり，設計から生産までを一貫してコンピュータを活用するシステムを（8　　　　　），数値シミュレーションなどの解析を行うシステムを（9　　　）という。これらの活用により，試作品をつくるまえにコンピュータ上で製品の動きや，（10　　　　　　）などを検討することができる。

③ 3Dプリンタの活用により，三次元CADで作成されたデータで（11　　　　　）や（12　　　　）ができ，インターネットを活用することで，遠隔地であってもチームで設計ができ，電子データの共有化により（13　　　）の効率化なども可能となる。

④ コンピュータシステムは設計作業の（14　　　　　）となるものであり，よい機械を設計できるかどうかは，設計者の（15　　　　　）によるところが大きいことに留意する。

4 よい機械を設計するための留意点

よい機械とは，機械の機能を発揮し，機械に要求される一般的なことや（1　　　　　），（2　　　　　），（3　　　）に関することなどを多く取り入れて設計されたものである。

第2章　機械に働く力と仕事

1 機械に働く力　機械設計1　p.22〜39

1 力

力とは，(¹ 　　　　　　　　) を変化させたり，物体を (² 　　　　) させるものである。

2 力の表しかた

① 力は，(¹ 　　　　　　)，(² 　　　　　　　　)，(³ 　　　　　　) の三つによって表す。

② 力の大きさの単位には，N (⁴ 　　　　　　) を用い，大きい力を扱う場合は (⁵ 　　　　) を用いる。

③ 力が作用する点を (⁶ 　　　　) といい，力の向きを示す線を (⁷ 　　　　) という。

④ 力は，大きさと向きをもつので，(⁸ 　　　　) である。

3 力の合成と分解

一つの物体に二つ以上の力が働くとき，それらの力の効果と等しい効果を表すような一つの力を求めることを (¹ 　　　　) といい，合成された力を (² 　　　) という。また，一つの力を，これと等しい効果を表す二つ以上の力に分けることを (³ 　　　) といい，分解して得られた力をそれぞれ，もとの力の (⁴ 　　　) という。

1 作図による力の合成

① 1点Oに働く2力，F_1，F_2 の合力を求めるには，右図(a)のように力の平行四辺形 OACB をつくり，その対角線 OC を引いて，合力 F を求めるか，または，図(b)のように力の三角形をつくって合力 F（OC）を求めればよい。

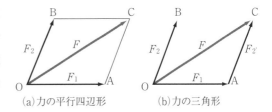

(a)力の平行四辺形　　　(b)力の三角形

問 1 1Nの力を長さ1mmの線分とし，作図によって下図に示す2力の合力を求めよ。

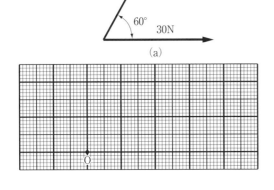

(a)

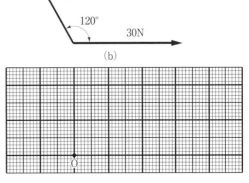

(b)

② 1点に多くの力が働く場合の合力の求めかたは，下図のようにする。

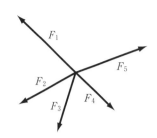
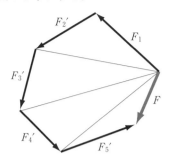

問 2 下図に示す力の合力を，力の多角
形を描いて求めよ。

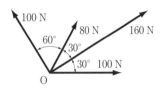
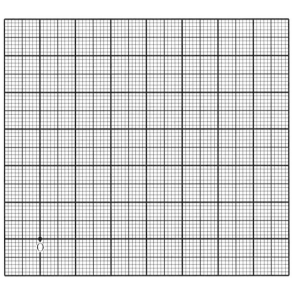

2 作図による力の分解

一つの力を二つの力に分解する場合，分
解される力 F を対角線とする力の平行四
辺形を描くことによって，分力 F_1 と F_2 を
求めることができる。与えられた分力のな
す角が直角であるとき，F_1 と F_2 を力 F の
(^{1}　　　　　　) という。

問 3 下図の力 F を図に示す二つの向きの分力に分解して，図示せよ。

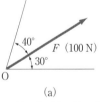

(a)

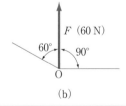

(b)

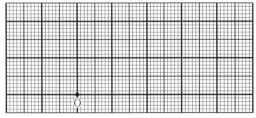
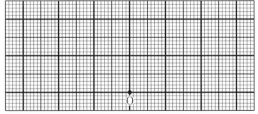

問 4 下図の力 F を分力 F_1 ともう一つの力に分解して，図示せよ。

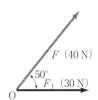

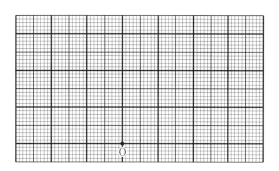

3　計算による力の合成

① 三角関数の定義

$$\sin\theta = \frac{対辺}{斜辺} = \frac{a}{c} \qquad \cos\theta = \frac{隣辺}{斜辺} = \frac{b}{c}$$

$$\tan\theta = \frac{対辺}{隣辺} = \frac{a}{b}$$

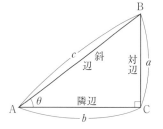

② 30°，60° の角を持つ直角三角形および直角二等辺三角形の各辺の割合は次のようになる。

$$\sin 30° = \boxed{1} \,, \quad \sin 60° = \boxed{2} \,, \quad \sin 45° = \boxed{3}$$

$$\cos 30° = \boxed{4} \,, \quad \cos 60° = \boxed{5} \,, \quad \cos 45° = \boxed{6}$$

$$\tan 30° = \boxed{7} \,, \quad \tan 60° = \boxed{8} \,, \quad \tan 45° = \boxed{9}$$

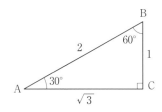 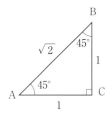

③ 三角関数の相互の関係

$$\tan\theta = \frac{\sin\theta}{\cos\theta} \qquad \sin^2\theta + \cos^2\theta = 1$$

$$1 + \tan^2\theta = \frac{1}{\cos^2\theta}$$

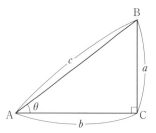

④ 一般角の三角関数

θ が 0° から 360° まで変わるにつれ，三角関数の符号は変化する。

$(180° - \theta)$ の三角関数については，次のような関係がなりたつ。

$$\sin(180° - \theta) = \sin\theta \qquad \cos(180° - \theta) = -\cos\theta \qquad \tan(180° - \theta) = -\tan\theta$$

練習問題

(1) 次の三角関数の θ の値は何度であるか，計算器で有効数字3桁として求めよ。

ア $\sin \theta = 0.267$ イ $\cos \theta = 0.138$ ウ $\tan \theta = 1.29$

$\theta =$ ☐ $\theta =$ ☐ $\theta =$ ☐

(2) 計算器を用いて，次の三角関数の値を求めよ。（小数点以下第3位までとする）

ア $\sin 10° =$ ☐   イ $\cos 25° =$ ☐   ウ $\tan 48° =$ ☐

エ $\sin 70.5° =$ ☐   オ $\cos 52.7° =$ ☐   カ $\tan 37.6° =$ ☐

① 直角な2力の合成

右図のように直角な2力 F_1, F_2 が与えられれば，その合力の大きさおよび方向は，次の式で与えられる。

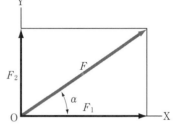

$$F = \sqrt{F_1^2 + F_2^2} \tag{2-1}$$

$$\tan \alpha = \frac{F_2}{F_1} \tag{2-2}$$

問 5 右図のように，300 N と 200 N の2力がたがいに直角に働くときの合力を求めよ。また，合力と 300 N の力とのなす角 α を求めよ。

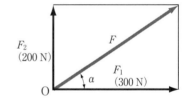

合力の大きさ F は，

$$F = \sqrt{F_1^2 + F_2^2} = \sqrt{\boxed{}^2 + \boxed{}^2}$$

$$= \sqrt{\boxed{}} = \sqrt{\boxed{}}$$

$$= \boxed{} = \boxed{} \text{ [N]}$$

合力と 300 N の力とのなす角 α は，

$$\tan \alpha = \frac{F_2}{F_1} = \frac{\boxed{}}{\boxed{}} = \boxed{}$$

よって，$\alpha = \boxed{} = \boxed{}$ [°]

(答) $\begin{cases} F = \underline{} \\ \alpha = \underline{} \end{cases}$

② 直角ではない2力の合成

右図のように2力 F_1, F_2 の合力を計算で求めるには，次のようにする。

力 F_2 の X 方向の分力 X_2, および Y 方向の分力 Y_2 は，

$$X_2 = F_2 \cos \theta \qquad Y_2 = F_2 \sin \theta$$

合力 F の X 方向の分力 F_X, および Y 方向の分力 F_Y は，

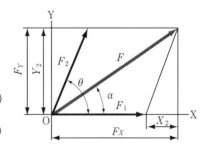

$$\left. \begin{array}{l} F_X = F_1 + X_2 = F_1 + F_2 \cos \theta \\ F_Y = Y_2 = F_2 \sin \theta \end{array} \right\} \tag{2-3}$$

よって，$F = \sqrt{F_X^2 + F_Y^2}$ (2-4)

合力 F と F_1 のなす角 α は，

$$\tan \alpha = \frac{F_Y}{F_X} \tag{2-5}$$

問 6 右図のように $F_1 = 40$ N，$F_2 = 30$ N，$\theta = 45°$ のとき，この2力の合力 F と角 α を求めよ。

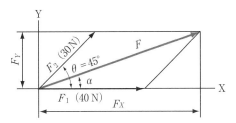

$$F_X = F_1 + F_2 \cos\theta = 40 + \boxed{} \times \cos 45°$$

$$= \boxed{} \ [\text{N}]$$

$$F_Y = F_2 \sin\theta = \boxed{} \times \sin 45°$$

$$= \boxed{} \ [\text{N}]$$

合力 F は $F = \sqrt{F_X{}^2 + F_Y{}^2} = \sqrt{\boxed{}^2 + \boxed{}^2}$

$$= \boxed{} = \boxed{} \ [\text{N}]$$

合力 F と F_1 のなす角 α は，

$$\tan\alpha = \frac{F_Y}{F_X} = \frac{\boxed{}}{\boxed{}} = \boxed{}$$

よって，$\alpha = \boxed{} = \boxed{} \ [°]$

（答）$\begin{cases} F = \underline{} \\ \alpha = \underline{} \end{cases}$

4　計算による力の分解

① 直角な2力への分解

右図のように，力 F を直角な分力 F_1，F_2 に分解すると，

$$F_1 = (^1 \qquad\qquad), \quad F_2 = (^2 \qquad\qquad) \qquad (2\text{-}6)$$

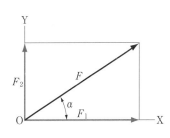

② 直角でない2力への分解

図(a)で，力 F と分力 F_1 のなす角が α，分力 F_1，F_2 のなす角が θ であるときの，分力 F_1，F_2 は次の式で与えられる。

力 F の X 方向および Y 方向の分力 F_X，F_Y は，

$$F_X = F\cos\alpha, \quad F_Y = F\sin\alpha$$

また，分力 F_2 の X 方向および Y 方向の分力 X_2 および Y_2 は，

$$X_2 = \frac{F_Y}{\tan\theta} = \frac{F\sin\alpha}{\tan\theta}, \quad Y_2 = F_Y = F\sin\alpha$$

$$(2\text{-}7)$$

となり，分力 F_1 および F_2 は，次のようになる。

$$F_1 = F_X - X_2 = F\cos\alpha - \frac{F\sin\alpha}{\tan\theta} \qquad (2\text{-}8)$$

$$F_2 = \frac{Y_2}{\sin\theta} = \frac{F\sin\alpha}{\sin\theta} \qquad (2\text{-}9)$$

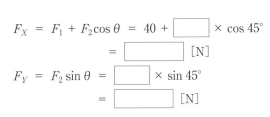

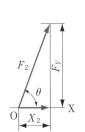
(b) F_2 のX方向
　　の分力

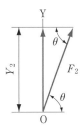
(c) F_2 のY方向
　　の分力

(a)

問 7 前ページの図(a)において，$\theta = 70°$，$\alpha = 20°$，$F = 200$ N のとき，分力 F_1，F_2 を求めよ。

$$X_2 = \frac{F_Y}{\tan\theta} = \frac{F\sin\alpha}{\tan\theta} = \frac{\boxed{} \times \sin 20°}{\tan 70°} = \boxed{} \ [\text{N}]$$

$$Y_2 = F\sin\alpha = \boxed{} \times \sin 20° = \boxed{} \ [\text{N}]$$

$$F_1 = F_X - X_2 = F\cos\alpha - \boxed{} = 200 \times \cos 20° - \boxed{} = \boxed{} \ [\text{N}]$$

$$F_2 = \frac{Y_2}{\sin\theta} = \frac{\boxed{}}{\boxed{}} = \boxed{} = \boxed{} \ [\text{N}]$$

(答) $\begin{cases} F_1 = \underline{} \\ F_2 = \underline{} \end{cases}$

4 力のモーメントと偶力

1 力のモーメント

① 物体を回転させようとする力の作用を（**1** 　　　　　　）という。また，回転の中心から力の作用線までの垂直距離を（**2** 　　　　　　）という。

② 図(a)での力のモーメント M は，次の式で表される。

$$M = Fr \tag{2-10}$$

M：力のモーメント [N·mm]

F：力 [N]

r：モーメントの腕の長さ [mm]

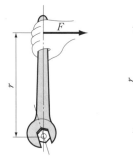
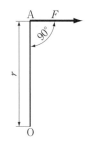

(a)

図(b)での力のモーメント M は，次の式で表す。

$$M = Fr = Fa\sin\theta \tag{2-11}$$

$r = a\sin\theta$：力に直角な(腕)の長さ

また，$M = Fr = F\sin\theta\cdot a$

$F\sin\theta$：腕に直角な(力)の大きさ

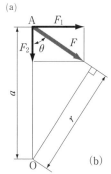

(b)

問 8 図(a)で，$r = 300$ mm，$F = 150$ N のとき，点 O のまわりの力 F のモーメントを求めよ。

$$M = Fr = \boxed{} \times \boxed{} = \boxed{} \ [\text{N·mm}] \qquad (答) \underline{}$$

問 9 図(b)で，$a = 250$ mm，$F = 200$ N，$\theta = 60°$ のとき，点 O のまわりの力 F のモーメントを求めよ。

$$M = Fr = Fa\sin\theta = \boxed{} \times \boxed{} \times \sin\boxed{}° = \boxed{}$$

$$= \boxed{} \ [\text{N·mm}]$$

(答) \underline{}

③ 同一平面上に働く力のモーメントの向きには，右まわりと，左まわりがある。計算上必要があれば，図(a)，(b)のように正・負の符号をつけて区別する。

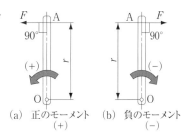

(a) 正のモーメント (+)　　(b) 負のモーメント (−)

④ 一つの物体に働くそれぞれの力のモーメントを M_1，M_2，M_3，……としたとき，全体の力のモーメント M は，次の式で表す。

$$M = M_1 + M_2 + M_3 + \cdots\cdots \qquad (2\text{-}12)$$

問 10 右図で，点 B のまわりの力のモーメントを求めよ。

力 F_1 のモーメントは，力点が B 点なので腕の長さは 0 になり，力のモーメントも 0 になる。したがって，B 点のまわりの力のモーメント M_B は力 F_2 のモーメントだけとなる。

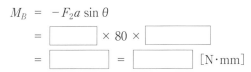

$$M_B = -F_2 a \sin\theta$$
$$= \boxed{} \times 80 \times \boxed{}$$
$$= \boxed{} = \boxed{} \ [\text{N·mm}]$$

（答）＿＿＿＿＿

問 11 右図のように点 A に 2 力が加わっているとき，点 O のまわりの力のモーメントを求めよ。

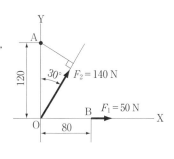

80 N の力によるモーメント：M_1

40 N の力によるモーメント：M_2

M_1 は右回りだから，

$$M_1 = -\boxed{} \times 90$$
$$= -\boxed{} \ [\text{N·mm}]$$

M_2 について，

X 方向の分力によるモーメント M_{2x} は右回りだから，

$$M_{2x} = -40 \times \boxed{} \times \cos 60° = \boxed{} \ [\text{N·mm}]$$

Y 方向の分力によるモーメント M_{2y} は左回りだから，

$$M_{2y} = 40 \times \boxed{} \times \sin 60° = \boxed{} \ [\text{N·mm}]$$

よって，点 O の力のモーメント M は，

$$M = M_1 + M_2 = M_1 + M_{2x} + M_{2y}$$
$$= \boxed{} + \boxed{} + \boxed{} = \boxed{} = \boxed{} \ [\text{N·mm}]$$

（答）＿＿＿＿＿

2 偶 力

① 大きさが等しく，逆向きで，平行な一対の力を（¹　　　）という。

② 偶力のモーメントは回転中心の位置に関係なく，その大きさをMとすると，次の式で表される。

$$M = Fd \qquad\qquad (2\text{-}13)$$

この式で，dは偶力Fの作用線間の（²　　　）であって，これを（³　　　　）という。

問 12 右図において，$F = 100\,\text{N}$，$d = 150\,\text{mm}$ のとき，偶力のモーメントを求めよ。

$$M = Fd = \boxed{} \times \boxed{}$$
$$\qquad\quad = \boxed{}\ [\text{N·mm}]$$

（答）　＿＿＿＿＿＿＿

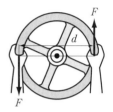

問 13 ハンドルを使って軸を回すとき，ハンドルを両手で回す場合と，片手だけで回す場合との違いを述べよ。

問12において述べると，

両手で回す場合（偶力のモーメント）：

$$Fd = \boxed{}\ [\text{N·mm}]$$

片手だけで回す場合のモーメント：

$$\frac{Fd}{2} = \boxed{}\ [\text{N·mm}]$$

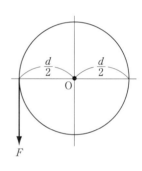

5 力のつり合い

1 1点に働く力のつり合い

① 多くの力が物体に働いていても運動状態に変化が現れず，全体として，力が働かないのと同様の場合がある。このとき，これらの力はたがいに（¹　　　　）といい，物体は（²　　　　）の状態にあるという。

② 2力が同一作用線上にあって，大きさが等しく（³　　　）が逆のときはつり合う。

③ 右図のように3力F_1, F_2, F_3の力が働いているとき，それぞれの力のX，Y軸方向の分力を(X_1, Y_1), (X_2, Y_2), (X_3, Y_3)としたとき，3力がつり合いの状態にあるためには次の式のように，各軸方向の分力の和が0であればよい。

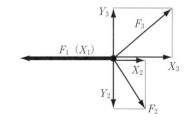

$$\left.\begin{array}{l} X_1 + X_2 + X_3 = 0 \\ Y_1 + Y_2 + Y_3 = 0 \end{array}\right\} \qquad (2\text{-}14)$$

問 14　図(a)のように，2 本のひもと水平面とのなす角がともに 45° であるとき，ひもに加わる力を求めよ。また，図(b)のように 60° の場合についても求めよ。

45° のとき，

　　X 軸方向　$F_1 \cos 45° - F_2 \cos 45° = 0$

　　　　　　　$F_1 = F_2$　　　　　　　　　①

　　Y 軸方向　$F_1 \sin 45° + F_2 \sin 45° - 500 = 0$　　②

式①②より，

　　　　$2F_1 \sin 45° = \boxed{}$

　　$F_1 = \dfrac{\boxed{}}{2 \sin 45°} = \boxed{} = \boxed{}$ [N]

式①より，$F_1 = F_2$ だから，

　　$F_2 = \boxed{}$ [N]

60° のときも同様に，

　　X 軸方向　$F_1 \cos 60° - F_2 \cos 60° = 0$　　　　③

　　Y 軸方向　$F_1 \sin 60° + F_2 \sin 60° - 500 = 0$　　④

式③より，$F_1 = F_2$　　　　　　　　　　　⑤

式④と式⑤から，

　　$2F_1 \sin 60° = 500$

　　$F_1 = \dfrac{\boxed{}}{2 \sin 60°} = \boxed{} = \boxed{}$ [N]

　　$F_2 = \boxed{}$ [N]

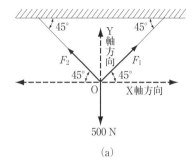

(a)

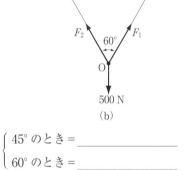

(b)

(答) $\begin{cases} 45° \text{のとき} = \underline{} \\ 60° \text{のとき} = \underline{} \end{cases}$

2　作用点の異なる力のつり合い

多くの力が働いているとき，それぞれの力の X，Y 軸方向の分力を (X_1, Y_1)，(X_2, Y_2)，(X_3, Y_3)，…とし，また，任意の点のまわりのそれぞれの力のモーメントを M_1，M_2，M_3，…とすればそれらの力のつり合い条件は，次の式で示される。

$$\left.\begin{array}{l} X_1 + X_2 + X_3 + \cdots = 0 \\ Y_1 + Y_2 + Y_3 + \cdots = 0 \\ M_1 + M_2 + M_3 + \cdots = 0 \end{array}\right\} \qquad (2\text{-}15)$$

問 15　右図のように，OB のなす角が X 軸と 30° であるとき，つり合う力 F を求めよ。

　　$100 \times 150 - F \times \boxed{} = 0$

　　$F = \dfrac{\boxed{}}{\boxed{}} = \boxed{}$ [N]

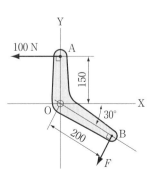

(答) 　_____

6 重 心

1 重 心

物体には，その点を支えるときは，物体の姿勢にかかわらず必ずつり合いを保つ点がある。この点を（¹　　　　）または（²　　　　　　）という。

なお，平面図形の重心は（³　　　　）ともいう。

2 重心の求めかた

均質で厚さが一定の物体では，質量のかわりに面積を使って重心を求めることができる。下図で全体の面積を A，重心 G の座標を (x, y) とする。分割した二つの長方形の面積を A_1，A_2，それぞれの重心 G_1，G_2 の座標を (x_1, y_1)，(x_2, y_2) とすれば，

面積 A による点 O まわりの力のモーメント Ax，Ay は，

$$Ax = A_1 x_1 + A_2 x_2, \quad (A = A_1 + A_2) \qquad (2\text{-}16)$$

$$Ay = A_1 y_1 + A_2 y_2 \qquad (2\text{-}17)$$

(2-16)，(2-17) から全体の重心 G の座標 (x, y) は次のようになる。

$$\left. \begin{array}{l} x = \dfrac{A_1 x_1 + A_2 x_2}{A} \\[3mm] y = \dfrac{A_1 y_1 + A_2 y_2}{A} \end{array} \right\} \qquad (2\text{-}18)$$

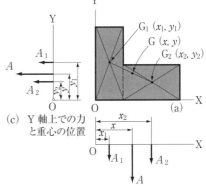

(c) Y軸上での力と重心の位置

(b) X軸上での力と重心の位置

問16 右図のような平面図形の重心を求めよ。

左側の長方形

　面積 $A_1 = 120 \times 250 = $ ◻ $[\mathrm{mm}^2]$

　重心 $G_1 = (x_1, y_1) = ($ ◻ , ◻ $)$

右側の長方形

　面積 $A_2 = 140 \times 100 = $ ◻ $[\mathrm{mm}^2]$

　重心 $G_2 = (x_2, y_2) = ($ ◻ , ◻ $)$

図形全体の面積

　$A = A_1 + A_2 = $ ◻ $[\mathrm{mm}^2]$

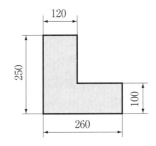

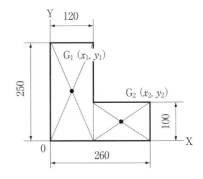

図形の重心

$$x = \frac{A_1x_1 + A_2x_2}{A} = \frac{\boxed{} \times \boxed{} + \boxed{} \times \boxed{}}{\boxed{}}$$

$$= \boxed{} = \boxed{} \ [\text{mm}]$$

$$y = \frac{A_1y_1 + A_2y_2}{A} = \frac{\boxed{} \times \boxed{} + \boxed{} \times \boxed{}}{\boxed{}}$$

$$= \boxed{} = \boxed{} \ [\text{mm}]$$

（答）$\begin{cases} x = \underline{} \\ y = \underline{} \end{cases}$

問 17 右図のような平面図形の重心を求めよ。

点 B を原点とし，重心の座標を G (x, y) とすれば，

$$y_1 = y_2 = y = \boxed{} \ [\text{mm}]$$

正方形 ABCD の面積：A_1

$$A_1 = \boxed{} \times \boxed{} = \boxed{} \ [\text{mm}^2]$$

きりとった円の面積：A_2

$$A_2 = \frac{\pi \times \boxed{}}{4} = \boxed{} \ [\text{mm}^2]$$

求める図形の面積：A_0

$$A_0 = A_1 - A_2 = \boxed{} - \boxed{}$$

$$= \boxed{} \ [\text{mm}^2]$$

$$x_1 = \frac{\boxed{}}{2} = \boxed{} \ [\text{mm}]$$

$$x_2 = \boxed{} - \boxed{} = \boxed{} \ [\text{mm}]$$

よって，

$$x = \frac{A_1x_1 - A_2x_2}{A_0}$$

$$= \frac{\boxed{} \times \boxed{} - \boxed{} \times \boxed{}}{\boxed{}}$$

$$= \boxed{} = \boxed{} \ [\text{mm}]$$

（答）$\begin{cases} x = \underline{} \\ y = \underline{} \end{cases}$

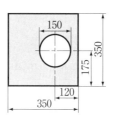

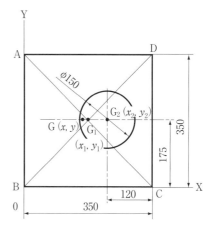

2 運 動 機械設計1 p.40〜46

1 直線運動

1 変位と速度

① 物体が運動して，その位置を変えるとき，その位置の変化を（¹　　　　）という。

② 単位時間あたりの変位を（²　　　　）という。

③ 変位も速度も，向きと大きさをもつ（³　　　　　）である。

④ 単位時間の変位のうち，向きを考えない大きさだけの量は（⁴　　　　　）という。

⑤ 速度が一定の直線運動を（⁵　　　　　　）という。

⑥ 等速直線運動で，時間 t [s：秒] の間に距離 s [m] だけ動くときの速度を v とすれば，次の式で表される。

$$v = \frac{s}{t} \ , \ s = vt \qquad\qquad (2\text{-}19)$$

速度が一定でない運動では，この式の v は（⁶　　　　　）を表す。

⑦ 速度の単位は [m/s]，[m/min]，（⁷　　　　）などを用いる。

問 **18** 90 km/h を m/s 単位で表せ。

$$90\ [\text{km/h}] \ = \ \frac{\boxed{} \times 10^3\ [\text{m}]}{60 \times 60\ [\text{s}]} \ = \ \boxed{}\ [\text{m/s}]$$

（答）＿＿＿＿＿＿＿

問 **19** 羽田空港を7時00分に飛び立った旅客機が，1041 km の距離を飛んで福岡空港に8時50分に着いた。この旅客機の平均速さを km/h の単位で求めよ。

1時間50分：$\dfrac{\boxed{}}{60}$ h ＝ $\dfrac{\boxed{}}{6}$ h

$$v \ = \ \frac{s}{t} \ = \ \frac{1041}{\dfrac{\boxed{}}{6}} \ = \ \boxed{} \ = \ \boxed{}\ [\text{km/h}]$$

（答）＿＿＿＿＿＿＿

2 加速度

① 単位時間あたりの速度の変化を（¹　　　　）という。

② 一定の加速度を（²　　　　）という。

③ 1秒間に1 m/s の割合で速度が変わる加速度の大きさを（³　　　　）のように表す。

④ 等加速度運動において物体の速度が，時間 t [s] の間に v_0 [m/s] から v [m/s] に変化したとする。この間の移動距離を s，加速度を a とすれば次のような関係がなりたつ。

$$a \ = \ \frac{v - v_0}{t} \qquad\qquad (2\text{-}20)$$

$$v \ = \ v_0 + at \qquad\qquad (2\text{-}21)$$

$$s = v_0 t + \frac{1}{2} at^2 \qquad\qquad (2\text{-}22)$$

$$v^2 - v_0{}^2 = 2as \qquad\qquad (2\text{-}23)$$

⑤ 物体が静止の状態から等加速度運動をはじめた場合は，上式で $v_0 = 0$ とする。

$$a = \frac{v}{t}, \quad v = at, \quad s = \frac{1}{2} at^2, \quad v^2 = 2as$$

問 20 速度 $10\,\mathrm{m/s}$ で走っていた自動車が，等加速度運動をして，4 秒後に $22\,\mathrm{m/s}$ になった。この間の加速度を求めよ。

$$a = \frac{v - v_0}{t} = \frac{\boxed{} - \boxed{}}{\boxed{}} = \boxed{} \ [\mathrm{m/s^2}]$$

(答) _____

問 21 速度 $150\,\mathrm{m/s}$ で飛行している飛行機が加速度 $3\,\mathrm{m/s^2}$ で加速するとき，5 秒後の速度を求めよ。また，この間の飛行距離を求めよ。

$$v = v_0 + at = \boxed{} + \boxed{} \times \boxed{} = \boxed{} \ [\mathrm{m/s}]$$

$$s = v_0 t + \frac{1}{2} at^2 = \boxed{} \times \boxed{} + \frac{1}{2} \times \boxed{} \times \boxed{}$$

$$= \boxed{} = \boxed{} \ [\mathrm{m}]$$

(答) $\begin{cases} v = \underline{} \\ s = \underline{} \end{cases}$

3 重力加速度

① 空中に支えられた物体は，支えをはずすと，鉛直下方に速度をしだいに増しながら落下する。これは，(**1** _____) 上では物体に (**2** _____) が働き，一定の加速度を生じるためで，この引力を (**3** _____)，加速度を (**4** _____) といい，記号 g で表す。

本書では，$g = 9.8\,\mathrm{m/s^2}$ として計算する。

② 空気の抵抗はないものとすれば，g は一定であるから，落下の運動は (**5** _____) である。

③ 物体を初速 v_0 [m/s] で鉛直下方に投げたときの t 秒後の速度 v [m/s] および落下距離 h [m] は，次の式で与えられる。

$$v = v_0 + gt \qquad\qquad (2\text{-}24)$$

$$h = v_0 t + \frac{1}{2} gt^2 \qquad\qquad (2\text{-}25)$$

④ 物体が静止状態から自由落下するときは，上式で初速 $v_0 = 0$ [m/s] だから，

$$v = gt \qquad\qquad (2\text{-}26)$$

$$h = \frac{1}{2} gt^2 \qquad\qquad (2\text{-}27)$$

となる。

問 22　物体が自由落下しはじめて，10 m/s の速度になるまでの時間を求めよ。

$$v = gt \text{ から，} t = \frac{v}{g} = \frac{\boxed{}}{\boxed{}} = \boxed{} = \boxed{} \text{ [s]} \qquad \text{（答）} \underline{}$$

問 23　物体が自由落下するとき，最初の2秒間に落下する距離と，次の1秒間に落下する距離を求めよ。

$$h = \frac{1}{2}gt^2 \text{ より，2秒間のとき，} h_2 = \frac{1}{2} \times \boxed{} \times \boxed{}^2 = \boxed{} \text{ [m]}$$

$$\text{3秒間のとき，} h_3 = \frac{1}{2} \times \boxed{} \times \boxed{}^2 = \boxed{} \text{ [m]}$$

最初の2秒から3秒までの間に落下する距離は，

$$h_3 - h_2 = \boxed{} - \boxed{} = \boxed{}$$

（答）$\begin{cases} \text{最初の2秒間に落下する距離} \underline{} \\ \text{最初の2秒から3秒までの間に落下する距離} \underline{} \end{cases}$

2　回転運動

1　周速度

　図のように，円筒に糸を巻き付けて t 秒間に l [m] の長さの糸を一定速度で引いたとすると，円周上の点 P の速度 v [m/s] は，次の式で表される。

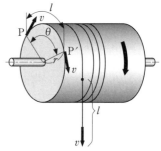

$$v = \frac{l}{t} \qquad (2\text{-}28)$$

　この円周上の速度を（**1**　　　　　　）といい，向きは円周の（**2**　　　　　　）である。

2　角速度

① 回転運動の速度は単位時間あたりの回転角度で表し，これを（**1**　　　　　　）という。

② 上図において，t 秒間に θ [rad] 回転すれば，円筒の角速度 ω [rad/s] は，次の式で表される。

$$\omega = \frac{\theta}{t} \qquad (2\text{-}29)$$

③ 円筒の半径を r [m] とすれば，円弧の長さは $l = r\theta$ [m] だから，周速度 v [m/s] と角速度 ω [rad/s] の関係は，次の式で表される。

$$v = \frac{l}{t} = r\omega \qquad (2\text{-}30)$$

3 回転速度

① 工作機械やモータなどの回転は，単位時間あたりの回転数 n によって表すことが多く，これを（¹　　　　　　）という。

② 回転速度の単位は，1分間の回転数の場合は $[\text{min}^{-1}]$ によって表し，1秒間の回転数の場合は（²　　　）である。

③ 1回転の角度は $2\pi\,[\text{rad}]$ だから，回転速度 $n\,[\text{min}^{-1}]$ と角速度 $\omega\,[\text{rad/s}]$ の関係は次の式で表される。

$$\omega = \frac{2\pi}{60}\,n \qquad\qquad (2\text{-}31)$$

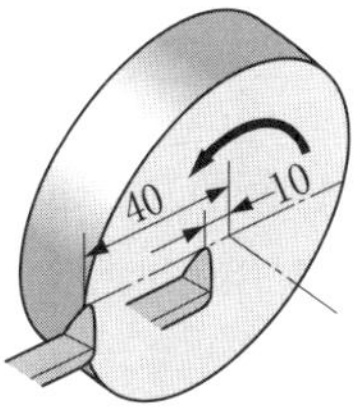

問 24 右図のように，旋盤で円筒の端面を切削したい。円筒が $250\,\text{min}^{-1}$ で回転しているとき，直径 $80\,\text{mm}$ の位置，および直径 $20\,\text{mm}$ の位置での周速度を求めよ。

$$r = \frac{d}{2}, \quad v = \frac{d}{2}\cdot\frac{2\pi n}{60}\,[\text{mm/s}] \quad = \frac{\pi d n}{1\times 10^3}\,[\text{m/min}]$$

$$d = 80\,\text{mm の位置,}\quad v = \frac{\pi \times \boxed{} \times \boxed{}}{1\times 10^3} = \boxed{} = \boxed{}\,[\text{m/min}]$$

$$d = 20\,\text{mm の位置,}\quad v = \frac{\pi \times \boxed{} \times \boxed{}}{1\times 10^3} = \boxed{} = \boxed{}\,[\text{m/min}]$$

（答）
直径 $80\,\text{mm}$ の位置　＿＿＿＿＿＿＿
直径 $20\,\text{mm}$ の位置　＿＿＿＿＿＿＿

問 25 直径 $800\,\text{mm}$ の車輪が，周速度 $200\,\text{mm/s}$ で回っている。この車輪の角速度を求めよ。

$$\omega = \frac{v}{r} = \frac{v}{\dfrac{d}{2}} = \frac{200}{\boxed{}} = \boxed{}\,[\text{rad/s}]$$

（答）　＿＿＿＿＿＿

4 向心加速度

円運動を続ける物体は，中心 O に向かってたえず引っ張る力が作用しており，この力を（¹　　　　　　）といい，これを生じさせる加速度を（²　　　　　　　）という。

向心加速度 $a\,[\text{m/s}^2]$，周速度 $v\,[\text{m/s}]$，角速度 $\omega\,[\text{rad/s}]$ には，次の関係がある。

$$\boldsymbol{a = v\omega} \qquad\qquad (2\text{-}32)$$

式 (2-30) より，$v = r\omega$，$\omega = \dfrac{v}{r}$ だから，次のようになる。

$$\boldsymbol{a = r\omega^2 = \frac{v^2}{r}} \qquad\qquad (2\text{-}33)$$

問 26　右図のハンマ投げで，ワイヤを使い，1回転0.5秒の速度で回転させた。

このときの向心加速度を求めよ。ただし，回転中心からハンマの中心までの長

さを 1.85 m とする。

$$r = \boxed{} \text{ [m]}, \quad \omega = \frac{\theta}{t} = \frac{\boxed{}}{\boxed{}} \text{ [rad/s]}$$

$$a = \boxed{} \times \left(\frac{\boxed{}}{\boxed{}}\right)^2 = \boxed{} = \boxed{} \text{ [m/s}^2\text{]}$$

（答）＿＿＿＿＿＿

5　向心力と遠心力

物体の質量を m [kg]，向心加速度を a [m/s^2]，回転速度を n
[s^{-1}] とすれば，向心力 F は次の式で表される。

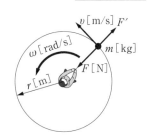

$$F = ma = m\frac{v^2}{r} = mr\omega^2 = mr\,(2\pi n)^2 \qquad (2\text{-}34)$$

問 27　質量 50 kg の人が 3 m/s の速さの自転車で半径 10 m のカーブを走るとき，この人に作用

する遠心力を求めよ。

$$\omega = \frac{v}{r} = \frac{\boxed{}}{\boxed{}} = \boxed{} \text{ [rad/s]}$$

$$F = mr\omega^2 = 50 \times 10 \times \boxed{}^2 = \boxed{} \text{ [N]}$$

（答）＿＿＿＿＿＿

3　力と運動の法則　　機械設計1　p.47〜53

1　運動の法則

1　運動の第一法則（ニュートンの第一法則）

物体に外から力が働かないかぎり，その（¹　　　　　　）はかわらない。これを運動の第一
法則という。すなわち，力が加わらなければ，動いている物体は，いつまでも動き続けようとし，
静止している物体は，静止し続ける。物体のこのような性質を（²　　　　）といい，この法則を
（³　　　　　　）ともいう。

2　運動の第二法則（ニュートンの第二法則）

①　物体に力が作用したとき，生じる（¹　　　　　）の向きは，力の向きと一致し，その大きさ
に（²　　　）する。

物体に作用する力を F [N]，生じる加速度を a [m/s^2]，質量を m [kg] とすれば，次の式で表
される。

$$F = ma \qquad (2\text{-}35)$$

また，この式を（³　　　　　　）という。

② 地球上の質量 m [kg] の物体には重力の加速度 g [m/s²] が作用しているので，物体に働く重力 W [N] は，次の式で表される。

$$W = mg \qquad\qquad (2\text{-}36)$$

$$F = \frac{W}{g}a \qquad\qquad (2\text{-}37)$$

問 28 静止している質量 20 kg の物体に，一定の大きさの力を 5 秒間加えて速度を 20 m/s にしたい。いくらの力を加えたらよいか。

$$a = \frac{v - v_0}{t} = \frac{\boxed{} - 0}{\boxed{}} = \boxed{} \ [\text{m/s}^2], \quad F = ma = \boxed{} \times 4 = \boxed{} \ [\text{N}]$$

（答）＿＿＿＿＿

問 29 ある物体に 50 N の力を加えて，10 m/s² の加速度を得た。その物体の質量を求めよ。

$$F = ma \ \text{から}, \quad m = \frac{F}{a} = \frac{\boxed{}}{\boxed{}} = \boxed{} \ [\text{kg}]$$

（答）＿＿＿＿＿

3 運動の第三法則（ニュートンの第三法則）

物体 A が物体 B に力を働かせたときは，同時に物体 B も物体 A に (¹ ＿＿＿＿＿) ことになる。その力は (² ＿＿＿＿) が等しく，(³ ＿＿＿＿) が逆である。これを運動の第三法則という。この法則を (⁴ ＿＿＿＿＿＿) ともいう。

4 慣性力

加速度 a [m/s²] で運動する質量 m [kg] の物体に $-ma$ [N] というみかけの力 F' [N] を付け加えて考えると，運動の問題を，力のつり合いの問題として取り扱うことができる。F' [N] を (¹ ＿＿＿＿) という。

右図で，加速度運動をしている物体では，慣性力 F' を付け加えると，張力 S，重力 W の 3 力がつり合うものとして考える。

ここで $W =$ (² ＿＿＿) である。

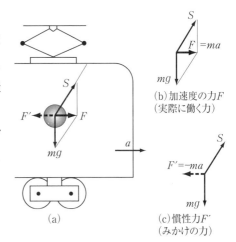

(b)加速度の力 F
（実際に働く力）

(a)

(c)慣性力 F'
（みかけの力）

問 30 質量 20 kg の物体がロープで，0.3 g（重力の加速度の 0.3 倍）の加速度で引き上げられるとき，ロープに働く張力を求めよ。

ロープに働く張力：S　　物体に作用する力：$F = 20 \times 0.3 \times 9.8 = \boxed{}$ [N]

物体に働く重力：$W = 20 \times 9.8 = \boxed{}$ [N]

3力がつり合うものとして考えると，$S - W - F = 0$

よって，$S = W + F$より，

$S = \boxed{} + \boxed{} = \boxed{} = \boxed{}$ [N]　　　（答）　_____

問31　エレベータが加速度$1.5\,\mathrm{m/s^2}$で下降をはじめたとき，質量50 kgの人がエレベータの床を押す力を求めよ。

床を押す力：F_0

人に作用する力：$F = 50 \times 1.5 = \boxed{}$ [N]

人に働く重力：$W = 50 \times 9.8 = \boxed{}$ [N]

$F_0 - W + F = 0$より，$F_0 = W - F = \boxed{} - \boxed{} = \boxed{}$ [N]

（答）　_____

問32　質量10 kgの物体を，上方に170 Nの力で引き上げるとき，生じる加速度を求めよ。

物体を引き上げる力：$F_0 = 170$ [N]

物体に作用する力：$F = 10a$

物体に働く重力：$W = mg = 10 \times 9.8 = \boxed{}$ [N]

$F_0 - W - F = 0$より，$170 - W - 10a = 0$，

よって，$a = \dfrac{\boxed{} - \boxed{}}{\boxed{}} = \boxed{}$ [m/s^2]　　　（答）　_____

2 運動量と力積

1 運動量

① 運動している物体の質量mと速度vの積mvは，運動の大きさを表す量と考えられ，これを（1　　　　）という。また，この運動量は速度と同じ向きを持つ（2　　　　）である。

② 質量m [kg] の物体が速度v_0 [m/s] で運動しているとき，その運動の向きに力F [N] を時間t [s] のあいだ加えて速度がv [m/s] になったとすれば，そのあいだの加速度a [m/s^2] は（$a = \dfrac{v - v_0}{t}$）だから，運動の方程式（式2-35）に代入すると，次の式が得られる。

$$F = ma = m\frac{v - v_0}{t} = \frac{mv - mv_0}{t} \tag{2-38}$$

問33　質量30 kgの物体が速度20 m/sで等速直線運動しているときの運動量を求めよ。また，質量10 kgの物体が速度50 m/sで等速直線運動しているときの運動量を求めよ。

mvより，$\boxed{} \times 20 = \boxed{}$ [kg・m/s]

$10 \times \boxed{} = \boxed{}$ [kg・m/s]

（答）　$\begin{cases} 質量30\,\mathrm{kg}, & 速度20\,\mathrm{m/s} \quad \text{_____} \\ 質量10\,\mathrm{kg}, & 速度50\,\mathrm{m/s} \quad \text{_____} \end{cases}$

2 力 積

① 式（2-38）から，物体に力が加わると，その向きの（¹　　　　）が変わり，運動量の時間的変化の割合はそのあいだに加わった（²　　　）の大きさに等しいといえる。

② 式（2-38）から，$Ft = mv - mv_0$ が求められる。この式の右辺は（³　　　　）の変化を表し，左辺の Ft（⁴　　　）と等しい。

$$Ft = mv - mv_0 \qquad\qquad (2\text{-}39)$$

3 衝撃力

きわめて短い時間に運動量を変化させるには，ひじょうに大きな力を必要とする。このような力を（¹　　　　）という。

問 34 質量 400 kg のおもりを 3 m の高さから落として，くいを打ち込むとき，くいに当たってから止まるまでの時間が，0.3 秒であったとして，くいが受ける力を求めよ。

$$v_0 = \sqrt{2gh} = \sqrt{2 \times 9.8 \times \boxed{}} = \boxed{} \; [\text{m/s}]$$

$$F = m\frac{v - v_0}{t} = \boxed{} \times \frac{0 - \boxed{}}{\boxed{}} = \boxed{} \; [\text{N}]$$

$$= \boxed{} \; [\text{kN}]$$

（答）＿＿＿＿＿＿

ここで，負号は，くいが運動と逆向きの力を受けていることを示す。

4 運動量保存の法則

速度 v_1 で運動している質量 m_1 の物体が，同じ向きに運動している速度 v_2，質量 m_2 の物体に衝突し，衝突後の速度がそれぞれ $v_1{}'$，$v_2{}'$ になったとき（¹　　　　　　）の法則により，次のような関係がなりたつ。

$$m_1v_1 + m_2v_2 = m_1v_1{}' + m_2v_2{}' \qquad\qquad (2\text{-}40)$$

問 35 湖上を質量 150 kg のボートが 1.5 m/s の速度で動いていて，質量 60 kg の人が，ボートの進む向きに 5 m/s の速度で湖に飛び込んだとすれば，ボートはどのような運動を起こすかを述べよ。

$m_1v_1 + m_2v_2 = m_1v_1{}' + m_2v_2{}'$ より，$m_1 = \boxed{}$ kg，$v_1 = \boxed{}$ m/s，

$m_2 = \boxed{}$ kg，$v_2{}' = $ （5＋1.5）m/s だから，

$\boxed{} \times 1.5 + 60 \times \boxed{} = 150 \times v_1{}' + \boxed{} \times$ （5＋1.5）

よって，$v_1{}' = \boxed{}$ [m/s]

（答）＿＿＿＿＿＿＿＿＿＿＿

4 仕事と動力　機械設計1　p.54〜65

1 仕　事

① 図(a)のように，台車を使って荷物を運んだとき，人は（^{1}　　　　）をしたという。

② 仕事 A [J] は，働いた力 F [N] と，その力の向きに移動した距離 s [m] との積で表される。

$$A = Fs \qquad (2\text{-}41)$$

③ Jは仕事の単位である。（^{2}　　　）の力が働いて（^{3}　　　）の距離を移動したときの仕事が 1J となる。

④ 図(b)で，加える力 F の向きと変位 s の向きとのあいだの角度が α である場合，力 F を変位の向きと，変位に直角な向きとの分力に分けると，変位の向きの分力（^{4}　　　　）が仕事をした力であり，仕事 A は次の式で表される。

$$A = F \cos \alpha \cdot s = Fs \cos \alpha \qquad (2\text{-}42)$$

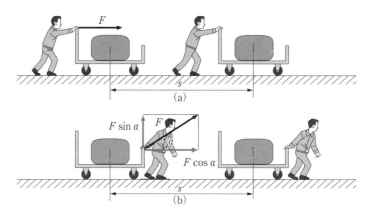

(a)

(b)

問 36 600 N の重力が働く物体を 15 m 引き上げるのに必要な仕事を求めよ。

$A = Fs = \boxed{} \times \boxed{} = \boxed{}$ [J]　　　　　（答）＿＿＿＿＿＿＿

2 道具や機械の仕事

1 て　こ

右図で点 A は力点，点 B は作用点，点 O は（^{1}　　　　）である。

$$\frac{W}{F} = \frac{a}{b} \qquad (2\text{-}43)$$

図のてこで，三角形の相似の条件から次の式もなりたつ。

$$\frac{a}{b} = \frac{h_0}{h} \qquad (2\text{-}44)$$

（2-43）と（2-44）から，

$$Fh_0 = Wh \qquad (2\text{-}45)$$

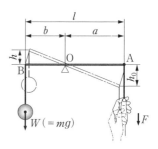

手がてこにした仕事は Fh_0，てこが物体にした仕事は Wh だから，式（2-45）からてこにした仕事と，てこがした仕事は等しいことがわかる。

問 37　250 N の力を出すことのできる人が，物体に働く重力 1000 N を引き上げるために，下図のように長さ 1 m でてこを使うとき，支点の位置を決めよ。

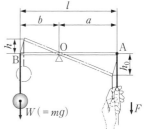

$$\frac{W}{F} = \frac{a}{b} = \frac{\boxed{}}{\boxed{}} = \frac{\boxed{}}{\boxed{}}$$

よって，

$$b = 1000 \times \frac{1}{\boxed{}} = \boxed{} \text{ [mm]（答）} \underline{}$$

問 38　問 37 で，てこを右図のように使うとき，B 点の位置を決めよ。

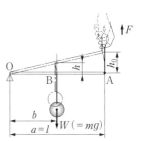

$$\frac{W}{F} = \frac{a}{b} \text{ より,}\quad \frac{\boxed{}}{\boxed{}} = \frac{\boxed{}}{b}$$

したがって，

$$b = \boxed{} \text{ [mm]}\qquad\qquad\text{（答）} \underline{}$$

2 輪 軸

右図の輪軸で，輪の直径を D [mm]，軸の直径を d [mm] とし，それぞれに加わる力を図のように F [N]，W [N] とすれば，回転軸のまわりの力のモーメントのつり合いから $F\dfrac{D}{2} = W\dfrac{d}{2}$ となる。

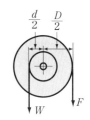

$$F = W\frac{d}{D} \qquad\qquad (2\text{-}46)$$

問 39　輪の直径 600 mm，軸の直径 80 mm の輪軸がある。軸に巻いたロープに 1200 N の力がかかっているとき，これを引き上げるために輪に巻いたロープを引くのに必要な力を求めよ。

$$F = W\frac{d}{D} = \boxed{} \times \frac{\boxed{}}{\boxed{}} = \boxed{} \text{ [N]}$$

（答）\underline{}

問 40　物体の質量が 60 kg のとき，軸の直径 100 mm の輪軸を使って，150 N の力でこの物体を引き上げたい。輪の直径を求めよ。

$$F = W\frac{d}{D} \text{から,}\quad D = W\frac{d}{F} = \frac{dmg}{F}$$

よって，

$$D = \frac{\boxed{} \times \boxed{} \times \boxed{}}{\boxed{}} = \boxed{} \text{ [mm]} \qquad\text{（答）} \underline{}$$

問 41　輪の直径 600 mm，軸の直径 80 mm の輪軸の軸に巻いたロープに質量 120 kg の物体をつるした。この物体を 200 mm 引き上げるためには，輪に巻いたロープをどれほどの力で何 mm 引かなくてはならないか。

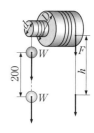

$$F = \frac{Wd}{D} = \frac{mgd}{D} = \frac{\boxed{} \times \boxed{} \times \boxed{}}{\boxed{}} = \boxed{}$$

$$= \boxed{} \ [\mathrm{N}]$$

$$h = 200 \times \frac{\pi D}{\pi d} = 200 \times \frac{\boxed{}}{\boxed{}} = \boxed{} \ [\mathrm{mm}]$$

（答）＿＿＿＿＿＿［N］，＿＿＿＿＿＿［mm］

3　滑　車

①　滑車には，その軸の位置が固定された（¹ ＿＿＿＿＿＿）と，軸の位置が移動する（² ＿＿＿＿＿）とがある。

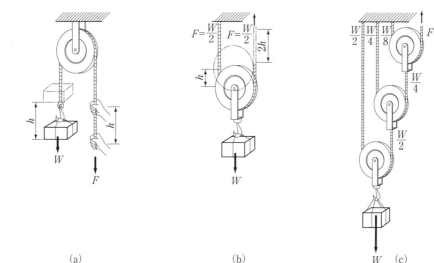

(a)　　　　　　　　　　(b)　　　　　　　　　　W　(c)

②　図(a)の定滑車では，物体に働く重力 W [N] ＝力 F [N] となり，力の大きさをかえることはできないが，力の向きをかえて力を加えやすくしたものである。

③　図(b)の動滑車では，$F = \dfrac{W}{2}$ となる。しかし，W [N] を h [m] だけ引き上げるためには，力 F でロープを（³ ＿＿＿＿）だけ引き上げなくてはならない。

④　図(c)は 3 個の動滑車を組み合わせたもので，このようにすると，F は W の（⁴ ＿＿＿＿）となり，力は小さくてすむが，物体を高さ h [m] だけ引き上げるのに，ロープを長さ（⁵ ＿＿＿＿）だけ引かなければならない。

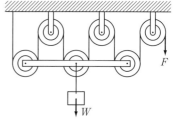

問 42　右図のような滑車の仕掛けがある。F と W の関係を示せ。

$$F = \boxed{} W$$

（答）＿＿＿＿＿＿

⑤ 右図のように，直径の異なる大小2個のチェーン車 A，B を同じ軸に
つけ，一体となって回転するようにした定滑車と，一つの動滑車 C とを，
チェーンで組み合わせた装置が（**6**　　　　　　）である。

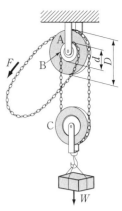

⑥ 右図において，定滑車 A に巻いたチェーンを引いて力 F [N] で物体
を引き上げるとき，物体の重力が W [N] であれば，動滑車 C をつって
いるチェーンには $\dfrac{W}{2}$ の張力が働く。

定滑車 A，B の直径をそれぞれ D [mm]，d [mm] とし，その軸の
まわりの F [N]，W [N] の力のモーメントのつり合いを考えると，次
の式がなりたつ。

$$F = W\frac{D-d}{2D} \qquad\qquad (2\text{-}47)$$

したがって，定滑車 A，B の直径の差 $D-d$ を小さくすると F は小さくなり，小さい力で重
い物体を引き上げることができる。

問 43 上図の差動滑車で，$D = 300\,\text{mm}$，$d = 280\,\text{mm}$ とすると，100 N の力で引き上げることが
できる物体の質量を求めよ。

$F = W\dfrac{D-d}{2D}$ から，

$$W = \frac{F \times 2D}{D-d} = \frac{\boxed{} \times 2 \times \boxed{}}{\boxed{}} = \boxed{}\ [\text{N}]$$

$$m = \frac{W}{g} = \frac{\boxed{}}{\boxed{}} = \boxed{} = \boxed{}\ [\text{kg}]$$

（答）＿＿＿＿＿

問 44 差動滑車で，小さい力で重い物体を引き上げることができる理由を説明せよ。

D の1回転で F がする仕事　　πDF 　　　　　　(1)

その間に W がされた仕事　　$\dfrac{\pi(D-d)}{2}W$ 　　　(2)

(1)＝(2)で式（2-47）が導き出せる。

（答）＿＿＿＿＿＿＿＿＿＿＿＿＿＿＿＿＿
＿＿＿＿＿＿＿＿＿＿＿＿＿＿＿＿＿

4 斜 面

① 右図のように，傾角 θ ［°］の斜面上の物体に重力 W ［N］が作用しているとき，斜面に平行な力 F［N］を加えて，高さ h［m］（斜面の長さ l［m］）だけ引き上げるとき，

$$F = W\sin\theta = W\frac{h}{l} \qquad (2\text{-}48)$$

したがって，傾角 θ が小さいほど，F は小さくてすむ。

② 力 F［N］が長さ l の間にした仕事 A［J］は，

$$A = Fl = W\frac{h}{l}l = Wh \qquad (2\text{-}49)$$

となり，物体を鉛直に高さ h だけ引き上げるときの仕事に等しい。

問 45 右図において，摩擦のない斜面上の物体を引き上げるのに必要な力 F を求めよ。

$$F = W\sin\theta$$
$$= \boxed{} \times \boxed{}$$
$$= \boxed{}\ [\text{N}]$$

（答）＿＿＿＿＿＿

5 仕事の原理

てこ・輪軸・滑車および斜面などの装置がする仕事は，装置に外から与えられた仕事に等しい。

3 エネルギーと動力

1 エネルギーの種類

一般に，ある物体がほかの物体に仕事をさせる能力をもっているとき，この物体は（¹　　　　　　）をもつという。したがって，エネルギーの大きさは，エネルギーをもつ物体がすることができる仕事の大きさで表し，単位は仕事と同じ，（²　　　　　　）である。

エネルギーは形を変えるが，エネルギーの総和は変わらない。これを（³　　　　　　　　）という。

2 機械エネルギー

① 運動している物体のもつエネルギーを（¹　　　　　　　　）という。

② 高いところにある物体が落下することによってする仕事，ぜんまいやばねなどが戻るときにする仕事などは，（²　　　　　　　）という。

運動エネルギーと位置エネルギーをまとめて，（³　　　　　　　　）という。

③　運動エネルギー

右の図のように速度 v_0 [m/s] で運動している質量 m [kg] の物体に運動方向と逆の力 F [N] を加えたとき，ある距離 s [m] 移動して止まった。これは，運動している物体は，Fs の仕事をするエネルギーをもっていることを表している。

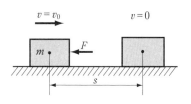

この物体に作用した加速度を a [m/s^2] とすれば，物体がした仕事が運動エネルギー E_k [J] であり，次のように表される。

$$E_k = Fs = ma\frac{v_0^{\,2}}{2a} = \frac{1}{2}mv_0^{\,2} \qquad (2\text{-}50)$$

問 46　質量 2 kg の物体が速度 100 m/s で運動している。この物体がもっている運動エネルギーを求めよ。

$$E_k = \frac{1}{2}mv_0^{\,2} = \frac{1}{2} \times \boxed{} \times \boxed{}^2 = \boxed{}\ [\text{J}] = \boxed{}\ [\text{kJ}]$$

(答)　＿＿＿＿＿

④　重力による位置エネルギー

右の図で，質量 m [kg] のおもりを基準面から高さ H [m] に引き上げる仕事は，mgH である。高さ H にある質量 m のおもりは，mgH の仕事をする能力をもっている。このような，高い位置の物体がもっている位置エネルギー E_p [J] は，次の式で表される。

$$E_p = mgH \qquad (2\text{-}51)$$

また，この物体が高さ H [m] から自由落下するとき，h [m] だけ落下したときの速度を v [m/s] とすれば，このときの運動エネルギーは，

$$E_k = \frac{1}{2}mv^2$$

の式で表され，物体が h だけ落下したために失った位置エネルギーに等しい。

物体が高さ H でもつ位置エネルギー　　　　　$mgH = $ (**4**　　　) ＋ (**5**　　　)

物体が h だけ落下したときにもつ運動エネルギー　$\dfrac{1}{2}mv^2 = $ (**6**　　　)

物体が h だけ落下したときにもつ位置エネルギー　(**7**　　　)

したがって，h だけ落下したとき，物体のもつ総エネルギーは，次の式で表される。

$$\frac{1}{2}mv^2 + mgh_0 = mgh + mgh_0 = mgH$$

すなわち，物体が高さ (**8**　　　) のところでもっていた (**9**　　　　　　) と，(**10**　　　) だけ落下したときの (**11**　　　　　　) には変わりがなく，(**12**　　　　　　　) の法則がなりたつことがわかる。

3　動　力

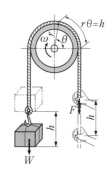

①　右図のように，ロープに力 F [N] を加えながら，物体を滑車で高さ h [m] だけ引き上げたとき，力のした仕事は $A = Fh$ [J] であり，ロープを引くのにかかった時間を t [s] とすれば，単位時間の仕事量は $\dfrac{A}{t}$ である。このように，単位時間にした仕事の割合を（^{1}　　　　　）P といい，次の式で表される。

$$P = \frac{A}{t} = \frac{Fh}{t} \qquad\qquad (2\text{-}52)$$

　　動力 P の単位は（^{2}　　　　　）であり，これを記号（^{3}　　　）で表す。

②　動力 P [W] は力 F [N] と速度 v [m/s] の積で表される。

$$P = Fv \qquad\qquad (2\text{-}53)$$

③　回転運動では，トルク T [N・m]，角速度 ω [rad/s] とすれば，動力 P [W] は次の式で表される。

$$P = T\omega \qquad\qquad (2\text{-}54)$$

④　動力 P [kW] を用いて時間 t [h] の間に行われた仕事 A の単位はキロワット時 [kW・h] で表される。

$$A = Pt \qquad\qquad (2\text{-}55)$$

問 47　1000 N の力を加えて，物体を5秒間に30 m だけ引き上げるときの動力を求めよ。

$$P = \frac{A}{t} = \frac{Fh}{t} = \frac{\boxed{} \times \boxed{}}{\boxed{}} = \boxed{}\ [\text{W}] = \boxed{}\ [\text{kW}]$$

（答）＿＿＿＿＿

問 48　15 kW の電動機を，毎日8時間ずつ6日間稼働させたときの仕事は何キロワット時かを求めよ。

　　仕事をした総時間数 t [h] は，

$$t = （1日の稼働時間）\times（日数）= \boxed{} \times \boxed{} = \boxed{}\ [\text{h}]$$

　　よって，$P = \dfrac{A}{t}$ から，$A = Pt = \boxed{} \times \boxed{} = \boxed{}\ [\text{kW・h}]$

（答）＿＿＿＿＿

5 摩擦と機械の効率 　機械設計1　p.66〜70

1 摩擦

接触している二つの物体がその接触面で運動をさまたげるような方向におこる抵抗を （^{1}　　　　　）
という。

1 滑り摩擦

接触する二つの物体の滑り運動をさまたげる向きに力が生じる現象を （^{1}　　　　　） という。
これには，（^{2}　　　　　） と （^{3}　　　　　） がある。

① 右図のように，水平面上に物体を置き，力 F を水平に加えると，逆向
きの抵抗力 f が生じて，物体が動き出すのをさまたげる。この現象を
（^{4}　　　　　），抵抗力 f を （^{5}　　　　　） という。

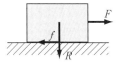

② 静摩擦力 f は，外力 F が増すにつれて大きくなるが，限度があって，（^{6}　　　　　） f_0
を超えると滑り出す。f_0 は，（^{7}　　　　　） R に比例する。

$$f_0 = \mu_0 R, \quad \mu_0 = \frac{f_0}{R} \qquad\qquad (2\text{-}56)$$

比例定数 μ_0 を （^{8}　　　　　） という。

③ 右図のように，斜面の上に物体を載せ，斜面の傾角をしだいに
大きくしていくと，やがて物体は滑り出す。このときの傾角 ρ
を （^{9}　　　　　） という。このとき，物体に働く重力 W [N]，
静摩擦係数 μ_0，摩擦角 ρ の関係は次のように表される。

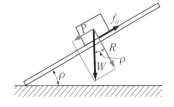

$$W \sin \rho = \mu_0 W \cos \rho, \quad \mu_0 = \tan \rho \qquad\qquad (2\text{-}57)$$

問49 静摩擦係数が 0.25 であるとき，摩擦角を求めよ。

$$\mu_0 = \tan \rho \text{から，} \quad \rho = \tan^{-1}\mu_0 = \tan^{-1}\boxed{} = \boxed{}$$
$$= \boxed{}° \qquad\qquad (\text{答}) \underline{}$$

問50 摩擦角が 20° であるとき，静摩擦係数を求めよ。

$$\mu_0 = \boxed{} = \boxed{} = \boxed{} \qquad (\text{答}) \underline{}$$

問51 傾角を調節できる斜面上に物体を置き，徐々に傾角を増していくものとする。いま，物体
の質量を 10kg，斜面との静摩擦係数を 0.4 とすると，物体が滑り出すときの傾角と最大静摩擦
力を求めよ。

$$\mu_0 = \tan \rho \text{から，} \text{傾角} \rho = \tan^{-1}\boxed{} = \boxed{} = \boxed{}°$$

$$f_0 = \mu_0 R = \mu_0 W \cos \rho \text{より，最大静摩擦力は，} W = mg \text{だから，}$$

$$f_0 = \boxed{} \times \boxed{} \times \boxed{} \times \boxed{}$$

$$= \boxed{} = \boxed{} \text{[N]}$$

(答)
$\begin{cases} \rho = \underline{} \\ f_0 = \underline{} \end{cases}$

④　物体がほかの物体に接触しながら運動するときに生じる摩擦を（**10**　　　　　）という。動摩擦力 f' は接触面の垂直力 R に比例する。

$$f' = \mu R, \ \mu = \frac{f'}{R} \qquad (2\text{-}58)$$

比例定数 μ を（**11**　　　　　）といい，静摩擦係数の半分くらいである。

問 52　質量 5 kg の物体が，傾角 30° の斜面を滑りおりている。動摩擦係数が 0.2 のとき，斜面と平行に物体に作用する力を求めよ。

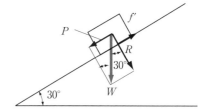

　物体に働く斜面に平行な力は，$P-f'$ である。

$W = mg = 5 \times 9.8 = 49$ [N]

$P = W \sin \rho$

$f' = \mu R = \mu \times W \cos \rho$

$P - f' = W \sin \rho - \mu W \cos \rho$

$\qquad = \boxed{} - \boxed{} = \boxed{} = \boxed{}$ [N]

（答）＿＿＿＿＿＿

2　転がり摩擦

　ころや車輪が転がるときにも，運動をさまたげようとする抵抗がある。これを（**1**　　　　　）という。

　右図のように，反力の合力 R はころの中心線から r だけ進行方向に進んだ位置に働く。このとき，ころの回転をさまたげる力のモーメント（**2**　　　　　）が生じ，転がり摩擦の原因と考えられている。

　列車などの転がり摩擦は，垂直力 10 kN についての摩擦力を [N] で示し，抵抗何ニュートンとすることが多い。

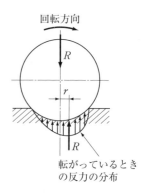

回転方向

転がっているときの反力の分布

問 53　車に働く重力が 86 kN のとき，10 kN につき 150 N の抵抗力があるとすれば，この車を動かすのに必要な力を求めよ。

　10 kN について 150 N の抵抗であるから車に働く重力と 10 kN との比を求める。

$$F = \frac{\boxed{}}{\boxed{}} \times 150 = \boxed{} \text{ [N]} = \boxed{} \text{ [kN]}$$

（答）＿＿＿＿＿＿

2　機械の効率
1　仕事と効率

①　機械は外部からエネルギー（**1**　　　　　　）が与えられて，外部に有効な仕事をする。

　その間に，摩擦などのためのエネルギー損失（**2**　　　　　　　）があるので，機械が実際にする有効仕事 A_E は，機械に外部から与えられた仕事 A から消耗仕事 A_C を差し引いたものとなる。

　有効仕事と外部から与えられた仕事との比を（**3**　　　　　　）η という。

$$\eta = \frac{A_E}{A} \times 100 \ [\%]$$

②　仕事は動力 P と時間の積であるから，有効動力を P_E とすれば効率は次のように示すこともできる。

$$\eta = \frac{P_E}{P} \times 100 \ [\%]$$

③　外部から与えられた仕事は（**4**　　　　　　）＋（**5**　　　　　　）であり，消耗動力を P_C とすれば効率は次の式で表すことができる。

$$\left.\begin{array}{l} \eta = \dfrac{A_E}{A_E + A_C} \times 100 \ [\%] \\[2mm] = \dfrac{P_E}{P_E + P_C} \times 100 \ [\%] \end{array}\right\} \qquad (2\text{-}59)$$

問 54　動力 10 kW のウインチで，荷物を 10 秒間に 2 m の高さに引き上げたい。荷物の質量が 3500 kg のとき，このウインチの効率を求めよ。

　荷物を引き上げるのに必要な動力は，

$$P = \frac{A}{t} = \frac{Fh}{t} = \frac{\boxed{} \times \boxed{} \times \boxed{}}{\boxed{}} = \boxed{} \ [\text{kW}]$$

10 kW の動力のウインチを利用したのだから，

$$\eta = \frac{\boxed{}}{\boxed{}} \times 100 = \boxed{} \ [\%]$$

（答）＿＿＿＿＿＿

第3章　材料の強さ

1 材料に加わる荷重　機械設計1　p.72〜73

1 荷 重

　機械や構造物を構成する要素を（1　　　　）といい，外部から力が働き，変形する。この外部から働く力を（2　　　　）といい，材料側からみたとき，この外力を（3　　　　）という。

1　作用による荷重の分類

① 材料を引き伸ばすように働く荷重で，物体をつり下げたひもに働く力，綱引きの綱や締め付けられたボルトに加わる力などの荷重を（1　　　　）という。

② 材料を押し縮めるように働く荷重で，機械全体を保持する脚に加わる荷重や，万力ではさんだ材料などが受ける荷重を（2　　　　）という。

③ 材料をせん断機で切断するように，上刃と下刃で切断面をずらし切るような荷重を（3　　　　）という。

④ 材料を曲げようとする荷重を（4　　　　），ねじろうとする荷重を（5　　　　）という。

2　速度による荷重の分類

① きわめてゆっくりと加わる荷重や，加わったまま大きさや向きが変化しない状態の荷重を（1　　　　）といい，荷重の大きさや向きが時間とともに変わる荷重を（2　　　　）という。この変化のしかたによって次のように分けられる。

② 周期的に繰り返して作用する荷重を（3　　　　）といい，引張りまたは圧縮荷重のいずれかのみの力が作用する（4　　　　）と，両方が交互に作用する（5　　　　）とがある。

③ ハンマで物を打つように，比較的短い時間に衝撃的に加わる荷重を（6　　　　）という。

2 引張・圧縮荷重　機械設計1　p.74〜82

1 外力と材料

　材料に外力（1　　　　）が作用すると，その反作用として材料内部に（2　　　　）力が生じる。

2 応力とひずみ

1　応 力

① 右図のように材料に引張荷重が加わったとき，荷重の加わる方向に垂直な任意の仮想断面には，荷重 W と大きさが等しく向きが逆の力（1　　　　）が生じる。

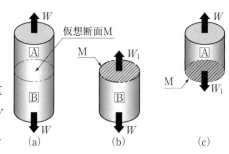

(a)　(b)　(c)

② 　単位面積あたりの内力を（2　　　　　　）という。荷重を W [N]，断面積を A [mm²] とすると，応力 σ [MPa] は次のように表される。

$$\sigma = \frac{W}{A} \qquad\qquad (3\text{-}1)$$

③ 　1 m² あたり 1 N の応力を（3　　　　　）Pa という。一般に応力の単位は [MPa] を用いるが，これは 1 N/mm² にあたる。

④ 　引張荷重によって生じる応力を（4　　　　　　），圧縮荷重によって生じる応力を（5　　　　　　）といい，ともに断面に垂直な方向に生じるので（6　　　　　　）という。

問 1 　直径 60 mm の丸棒に，50 kN の引張荷重を加えたときに生じる引張応力を求めよ。

$$W = 50 \text{ [kN]} = \boxed{} \text{ [N]}$$

$$A = \frac{\pi}{4}d^2 = \frac{\pi}{4} \times \boxed{}^2 = \boxed{}\pi \text{ [mm}^2\text{]}$$

$$\sigma = \frac{W}{A} = \frac{\boxed{}}{\boxed{}} = \boxed{} = \boxed{} \text{ [MPa]}$$

（答）　＿＿＿＿＿＿

問 2 　断面が 60 mm × 40 mm の短い角柱がある。これに生じる圧縮応力が 80 MPa であるとき，加わった圧縮荷重を求めよ。

$$\sigma = \frac{W}{A}\text{から，} W = \sigma A = \boxed{} \times \boxed{} = \boxed{} \text{ [N]}$$

$$= \boxed{} \text{ [kN]} \quad\text{（答）}\quad \text{＿＿＿＿＿}$$

2　ひずみ

① 　材料に荷重が加わると，伸び，縮みの変形をする。この単位長さあたりの変形量を，（1　　　　　）という。引張荷重によるひずみを（2　　　　　），圧縮荷重によるひずみを（3　　　　　　）という。これらのひずみは，ともに荷重の加わる方向に生じるので，（4　　　　　）という。

② 　ε ：縦ひずみ，l ：もとの長さ [mm]，Δl ：変形量 [mm]

$$\varepsilon = \frac{\Delta l}{l} \qquad\qquad (3\text{-}2)$$

ひずみは比だから，ε はそのままの数値か % で表す。

問 3 　長さ 5.5 m の棒の下端におもりをつるしたら，1.65 mm 伸びた。このときの縦ひずみを求めよ。

$$\varepsilon = \frac{\Delta l}{l} = \frac{\boxed{}}{\boxed{}} = \boxed{} = \boxed{} \text{ [\%]}$$

（答）　＿＿＿＿＿＿

問 4 　長さ 2 m の鋼線に引張荷重が加わったときに生じるひずみを 0.05 % 以内にしたい。鋼線の許される最大の伸びを求めよ。

$$\varepsilon = 0.05\% = \boxed{}$$

$$\varepsilon = \frac{\Delta l}{l} から, \quad \Delta l = \varepsilon l = \boxed{} \times \boxed{} = \boxed{} \ [\text{mm}]$$

（答）＿＿＿＿＿＿

3 応力－ひずみ線図

① 応力－ひずみ線図の縦軸の応力は，荷重を（**1** 　　　　　　　　　　）で割った（**2** 　　　　　　　）を使う。

② 右図の OA 間は応力とひずみが比例する部分で，その限界点 A の応力を（**3** 　　　　　　　）という。点 A をわずかに超えた点 B までは，荷重を取り去ると変形はもとに戻る。このような材料の性質を（**4** 　　　　　　）といい，その限界点 B の応力を（**5** 　　　　　　）という。

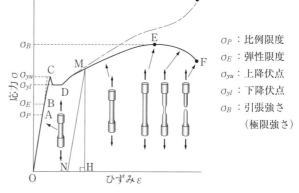

σ_P：比例限度
σ_E：弾性限度
σ_{yu}：上降伏点
σ_{yl}：下降伏点
σ_B：引張強さ
　　（極限強さ）

③ 応力が弾性限度以上の点 M まで荷重を加えてから荷重を除いていくと，直線 OA にほぼ平行な直線 MN に沿ってひずみは減少する。NH は，荷重を除くと，もとに戻る（**6** 　　　　　　）ひずみである。ON はもとに戻らないひずみで，（**7** 　　　　　　　　）という。

④ 永久ひずみが生じる材料の性質を（**8** 　　　　　）といい，その変形を（**9** 　　　　　　）という。

⑤ 図の点 C から D では，おもにひずみだけが増加し，この現象を（**10** 　　　　　）といい，そのときの応力を（**11** 　　　　　　）という。

⑥ 点 C の応力を上降伏点，点 D の応力を下降伏点という。多くの金属では降伏点が現れにくい。このような場合は，0.2% の永久ひずみを生じるときの応力をもって降伏点としている。この応力を（**12** 　　　　　）という。

⑦ 点 E で示される最大応力を（**13** 　　　　　　　）という。引張試験における極限強さを（**14** 　　　　　　）といい，材料の強さの一つの基準としている。

3 縦弾性係数

① 比例限度内の応力とひずみは正比例している。これを（**1** 　　　　　　　　　）という。

② 垂直応力σ [MPa]，縦ひずみεとの比を縦弾性係数または（**2** 　　　　　　　）といい，E [MPa] で表す。1 [GPa] ＝1×10³ [MPa] である。

$$\sigma = E\varepsilon, \ E = \frac{\sigma}{\varepsilon} \qquad (3\text{-}3)$$

$$\sigma = \frac{W}{A}, \ \varepsilon = \frac{\Delta l}{l} だから,$$

$$E = \frac{\sigma}{\varepsilon} = \frac{\frac{W}{A}}{\frac{\Delta l}{l}} = \frac{Wl}{A\Delta l}, \ \Delta l = \frac{Wl}{AE} = \frac{\sigma l}{E} \qquad (3\text{-}4)$$

問 5 断面 16 mm×20 mm，長さ 3 m の平鋼に 30 kN の引張荷重を加えたら 1.4 mm 伸びた。縦弾性係数を求めよ。

$$E = \frac{Wl}{A\Delta l} = \frac{\boxed{} \times \boxed{}}{\boxed{} \times \boxed{} \times \boxed{}} = \boxed{} \ [\text{MPa}] = \boxed{} \ [\text{GPa}]$$

（答）_____

（注）長さの単位を mm にしてから計算するとよい。1 kN は 1×10^3 N とすること。

問 6 直径 50 mm，長さ 1 m の鋼丸棒に 20 kN の引張荷重を加えたら 0.05 mm 伸びた。縦弾性係数を求めよ。

$$E = \frac{Wl}{A\Delta l} = \frac{\boxed{} \times \boxed{}}{\dfrac{\pi}{4} \times \boxed{} \times \boxed{}} = \boxed{} \ [\text{MPa}]$$

$$= \boxed{} \ [\text{GPa}]$$

（答）_____

問 7 断面積 15 mm^2，長さ 2 m の鋼線に 1 kN の引張荷重を加えたときの伸びを求めよ。ただし，縦弾性係数は 206 GPa とする。

$$\Delta l = \frac{Wl}{AE} = \frac{\boxed{} \times \boxed{}}{\boxed{} \times \boxed{}} = \boxed{} = \boxed{} \ [\text{mm}]$$

（答）_____

問 8 直径 12 mm，長さ 1.5 m の鋼丸棒に 2 kN の引張荷重を加えたときの伸びを求めよ。ただし，縦弾性係数を 192 GPa とする。

$$\Delta l = \frac{Wl}{AE} = \frac{\boxed{} \times \boxed{}}{\dfrac{\pi}{4} \times \boxed{} \times \boxed{}} = \boxed{} = \boxed{} \ [\text{mm}]$$

（答）_____

3 せん断荷重　機械設計1　p.83〜86

1 せん断

　右図のように，材料の微小な間隔 l の断面 A，B に，平行でたがいに逆向きの荷重が加わることを（^{1} _____ ）という。

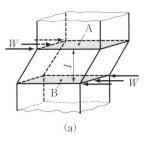

(a)

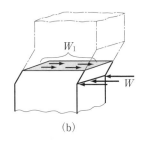

(b)

2 せん断応力

① 材料にせん断荷重が加わると，荷重に平行な任意の面に沿って荷重 W に等しい内力 W_1 が生じ，これによる応力を（¹　　　　　）という。

② τ：せん断応力 [MPa]，A：任意断面の面積 [mm²]，W：せん断荷重 [N] とすれば，

$$\tau = \frac{W}{A} \qquad\qquad (3\text{-}5)$$

問 9　右図のような M 16 のボルトに生じるせん断応力を求めよ。また，このボルトが 80 MPa までのせん断応力に耐えられるとき，加えることができる最大の荷重を求めよ。

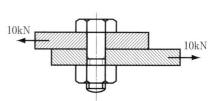

$$A = \frac{\pi}{4}d^2$$

$$\tau = \frac{W}{A} = \frac{4W}{\pi d^2} = \frac{4 \times \boxed{}}{\pi \times \boxed{}^2} = \boxed{} = \boxed{} \text{ [MPa]}$$

$$W = A\tau = \frac{\pi}{4}d^2 \times \tau = \frac{\pi}{4} \times \boxed{} \times \boxed{} = \boxed{} \times 10^3 \text{ [N]}$$

$$= \boxed{} \text{ [kN]} \qquad ※加えることができる最大の荷重とすること。$$

（答）　$\tau =$ ＿＿＿＿＿＿＿，　$W =$ ＿＿＿＿＿＿＿

3 せん断ひずみ

① 右図のように，材料内の微小な間隔 l [mm] の平行な 2 平面がせん断荷重 W [N] を受け，λ [mm] だけずれて微小角 ϕ [rad] だけ傾いたとする。λ は（¹　　　　　）で l に対する変形量を表す。

　単位長さに対するせん断変形を（²　　　　　）といい，γ で表すと，次のようになる。

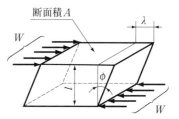

断面積 A

$$\gamma = \frac{\lambda}{l} = \tan\phi \doteqdot \phi \qquad\qquad (3\text{-}6)$$

　ここで，微小角 ϕ をずれの角度という。

② $\tan\phi$ の値と微小角 ϕ [rad] の値との比較をみると表のようになる。ϕ が 2° 以下では，$\tan\phi$ と ϕ は，ほぼ同じであることから $\tan\phi \doteqdot \phi$ [rad] としてもよいことがわかる。したがって，せん断ひずみ γ を角度 [rad] で表すことが多い。

tan φ と φ [rad]の比較

	tan φ	φ rad
3°	0.052408	0.052360
2°	0.034921	0.034907
1.5°	0.026186	0.026180
1°	0.017455	0.017453
3/4°	0.013091	0.013090
1/2°	0.008727	0.008727
1/4°	0.004363	0.004363
1/8°	0.002182	0.002182

4 横弾性係数

比例限度内では，せん断応力 τ〔MPa〕とせん断ひずみ γ は，引張応力と引張ひずみの関係と同様に比例し，弾性係数を G〔MPa〕とすると，せん断におけるフックの法則は次のようになる。

$$\tau = G\gamma, \quad G = \frac{\tau}{\gamma} \tag{3-7}$$

このときの弾性係数 G を（¹　　　　　　）という。

鋼の横弾性係数 G の値はおよそ 80 GPa で，一般に，金属の横弾性係数 G の値は，縦弾性係数 E の（²　　　　　　）である。

$$G = \frac{\tau}{\gamma} = \frac{Wl}{A\lambda} ≒ \frac{W}{A\phi}$$

$$\lambda = \frac{Wl}{AG} = \frac{\tau l}{G}, \quad \phi ≒ \frac{W}{AG} \tag{3-8}$$

問 10 断面積 640 mm² の軟鋼板に，20 kN のせん断荷重を加えたときのせん断ひずみを求めよ。ただし，横弾性係数は 80 GPa とする。

$$W = 20 \,[\mathrm{kN}] = \boxed{} \,[\mathrm{N}], \quad G = 80 \,[\mathrm{GPa}] = 80 \times \boxed{} \,[\mathrm{MPa}]$$

$$\gamma = \phi = \frac{W}{AG} = \frac{\boxed{}}{\boxed{} \times \boxed{}} = \frac{1}{\boxed{}}$$

$$= \boxed{} = \boxed{} \quad （答）\underline{}$$

4 温度変化による影響　機械設計1　p.87〜89

1 熱応力

① 両端を固定した材料を加熱すると，材料は（¹　　　）しようとするが，両端が固定されているので膨張出来ず，材料の内部に（²　　　　　）が生じる。

(a) 加　熱

② 逆に，材料を冷却すると（³　　　）できないから，内部に（⁴　　　　）を生じる。このような温度変化によって生じる応力を（⁵　　　　）という。内燃機関や化学工業の反応がまなどは局部的な（⁶　　　　）のために熱応力を生じることがある。

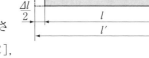

(b) 冷　却

2 線膨張係数

① 温度変化によって，物体が伸び縮みする割合を（¹　　　　　　）といい，α で表し，単位は〔℃⁻¹〕である。

② 温度変化により膨張する長さ Δl〔mm〕は，もとの長さ l〔mm〕，膨張したときの長さ l′〔mm〕，はじめの温度 t〔℃〕，変化したときの温度 t′〔℃〕とすれば，

$$\varDelta l = l' - l = l\alpha\,(t' - t) \text{ となる。} \tag{3-9}$$

③ 両端固定された棒が $(t' - t)$［℃］温度が上昇すると，$\varDelta l$ だけ伸びるはずが，両端固定のため伸びられず，l' の長さの棒が圧縮されて$\varDelta l$ 縮み，l になったと同様にみなせる。このひずみ ε は，

$$\varepsilon = \frac{\varDelta l}{l'} = \frac{\varDelta l}{l + \varDelta l} \fallingdotseq \frac{\varDelta l}{l} \tag{3-10}$$

$$\varepsilon = \frac{\varDelta l}{l} = \frac{l\alpha(t' - t)}{l} = \alpha(t' - t) \tag{3-11}$$

$\varDelta l$ は微小なので，$l + \varDelta l \fallingdotseq l$

④ 熱応力 σ は，$\sigma = E\varepsilon = E\alpha\,(t' - t)$ \tag{3-12}

⑤ 熱応力は材料の太さや長さに（² 　　　　）で，縦弾性係数と（³ 　　　　　　）および温度差に比例する。

問 11 直径 30 mm の硬鋼棒を温度 20℃ の状態で両端を壁に固定したのち，加熱して 50℃ に上げる。このときに生じる熱応力を計算せよ。また，棒が壁に及ぼす力を求めよ。ただし，硬鋼の α は 11×10^{-6}℃$^{-1}$，E は 205 GPa とする。

式（3-12）より，

$$\sigma = E\alpha(t' - t) = \boxed{} \times \boxed{} \times (\boxed{} - \boxed{})$$

$$= \boxed{} = \boxed{} \text{［MPa］}$$

$$F = W = \sigma A = \boxed{} \times \frac{\pi}{4} \times \boxed{}^2 = \boxed{} \text{［N］}$$

$$= \boxed{} \text{［kN］}$$

（答）$\begin{cases} \sigma = \underline{} \\ F = \underline{} \end{cases}$

5 材料の破壊　機械設計1 p.90〜100

1 破壊の原因

材料の破壊には，荷重の加わりかたやそれによって生じる（¹ 　　　　　　），（² 　　　　　　），材料が使用される（³ 　　　　）や（⁴ 　　　　）など，その原因はいろいろである。

1 静荷重

荷重によって材料に生じる応力や変形が一定の限度を超えると（¹ 　　　　）が起こる。

2 動荷重

① 繰返し荷重は，静荷重に比べてはるかに小さい荷重であっても，それが（¹ 　　　　　　）にわたると，材料の破壊にいたることがある。

② 衝撃荷重は，大きな荷重が（² 　　　　　　）にかかるので，とくに鋳鉄などのもろい材料や，（³ 　　　　　　）などのある材料は破壊しやすい。

3 応力集中

① 溝，段，穴などのために断面の形状が急に変わる部分を（¹ 　　　　）という。

② 断面形状が一様な材料に荷重を加えたときに発生する応力は，断面のどの部分にも均一に生じているとしている。しかし，断面形状が局部的に急に変化する部分では，局部的に大きな応力が生じることを（² 　　　　）という。

③ 応力集中による最大応力を（³ 　　　　）という。集中応力 σ_{max} と，応力集中がない場合の応力 σ_n との比を（⁴ 　　　　）といい，次の式で表される。

$$\alpha_k = \frac{\sigma_{max}}{\sigma_n}, \quad \sigma_{max} = \alpha_k \sigma_n \qquad (3\text{-}13)$$

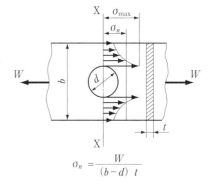

$$\sigma_n = \frac{W}{(b-d)\ t}$$

問 12 幅 50 mm，厚さ 8 mm の断面が一様な平鋼の軸線上に直径 10 mm の穴があいている。この板の軸線方向に 15 kN の引張荷重を加えたとき，集中応力を求めよ。

$$\sigma_n = \frac{W}{(b-d)t} = \frac{\boxed{}}{(\boxed{\ } - \boxed{\ }) \times \boxed{\ }}$$
$$= \boxed{} \ [\text{MPa}]$$

$$\frac{d}{b} = \frac{\boxed{\ }}{\boxed{\ }} = \boxed{\ }$$

右図から，応力集中係数 $\alpha_k = \boxed{}$

$$\sigma_{max} = \alpha_k \sigma_n = \boxed{} \times \boxed{}$$
$$= \boxed{} = \boxed{} \ [\text{MPa}]$$
（答）　　　　

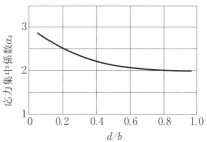

4 疲 労

① 機械の構成部材は，引張り・圧縮・曲げ・ねじりなどの荷重を繰返し受けることが多い。これによって，材料に生じる応力は一定ではなく，（¹ 　　　）や（² 　　　）がたえず変化する。繰返しの回数によって，部材を構成する材料は静荷重よりはるかに（³ 　　　）荷重で破壊することがある。この現象を（⁴ 　　　）という。

② 疲労試験による S–N 曲線からわかるように，応力振幅が大きいほど（⁵ 　　　　）で疲労破壊することがわかる。そして，応力振幅がある値になると，繰返し数が増えても破壊が起こりにくくなる。このときの応力振幅を（⁶ 　　　　）という。

5 クリープ

材料に一定の引張荷重を長時間加えると，時間の経過とともにしだいに（¹ 　　　）が増加する。このような現象を（² 　　　）といい，そのひずみを（³ 　　　　）という。高温で使用される金属材料はクリープによって（⁴ 　　　）することがある。そのためにクリープひずみを生じさせる応力を知っておく必要がある。この応力を（⁵ 　　　　）という。

6　温度や環境

① 材料が低温になると，急激に延性を失って衝撃に対してもろくなる性質を（¹　　　　　　）という。

② 部材の表面にめっきを施したり，さび止めの塗装などをするのは，（²　　　　　　）によって応力集中などが発生し，その強さの低下を防ぐことにある。

2 材料の機械的性質とおもな使いかた

1　延性材料・脆性材料

① 破断するまでに大きな塑性変形を示す材料を（¹　　　　　）といい，軟鋼やアルミニウム合金，銅合金などがある。

② ほとんど塑性変形をしないで破断するような材料を（²　　　　　）といい，鋳鉄やコンクリートなどがある。

2　材料のおもな使いかた

① 機械や構造物を構成している部材に生じる応力が，材料の比例限度以下であれば，荷重を取り去ると部材の変形はもとに戻るため，使用する材料の（¹　　　　　）より低めである（²　　　　　）を超えないようにする。

② 鋳鉄やコンクリートは，引張りには（³　　　　　）が（⁴　　　　　）には強いので，（⁵　　　　　）を受けるところに使われることが多い。

3 許容応力と安全率

1　基準強さ

基準強さは，材料に加えられる荷重の種類，その材質，形状など実際の使用状態に適した種類の応力をとることが望ましい。

① 鋳鉄などのもろい材料に引張りの静荷重が加わる場合，基準強さとして（¹　　　　　）をとる。

② 軟鋼やアルミニウム合金などの延性材料に，引張りの静荷重が加わる場合，軟鋼は（²　　　　　），アルミニウム合金は（³　　　　）を基準強さにとる。

③ 材料が繰返し荷重を受ける場合には，基準強さとして（⁴　　　　　）をとる。

2　使用応力・許容応力と安全率

① 機械や構造物を構成する各部材の材料に生じる応力を（¹　　　　　）という。

② 使用される材料に許される最大の応力で，設計の基礎に用いられる応力を（²　　　　　）という。

③ 許容応力と使用応力の関係は（³　　　　　）≧（⁴　　　　　）である。

④ 許容応力 σ_a [MPa] の値は，一般には材料の基準強さ σ_F [MPa] を安全率 S で割って決める。

$$\sigma_a = \frac{\sigma_F}{S} \qquad\qquad (3\text{-}14)$$

問13 引張りの繰返し荷重を受ける軟鋼丸棒がある。疲労限度を 180 MPa，安全率を 6 とした
ときの許容応力を求めよ。

$$\sigma_a = \frac{\sigma_F}{S} = \frac{\boxed{}}{\boxed{}} = \boxed{} \text{ [MPa]}$$ （答）＿＿＿＿＿

問14 引張強さが 450 MPa である材料の許容応力を 90 MPa としたときの安全率を求めよ。

式（3-14）から，$\sigma_a = \dfrac{\sigma_F}{S}$ よって，$S = \dfrac{\sigma_F}{\sigma_a} = \dfrac{\boxed{}}{\boxed{}} = \boxed{}$ （答）＿＿＿＿＿

3 許容応力と部材の寸法

① 部材の寸法を求める場合の強さの計算には材料の（**1**　　　　　）がもとになる。与えられ
ていないときは，材料や（**2**　　　　）の種類，（**3**　　　　　　）や設計資料などによって基準
強さと（**4**　　　　　）をもとにして求める。

② 材料に加わる荷重 W [N]，断面積 A [mm²]，許容応力 σ_a [MPa] の間には次の関係がなり
たつ。

$$A \geqq \frac{W}{\sigma_a} \tag{3-15}$$

問15 引張荷重 10 kN を受ける丸鋼の直径を求めよ。許容応力は 100 MPa とする。

$$A = \frac{W}{\sigma_a} = \frac{\boxed{}}{\boxed{}} = \boxed{} \text{ [mm}^2\text{]}$$

$$A = \frac{\pi}{4}d^2 \text{ から } d = \sqrt{\frac{4A}{\pi}} = \sqrt{\frac{4 \times \boxed{}}{\pi}} = \boxed{} = \boxed{} \text{ [mm]}$$

（答）＿＿＿＿＿

問16 右図の部材において，直径 12 mm，頭の高さ 10 mm とした場合，加えることができる引
張荷重を求めよ。ただし，材料の許容引張応力は 50 MPa，許容せん断応力は 40 MPa とする。

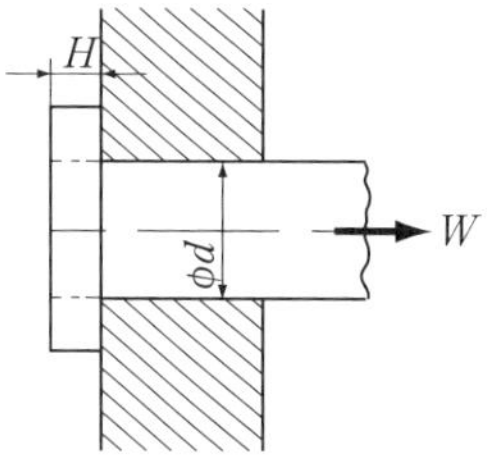

軸の断面積 $A_1 = \dfrac{\pi}{4}d^2$，せん断を受ける部分の面積 $A_2 = \pi dH$,

引張りの最大荷重 $W_1 = \sigma_a A_1 = \boxed{} \times \dfrac{\pi}{4} \times \boxed{}^2$

$\qquad = \boxed{}$ [N] $= \boxed{}$ [kN]

せん断の最大荷重 $W_2 = \tau_a A_2 = \boxed{} \times \pi \times \boxed{} \times \boxed{}$

$\qquad = \boxed{}$ [N] $= \boxed{}$ [kN]

W_1 と W_2 を比較して小さいほうに決める。 （答）＿＿＿＿＿

問17 2 kN の引張荷重を受ける軟鋼丸棒を，安全に使用するために必要な直径を求めよ。軟鋼
の引張強さは 400 MPa，安全率は 5 とする。

（答）＿＿＿＿＿

6 はりの曲げ　機械設計1　p.101〜127

1 はりの種類と荷重

1　はりの種類

① はりを支えているところを（**1**　　　　），支点間距離を（**2**　　　　）という。

② はりはその支えかたや荷重の受けかたで図のような種類がある。

(a)（**3**　　　　），(b)（**4**　　　　　），(c)（**5**　　　　　），

(d)（**6**　　　　），(e)（**7**　　　　）

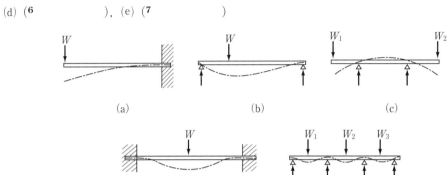

(a)　　　　　　　　　(b)　　　　　　　　　(c)

(d)　　　　　　　　　(e)

2　はりに加わる荷重

はりの1点に集中して加わるとみなされる荷重（図(a)）を（**1**　　　　　）といい，はりの全長または一部に分布されている荷重（図(b)）を（**2**　　　　）という。このうちとくに単位長さあたりの荷重が一定のもの（図(c)）を（**3**　　　　）という。

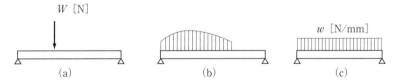

W [N]

w [N/mm]

(a)　　　　　　　　　(b)　　　　　　　　　(c)

3　つり合いと支点の反力

① はりはいろいろな荷重を受けると，それに応じて支点に（**1**　　　）が生じ，荷重と反力によって力の（**2**　　　　）が生じる。はりが安定しているのは，これらが（**3**　　　）の状態にあるからである。

② はりがつり合いの状態にあるとき，次の二つの条件がなりたつ。

(1)（**4**　　　　　　　　　　　　　　）

(2)（**5**　　　　　　　　　　　　　　）

③ 片持ばりは支点が壁で固定されるので，つねに安定の状態であるから反力や力のモーメントのつり合いを考える必要がない。

④ 単純支持ばりの支点の反力

(a) 集中荷重が一つの場合

$$R_B = \frac{Wa}{l}$$

$$R_A = W - R_B = \frac{Wb}{l}$$

(3-16)

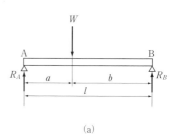

(a)

(b) いくつかの集中荷重を受ける場合［荷重 3 つの例］

$$R_A + R_B - W_1 - W_2 - W_3 = 0$$

$$R_B = \frac{W_1 l_1 + W_2 l_2 + W_3 l_3}{l}$$

$$R_A = W_1 + W_2 + W_3 - R_B$$

(3-17)

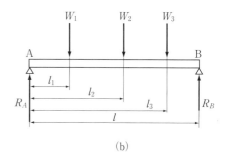

(b)

問 18 下図(a), (b)の反力 R_A, R_B を求めよ。

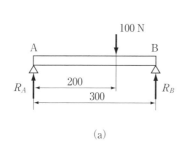

(a)

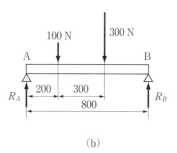

(b)

(a) $R_B = \dfrac{Wa}{l} = \dfrac{\boxed{} \times \boxed{}}{\boxed{}} = \boxed{} = \boxed{}$ [N]

$R_A = W - R_B = \boxed{} - \boxed{} = \boxed{}$ [N]

(b) $W_1 = 100$ [N], $W_2 = 300$ [N], $l_1 = 200$ [mm], $l_2 = 200 + 300 = 500$ [mm] を式 (3-17) に代入,

$$R_B = \frac{W_1 l_1 + W_2 l_2}{l} = \frac{\boxed{} \times \boxed{} + \boxed{} \times \boxed{}}{\boxed{}}$$

$$= \boxed{} = \boxed{} \text{ [N]}$$

$$R_A = W_1 + W_2 - R_B = \boxed{} + \boxed{} - \boxed{}$$

$$= \boxed{} \text{ [N]}$$

（答）
(a) $R_A = $ _____
$R_B = $ _____
(b) $R_A = $ _____
$R_B = $ _____

2 せん断力と曲げモーメント

右図の単純支持ばりで，A点から距離 x の断面Xを考える。左側に働いている力は反力 R_A と荷重 W_1 で上向きの力を（＋）とすれば $F_l = R_A - W_1$ となる。いま，力のつり合いから，$R_A + R_B - W_1 - W_2 = 0$ だから，$R_A - W_1 = W_2 - R_B$ となる。したがって，

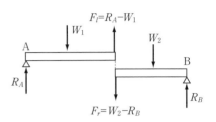

$$R_B = W_1 + W_2 - R_A \qquad (3\text{-}18)$$

点Aのまわりの力のモーメントの和が0の条件から，

$$R_B l - W_1 l_1 - W_2 l_2 = 0 \quad \text{したがって，}$$
$$R_B l = W_1 l_1 + W_2 l_2 \qquad (3\text{-}19)$$

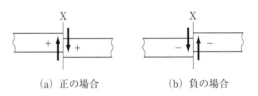

1 せん断力

① 断面Xの左側では，反力 R_A と荷重 W_1 の差によって生じる力 F_l は，

$$F_l = R_A - W_1 \qquad (3\text{-}20)$$

一方，右側では，

$$F_r = (\mathbf{1} \qquad) \qquad (3\text{-}21)$$

となる。

これがはりに作用する（**2** ）である。

② せん断力の向きには，右図のようにせん断面の左側が上向きになるとき(a)と，右側が上向きになるとき(b)とがある。とくにこれを区別するときは図のように左側が上向きのときを（**3** ），その逆を（**4** ）と符号をつけることにする。

(a) 正の場合　　(b) 負の場合

問 19 下図の単純支持ばりで，反力 R_A，R_B および断面 X_1 と断面 X_2 におけるせん断力 F_1，F_2 を求めよ。

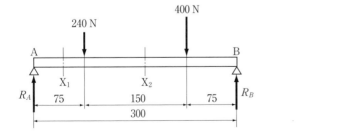

（答）
$\begin{cases} R_A = \underline{\qquad} \\ R_B = \underline{\qquad} \\ F_1 = \underline{\qquad} \\ F_2 = \underline{\qquad} \end{cases}$

2 曲げモーメント

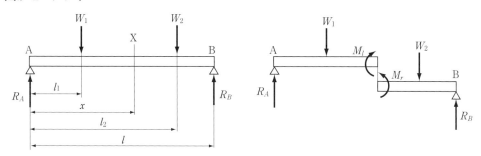

① 上図で，点 A から距離 x の断面 X を考える。その左側の部分では，反力 R_A と荷重 W_1 によるモーメントの差によって生じるモーメント M_l は

$$M_l = R_A x - W_1(x - l_1) \qquad (3\text{-}22)$$

右側の部分では，反力 R_B と荷重 W_2 によるモーメントの差によって生じるモーメント M_r は，

$$M_r = R_B(l - x) - W_2(l_2 - x) \qquad (3\text{-}23)$$

である。

② 上図の断面 X についての力のモーメントを考えると（¹　　　　）のモーメント M_l と（²　　　　）のモーメント M_r は値が等しく回転の方向は（³　　　）である。この力のモーメントの和は 0 でつり合いの状態であるが，はりは両支点の位置に対して下向きに変形する。このモーメントは，はりを曲げるように働くので（⁴　　　　　　）という。

③ 曲げモーメントは，はりを下側に凸にするように働く場合と，上側に凸にするように働く場合とがある。曲げモーメントの生じかたを区別する必要のあるときは＋，－の符号をつけて区別する。本書では図のように，＋をはりが（⁵　　　　　），－をはりが（⁶　　　　　）とする。

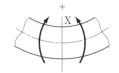

正の場合（はりが下側に凸）　　負の場合（はりが上側に凸）

④ はりの強さの計算では，曲げモーメントの絶対値だけを考える。

問 20 右図のようなはりにおいて，点 A から 1000 mm と 1300 mm の断面 X_1 と断面 X_2 における曲げモーメントを求めよ。

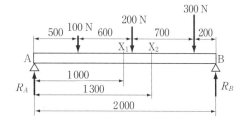

$W_1 = 100\,\text{N},\ W_2 = 200\,\text{N},\ W_3 = 300\,\text{N},\ l_1 = 500\,\text{mm},\ l_2 = 500 + 600 = 1100\,\text{mm},$

$l_3 = 500 + 600 + 700 = 1800\,\text{mm},\ l = 2000\,\text{mm}$

式 (3-17) より，

$$R_B = \frac{\boxed{} + \boxed{} + \boxed{}}{\boxed{}}$$

$$= \frac{\boxed{} + \boxed{} + \boxed{}}{\boxed{}} = \boxed{}\ [\text{N}]$$

$$R_A = \boxed{} + \boxed{} + \boxed{} - \boxed{} = \boxed{} + \boxed{} + \boxed{}$$

$$- \boxed{} = \boxed{}\ [\text{N}]$$

X_1 の曲げモーメント M_{1000} は，

$$M_{1000} = R_A \times \boxed{} - W_1 \times \boxed{} = \boxed{} \times \boxed{} - \boxed{}$$

$$\times \boxed{} = \boxed{}\ [\text{N}\cdot\text{mm}]$$

X_2 の曲げモーメント M_{1300} は，

$$M_{1300} = R_B \times \boxed{} - W_3 \times \boxed{} = \boxed{} \times \boxed{} - \boxed{}$$

$$\times \boxed{} = \boxed{} = \boxed{}\ [\text{N}\cdot\text{mm}]$$

(答) $\begin{cases} M_{1000} = \underline{} \\ M_{1300} = \underline{} \end{cases}$

問 21　前問で 200 N の力が作用している断面と，300 N の力が作用している断面における曲げモーメント M_{1100} と M_{1800} を求めよ。

(答) $\begin{cases} M_{1100} = \underline{} \\ M_{1800} = \underline{} \end{cases}$

3 せん断力図と曲げモーメント図

① はり全体に，せん断力や曲げモーメントがどのように作用しているか，また，最大曲げモーメントは，はりのどの断面に生じてその大きさはどのくらいかなどを線図に示したものを，それぞれ（**1**　　　　　　）（SFD），（**2**　　　　　　　　　）（BMD）という。

② SFD と BMD により，はりの各断面に働く（**3**　　　　　　　）と（**4**　　　　　　　　）の大きさや変化の状態が一目でわかる。

1 集中荷重を受ける片持ばり

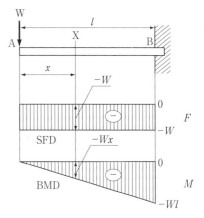

① せん断力は（**1**　　　　　　）から（**2**　　　　　　）まで，はりの全長にわたって一定である。途中に集中荷重が加わると，そこからその分だけ重ねて増加する。

② 曲げモーメントの符号は，はりを上側に凸になるように働くから（**3**　　　）であり，その大きさは，自由端では（**4**　　　），固定端では（**5**　　　　）である。断面 X の曲げモーメントは，$M_x = -Wx$ で，M_x は x に（**6**　　　　）し，$M_{\max}$ は（**7**　　　　）である。

③ せん断力図は，せん断力が（**8**　　　　）であるから高さ W の横軸に平行な（**9**　　　　）となり，曲げモーメント図は，固定端が最大曲げモーメント（**10**　　　　）で，自由端が 0 であるからこの 2 点を直線で結んだ三角形となる。

問 22 長さ 2 m の片持ばりが，自由端に 500 N の荷重を受けているとき，せん断力図と曲げモーメント図を描け。

せん断力　$F_x = \boxed{}$ ［N］（一定）

最大曲げモーメント　$M_{\max} = -Wl = -\boxed{} \times \boxed{} = -\boxed{}$ ［N·mm］

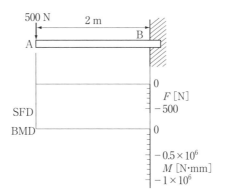

問 **23** 長さ1200 mm の片持ばりが, 自由端に 300 N, こ
れから 400 mm 離れた点に 200 N, さらに 300 mm 離れた
点に 100 N の荷重を受けている。せん断力図と曲げモーメ
ント図を描け。

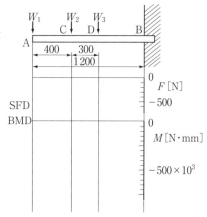

$W_1 = 300$ N, $W_2 = 200$ N, $W_3 = 100$ N

せん断力

AC 間 $F_{AC} = \boxed{}$ [N]

CD 間 $F_{CD} = F_{AC} + W_2 = \boxed{}$

$+ \boxed{} = \boxed{}$ [N]

DB 間 $F_{DB} = F_{CD} + W_3 = \boxed{}$

$+ \boxed{} = \boxed{}$ [N]

曲げモーメント

W_1 の固定端の曲げモーメント $M_1 = -W_1 l = -\boxed{}$ [N·mm]

W_2 の固定端の曲げモーメント $M_2 = -W_2 \times (l - 400) = -\boxed{}$ [N·mm]

W_3 の固定端の曲げモーメント $M_3 = -W_3 \times (l - 400 - 300)$

$= -\boxed{}$ [N·mm]

固定端の曲げモーメント $M = M_1 + M_2 + M_3 = -\boxed{}$ [N·mm]

2 集中荷重を受ける単純支持ばり

① 単純支持ばりのせん断力, 曲げモーメントは, 支点の (**1**) R_A, R_B から求める。

② せん断力は (**2**) 点で大きさが変わる。

③ 曲げモーメントは支点では 0 で, (**3**) 点で最大となる。2つ以上荷重を受ける点のある場合には, せん断力の (**4**) 点で最大になる。

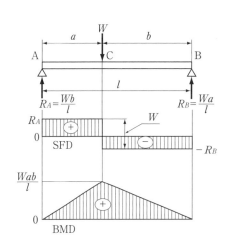

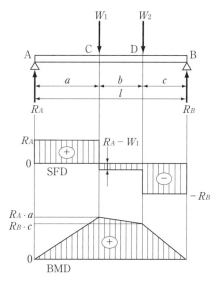

問 24 スパン 1 m の単純支持ばりが，左端から 250 mm，500 mm の点にそれぞれ 100 N，200 N の荷重を受けているときのせん断力図と曲げモーメント図を描け。

(1) 反　力　式 (3-17) より，

$$R_B = \frac{W_1 l_1 + W_2 l_2}{l}$$

$$= \frac{\boxed{} + \boxed{}}{\boxed{}}$$

$$= \boxed{} \ [\mathrm{N}]$$

$$R_A = W_1 + W_2 - R_B = \boxed{}$$

(2) せん断力

AC 間　$F_{AC} = R_A = \boxed{}$ [N]

CD 間　$F_{CD} = R_A - W_1 = \boxed{}$ [N]

DB 間　$F_{DB} = -R_B = \boxed{}$ [N]

(3) 曲げモーメント　符号 (+)

C 点の曲げモーメント　$M_C = R_A \times \boxed{}$

$$= \boxed{} = \boxed{} \ [\mathrm{N \cdot mm}]$$

D 点の曲げモーメント　$M_D = R_B \times \boxed{} = \boxed{}$ [N·mm]

$M_{\max}$ は，せん断力の符号が変わる D 点，$M_{\max} = M_D$

はりの各図を描いてみよ。

問 25 スパン 2 m の単純支持ばりが，左端から 500 mm，1000 mm，1500 mm の点にそれぞれ 100 N の荷重を受けているときのせん断力図と曲げモーメント図を描け。

$$R_A = R_B = \frac{1}{2}(W_1 + W_2 + W_3)$$

(1) 反　力

$R_A = \boxed{}$ [N]　$R_B = \boxed{}$ [N]

(2) せん断力

AC 間　$F_{AC} = \boxed{}$ [N]

CD 間　$F_{CD} = \boxed{}$ [N]

DE 間　$F_{DE} = \boxed{}$ [N]

EB 間　$F_{EB} = \boxed{}$ [N]

(3) 曲げモーメント

$M_{500} = \boxed{}$ [N·mm]

$M_{1000} = \boxed{}$ [N·mm]

$M_{1500} = \boxed{}$ [N·mm]

最大曲げモーメント　$M_{\max} = \boxed{}$ [N·mm]

はりの各図を描いてみよ。

3 等分布荷重を受ける片持ばり

① 等分布荷重は w [N/mm] で表される。w が l の長さにわたって分布しているから，全荷重 W は $W =$ (**1**　　　) [N] となる。

② せん断力は，はりの自由端からの距離 x に比例して荷重が増大し，断面 X の左側にかかる荷重は (**2**　　　) となり符号は (**3**　　　) である。

自由端のせん断力は 0，固定端では最大の (**4**　　　) となり，せん断力図はこの二点を直線で結ぶ。

③ 曲げモーメントは，断面 X についてみると，その左側の荷重 wx が x の中央に集中してかかっているとみなし，はりが上側に凸にそり，符号は (**5**　　　) になる。

$$M_x = -wx\frac{x}{2} = -\frac{wx^2}{2}$$

固定端で最大となり，$M_B = M_{\max} = -\frac{wl^2}{2}$

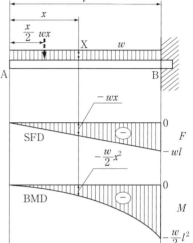

曲げモーメントは，自由端では $M_A = 0$ で，固定端までの変化は長さの2乗に比例するから (**6**　　　) となる。

④ $wl = W$ とおけば，$M_B = -\frac{wl^2}{2} = -\frac{Wl}{2}$ となり，最大値は自由端に集中荷重 W がかかったときの (**7**　　　) になる。

問 26 $w = 0.2$ N/mm の等分布荷重を，800 mm の全長にわたって受けている片持ばりがある。せん断力図と曲げモーメント図を描け。

(1) せん断力　符号 (−)　　　自由端　$F_A = 0$

固定端　$F_B = -wl = $ [　　　　] [N]

(2) 曲げモーメント　符号 (−)　　　自由端　$M_A = 0$

固定端　$M_B = -\frac{wl^2}{2} = $ [　　　　] [N・mm]

E, D, C 各点を自由端から全長の $\frac{3}{4}$，$\frac{1}{2}$，$\frac{1}{4}$ の位置とすると，曲げモーメントは $\frac{9}{16}$，$\frac{1}{4}$，$\frac{1}{16}$ となる（長さの2乗に比例する）。

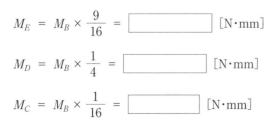

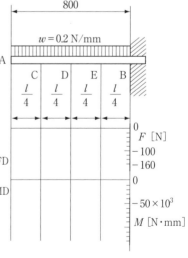

$$M_E = M_B \times \frac{9}{16} = \boxed{} \ [\text{N・mm}]$$

$$M_D = M_B \times \frac{1}{4} = \boxed{} \ [\text{N・mm}]$$

$$M_C = M_B \times \frac{1}{16} = \boxed{} \ [\text{N・mm}]$$

M_A，M_C，M_D，M_E，M_B の各点をとり曲線で結べばよい。

問 27　長さ 1 m の片持ばりが, 全長に 0.4 N/mm の等分布荷重を受けている。せん断力図と曲げモーメント図を描け。

 (1)　せん断力　符号　（－）

  自由端　F_A = ☐ [N]

  固定端　F_B = ☐ [N]

 (2)　曲げモーメント　符号　（－）

  自由端　M_A = ☐ [N・mm]

  固定端　M_B = ☐ [N・mm]

     M_E = ☐ [N・mm]

     M_D = ☐ [N・mm]

     M_C = ☐ [N・mm]

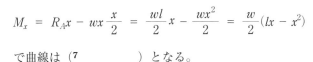

はりの各図を描いてみよ。

4　等分布荷重を受ける単純支持ばり

① はりの全長にわたる等分布荷重であるから, 両端の反力は等しく, その大きさは次のようになる。

$$R_A = R_B = \frac{wl}{2}$$

② せん断力は, A 点では (¹　　　) であるが, x の距離の断面 X では, 反力 R_A と wx の差,

$$F_x = R_A - wx = w \times (²　　　)　である。$$

直線の式だから,

点 A では, x = (³　　　) だから, F_A = (⁴　　　)

点 B では, x = (⁵　　　) だから, F_B = −(⁶　　　)

③ 曲げモーメントを断面 X についてみると, 反力のモーメントと x までの荷重による力のモーメントとがある。荷重 wx は, x の中央に集中しているとみなすと力のモーメントは $wx \times \dfrac{x}{2}$ となり, 反力の力のモーメントとは逆向きになる。

$$M_x = R_A x - wx \frac{x}{2} = \frac{wl}{2}x - \frac{wx^2}{2} = \frac{w}{2}(lx - x^2)$$

で曲線は (⁷　　　) となる。

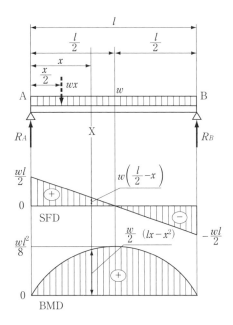

$lx - x^2$ が最大になるのは $x = \dfrac{l}{2}$ のときである。

$$M_{\max} = \frac{w}{2}\left\{ l\frac{l}{2} - \left(\frac{l}{2}\right)^2 \right\} = \frac{wl^2}{8}$$

M_A，M_B はともに0である。

問 28　$w = 1\,\text{N/mm}$ の等分布荷重を，スパン $800\,\text{mm}$ の全長にわたって受けている単純支持ばりがある。せん断力図と曲げモーメント図を描け。

(1) 反　力

$$R_A = R_B = \boxed{}\ [\text{N}]$$

(2) せん断力

$$F_A = \boxed{}\ [\text{N}],\quad F_B = -\boxed{}\ [\text{N}]$$

(3) 曲げモーメント

$$M_A = M_B = \boxed{}$$

$$M_{\max} = \frac{wl^2}{8} = \boxed{} = \boxed{}\ [\text{N·mm}]$$

$$M_{l/4} = \frac{w}{2}\left\{ l\frac{l}{4} - \left(\frac{l}{4}\right)^2 \right\}$$

$$= \frac{\boxed{}}{2} \times \left\{ 800 \times \boxed{} - \frac{\boxed{}^2}{16} \right\} = \boxed{}\ [\text{N·mm}]$$

$$M_{l/8} = \frac{\boxed{}}{2} \times \left\{ 800 \times \boxed{} - \left(\frac{\boxed{}}{\boxed{}}\right)^2 \right\} = \boxed{}\ [\text{N·mm}]$$

線図は $x = \dfrac{l}{2}$ の位置で対称であるから各点をとり，なめらかな線で結ぶ。

はりの各図を描いてみよ。

問 29　$w = 0.5\,\text{N/mm}$ の等分布荷重を，スパン $2\,\text{m}$ の全長にわたって受けている単純支持ばりがある。せん断力図と曲げモーメント図を描け。

(1) 反　力

$$R_A = R_B = \frac{\boxed{}}{2} = \boxed{}\ [\text{N}]$$

(2) せん断力

$$F_A = \frac{wl}{2} = \boxed{}\ [\text{N}]$$

$$F_B = -\frac{wl}{2} = \boxed{}\ [\text{N}]$$

F_A，F_B を求めて直線で結ぶ。

はりの各図を描いてみよ。

⑶　曲げモーメント　符号（＋）　M_A, M_B は 0 である。

$$M_\text{max} = \frac{wl^2}{8} = \boxed{} \text{[N·mm]},\ M_\text{max} は，はりの中央である。$$

曲げモーメント図は放物線であるから，はりの長さの $\frac{1}{4}$ と $\frac{3}{4}$ の曲げモーメントを計算して，なめらかな線で結ぶ。

4 曲げ応力と断面係数

1 抵抗曲げモーメント

はりの各断面には曲げモーメントが生じている。曲げモーメントが生じてもはりが破壊しないのは，材料の内部に（¹　　　　　　　）に対してつり合うような抵抗が生じているからである。これを（²　　　　　　）といい，曲げモーメントと大きさが（³　　　），向きは（⁴　　　）である。このような抵抗曲げモーメントは，曲げ作用のため材料内部に発生する（⁵　　　）によって生じる。

2 曲げ応力

① 曲げモーメントを受けて，図(a)から図(b)のように曲がると，AC 側は圧縮され，BD 側は引っ張られて変形する。このため上側は（¹　　　　），下側には（²　　　　）が生じる。はりが曲げ作用を受けたために生じた引張応力と圧縮応力を総称して（³　　　　）という。

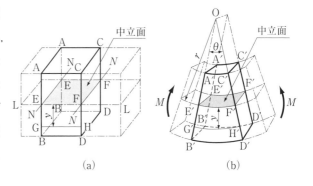

(a)　　　　　(b)

② AC 側の縮みと BD 側の伸びが，はりの最上層から最下層に達するまで連続的に変化しているものとすれば，その中間に伸びも縮みもしない面が考えられる。このような面 EEFF および E′E′F′F′ を（⁴　　　　　）といい，湾曲するだけで伸び縮みがない。中立面 EEFF とはりの断面 AABB または断面 CCDD と交わってできる直線 NN（EE，FF）を（⁵　　　　　）という。

③ 曲げモーメントによるはりの変形が小さい場合，はりは部分的に円弧とみなすことができる。図(b)で，∠B′OD′ を θ [rad] とする。

$$\overset{\frown}{\text{E}'\text{F}'} = r\theta,\ \overset{\frown}{\text{G}'\text{H}'} = (r+y)\theta,\ \overset{\frown}{\text{E}'\text{F}'} = \text{EF} = \text{GH}$$

となる。

$\overset{\frown}{\text{G}'\text{H}'}$ のひずみ ε は次の式で表される。

$$\varepsilon = \frac{\overset{\frown}{\text{G}'\text{H}'} - \text{GH}}{\text{GH}} = \frac{(r+y)\theta - r\theta}{r\theta} = \frac{y}{r} \qquad (3\text{-}24)$$

縦弾性係数を E［MPa］とすれば，フックの法則から，σ［MPa］は次のように表される。

$$\sigma = E\varepsilon = E\frac{y}{r} \qquad (3\text{-}25)$$

④　ひずみ ε と曲げ応力 σ は中立面（中立軸）からの距離 y に比例し，最上層または最下層の表皮に生じる圧縮または引張の応力が（**6**　　　　　）となる。混同のおそれがないときは，これをたんに，（**7**　　　　　）といい，または（**8**　　　　　）ともいう。

3　断面二次モーメントと断面係数

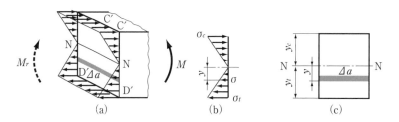

①　曲げ応力は（**1**　　　　　）を境にして断面を押す応力と引く応力となり，面を回転させるような作用をする。これが曲げモーメントにつり合う（**2**　　　　　　　　）となる。

②　図(b)，(c)で中立軸から y の距離に生じた応力を σ とすると，ここにある微小面積 Δa には $\sigma\Delta a$ の内力が生じ，この力の中立軸のまわりのモーメント ΔM_r はつぎのように表される。

$$\Delta M_r = \sigma\Delta a \cdot y$$

ΔM_r の総和が抵抗曲げモーメント M_r であり，次のように表される。

$$M_r = \Sigma\sigma\Delta a \cdot y = M \qquad (3\text{-}26)$$

③　中立軸からの距離 y にある断面積 Δa を，y^2 倍して全断面について集積した $\Sigma y^2\Delta a$ を I で表し，（**3**　　　　　　　　　　）という。I は断面の形状と中立軸の位置によって決まる値で，曲げ応力を求めるのに大切な値である。

④　I を中立軸から曲げ応力の発生する面までの距離で割り，曲げ応力をかけると曲げモーメントが求められる。

σ_b：曲げ応力（σ_t または σ_c），y：中立面からはりの表皮までの距離（y_t または y_c）

$$M = \frac{\sigma_b}{y}I, \quad \frac{I}{y} = Z(\textbf{4}\qquad) \text{ とすれば，} M = \sigma_b Z \qquad (3\text{-}27)$$

⑤　円や長方形のように中立軸に対称な断面の曲げ応力は，$y_t = y_c$ となるから引張応力も圧縮応力も（**5**　　　　）である。

⑥　引張強さと圧縮強さの著しく違う材料では，形状を変えて弱い方の応力が小さくなるように Z が大きくなるくふうをする。

⑦　長方形や円形の断面など機械部品に用いられる主なはりの断面形状に対する I と Z を求める公式は，次頁の表にまとめられている。

各種形状の断面の A, I, Z

	断面[mm]	A [mm²]	I [mm⁴]	Z [mm³]
1		bh	$\dfrac{1}{12}bh^3$	$\dfrac{1}{6}bh^2$
2		$\dfrac{\pi}{4}d^2$	$\dfrac{\pi}{64}d^4$	$\dfrac{\pi}{32}d^3$
3		$\dfrac{\pi}{4}(d_2^2 - d_1^2)$	$\dfrac{\pi}{64}(d_2^4 - d_1^4)$	$\dfrac{\pi}{32}\cdot\dfrac{d_2^4 - d_1^4}{d_2}$
4		$A = bh - b_1(h - s)$ $I = \dfrac{th^3 + b_1 s^3}{12}$ $Z = \dfrac{th^3 + b_1 s^3}{6h}$		
5		$A = bh - b_1 h_1$ $I = \dfrac{bh^3 - b_1 h_1^3}{12}$ $Z = \dfrac{bh^3 - b_1 h_1^3}{6h}$		
6		$A = bh - b_1 h_1$ $I = \dfrac{1}{3}\left\{te_1^3 + be_2^3 - b_1(e_2 - s)^3\right\}$ $e_1 = h - e_2,\ e_2 = \dfrac{h^2 t + s^2 b_1}{2(bs + h_1 t)}$ $Z_1 = \dfrac{I}{e_1},\ Z_2 = \dfrac{I}{e_2}$		

注. e_1, e_2 は断面下端または上端から中立軸までの距離

問 30 下図の各断面の I と Z を求めよ。

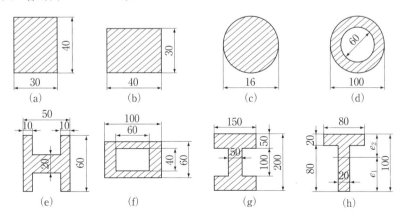

(a)   (b)   (c)   (d)

(e)   (f)   (g)   (h)

(a)　$b = 30$ mm,　$h = 40$ mm

$$I = \frac{1}{12}bh^3 = \frac{1}{12} \times \boxed{} \times \boxed{}^3 = \boxed{} \ [\text{mm}^4]$$

$$Z = \frac{1}{6}bh^2 = \frac{1}{6} \times \boxed{} \times \boxed{}^2 = \boxed{} \ [\text{mm}^3]$$

（答）　$I = \underline{}$,　$Z = \underline{}$

(b)　$b = 40$ mm,　$h = 30$ mm

$$I = \frac{1}{12}bh^3 = \frac{1}{12} \times \boxed{} \times \boxed{}^3 = \boxed{} \ [\text{mm}^4]$$

$$Z = \frac{1}{6}bh^2 = \frac{1}{6} \times \boxed{} \times \boxed{}^2 = \boxed{} \ [\text{mm}^3]$$

（答）　$I = \underline{}$,　$Z = \underline{}$

(c)　$d = 16$ mm

$$I = \frac{\pi}{64}d^4 = \frac{\pi}{64} \times \boxed{}^4 = \boxed{} = \boxed{} \ [\text{mm}^4]$$

$$Z = \frac{\pi}{32}d^3 = \frac{\pi}{32} \times \boxed{}^3 = \boxed{} = \boxed{} \ [\text{mm}^3]$$

（答）　$I = \underline{}$,　$Z = \underline{}$

(d)　$d_1 = 60$ mm,　$d_2 = 100$ mm

$$I = \frac{\pi}{64}(d_2{}^4 - d_1{}^4) = \frac{\pi}{64}(\boxed{}^4 - \boxed{}^4) = \boxed{} = \boxed{} \ [\text{mm}^4]$$

$$Z = \frac{\pi}{32} \cdot \frac{d_2{}^4 - d_1{}^4}{d_2} = \frac{\pi}{32} \times \frac{(\boxed{}^4 - \boxed{}^4)}{\boxed{}} = \boxed{} = \boxed{} \ [\text{mm}^3]$$

（答）　$I = \underline{}$,　$Z = \underline{}$

(e)　$b = 50$ mm,　$b_1 = 50 - 10 \times 2 = 30$ mm,　$h = 60$ mm,　$s = 20$ mm,　$t = 10 \times 2 = 20$ mm

$$I = \frac{th^3 + b_1 s^3}{12} = \frac{1}{12}(\boxed{} \times \boxed{}^3 + \boxed{} \times \boxed{}^3) = \boxed{} \ [\text{mm}^4]$$

$$Z = \frac{th^3 + b_1 s^3}{6h} = \frac{1}{6 \times \boxed{}}(\boxed{} \times \boxed{}^3 + \boxed{} \times \boxed{}^3)$$

$$= \boxed{} = \boxed{} \ [\text{mm}^3]$$

（答）　$I = \underline{}$,　$Z = \underline{}$

(f)　$b_1 = 60$ mm,　$b = 100$ mm,　$h_1 = 40$ mm,　$h = 60$ mm

$$I = \frac{bh^3 - b_1 h_1{}^3}{12} = \frac{1}{12}(\boxed{} \times \boxed{}^3 - \boxed{} \times \boxed{}^3) = \boxed{} \ [\text{mm}^4]$$

$$Z = \frac{bh^3 - b_1 h_1^{\,3}}{6h} = \frac{\boxed{} \times \boxed{}^3 - \boxed{} \times \boxed{}^3}{6 \times \boxed{}}$$

$$= \boxed{} = \boxed{} \ [\mathrm{mm^3}]$$

（答）　$I = \underline{\hspace{3cm}}$ ，$Z = \underline{\hspace{3cm}}$

(g)　$b_1 = 150 - 50 = 100\ \mathrm{mm}$，$b = 150\ \mathrm{mm}$，$h_1 = 100\ \mathrm{mm}$，$h = 200\ \mathrm{mm}$

$$I = \frac{bh^3 - b_1 h_1^{\,3}}{12} = \frac{1}{12}\ (\boxed{} - \boxed{}) = \boxed{} = \boxed{} \ [\mathrm{mm^4}]$$

$$Z = \frac{bh^3 - b_1 h_1^{\,3}}{6h} = \frac{\boxed{} - \boxed{}}{6 \times \boxed{}} = \boxed{} = \boxed{} \ [\mathrm{mm^3}]$$

（答）　$I = \underline{\hspace{3cm}}$ ，$Z = \underline{\hspace{3cm}}$

(h)　$b = 80\ \mathrm{mm}$，$t = 20\ \mathrm{mm}$，$h = 100\ \mathrm{mm}$，$s = 20\ \mathrm{mm}$，$b_1 = 60\ \mathrm{mm}$，$h_1 = 80\ \mathrm{mm}$

$$e_2 = \frac{h^2 t + s^2 b_1}{2(bs + h_1 t)} = \frac{\boxed{} + \boxed{}}{2 \times (\boxed{} + \boxed{})} = \boxed{} \ [\mathrm{mm}]$$

$$e_1 = h - e_2 = \boxed{} \ [\mathrm{mm}]$$

$$I = \frac{1}{3}\{t e_1^{\,3} + b e_2^{\,3} - b_1 (e_2 - s)^3\} = \boxed{} = \boxed{} \ [\mathrm{mm^4}]$$

$$Z_1 = \frac{I}{e_1} = \boxed{} = \boxed{} \ [\mathrm{mm^3}], \quad Z_2 = \frac{I}{e_2} = \boxed{} = \boxed{} \ [\mathrm{mm^3}]$$

（答）　$I = \underline{\hspace{2.5cm}}$ ，$Z_1 = \underline{\hspace{2.5cm}}$ ，$Z_2 = \underline{\hspace{2.5cm}}$

5 断面の形状と寸法

1 曲げモーメントと曲げ応力

式（3-27）から，次の式が得られる。

$$\sigma_b = \frac{M}{Z}, \quad Z = \frac{M}{\sigma_b} \qquad (3\text{-}28)$$

σ_b：曲げ応力 [MPa]，M：曲げモーメント [N·mm]，Z：断面係数 [mm³]

問 31　(1)　次頁の図(a)の単純支持ばりを幅 60 mm，高さ 200 mm の長方形断面でつくった。はりに生じる最大曲げ応力を求めよ。

(2)　図(b)の片持ばりの断面を幅 40 mm，高さ 60 mm の長方形としたとき，固定端に生じる曲げ応力を求めよ。

(3)　図(c)の単純支持ばりの断面を幅 30 mm，高さ 50 mm の長方形としたとき，中央に加えることができる荷重 W を求めよ。ただし，許容曲げ応力は 80 MPa とする。

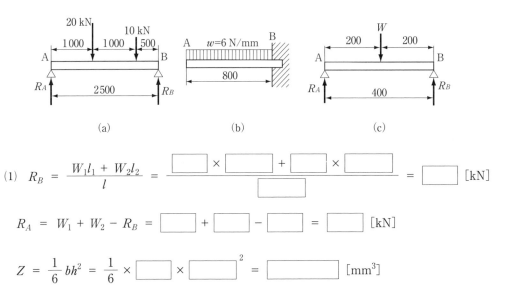

(a)   (b)   (c)

(1) $R_B = \dfrac{W_1 l_1 + W_2 l_2}{l} = \dfrac{\boxed{} \times \boxed{} + \boxed{} \times \boxed{}}{\boxed{}} = \boxed{}$ [kN]

$R_A = W_1 + W_2 - R_B = \boxed{} + \boxed{} - \boxed{} = \boxed{}$ [kN]

$Z = \dfrac{1}{6} bh^2 = \dfrac{1}{6} \times \boxed{} \times \boxed{}^2 = \boxed{}$ [mm^3]

　最大曲げモーメントは荷重点に生じる。この間では荷重点が2か所あるので，その両方の曲げモーメントを計算し，大きい方を最大曲げモーメントとする。

　20 kN の荷重点の曲げモーメント M_{1000} は，

$M_{1000} = R_A \times 1000 = \boxed{}$ [N・mm]

　10 kN の荷重点の曲げモーメント M_{2000} は，

$M_{2000} = R_B \times 500 = \boxed{}$ [N・mm]

したがって，$M_{1000} \boxed{} M_{2000}$ となるから，

$\sigma_b = \dfrac{\boxed{}}{\boxed{}} = \dfrac{\boxed{}}{\boxed{}} = \boxed{}$ [MPa]

(答)　_____

(2) $M = \dfrac{wl^2}{2} = \boxed{} = \boxed{}$ [N・mm]

$Z = \dfrac{1}{6} bh^2 = \boxed{} = \boxed{}$ [mm^3]

$\sigma_b = \dfrac{M}{Z} = \boxed{} = \boxed{}$ [MPa]

(答)　_____

(3)　荷重は中央にかかるから，$R_A = R_B$　したがって，最大曲げモーメント $M_{\max}$ は，

$M_{\max} = R_A \times \dfrac{l}{2} = \dfrac{W}{2} \times \dfrac{400}{2} = \sigma_a Z$　だから，

$W = \dfrac{\sigma_a Z}{100} = \boxed{} = \boxed{}$ [kN]

(答)　_____

問32　スパン 2 m の単純支持ばりが，$w = 6\,\text{N/mm}$ の等分布荷重を受けている。はりの断面を中空円形（$d_2 = 80\,\text{mm}$，$d_1 = 50\,\text{mm}$）として生じる最大曲げ応力を求めよ。

$$Z = \frac{\pi}{32} \cdot \frac{d_2{}^4 - d_1{}^4}{d_2} = \boxed{} \;[\text{mm}^3]$$

$$M_{\max} = \frac{wl^2}{8} = \boxed{}$$

$$= \boxed{} \;[\text{N}\cdot\text{mm}]$$

はりと BMD を描いてみよ。

$$\sigma_b = \frac{M_{\max}}{Z} = \boxed{} = \boxed{} = \boxed{} \;[\text{MPa}]\;（答）\;\underline{}$$

2　断面の形状と寸法

① はりの断面の形状や（**1** 　　　　）は，はりに生じる最大（**2** 　　　　　　）とはりの材料の（**3** 　　　　　　）とから計算して得た（**4** 　　　　　）の値に基づいて決める。

② 材料を経済的に利用するには，断面係数が（**5** 　　　　），断面積の（**6** 　　　　）ものがよいが，複雑な形では（**7** 　　　）のための経費がかかりすぎることもある。

問33　長さ 2 m の片持ばりが，自由端に 5 kN の集中荷重を受けている。はりの断面を長方形とし，その高さを 100 mm としたとき，その幅を求めよ。はりの許容曲げ応力は 100 MPa とする。

固定端の曲げモーメントは，

$$M = Wl = \boxed{} \times \boxed{} = \boxed{} \;[\text{N}\cdot\text{mm}]$$

$$Z = \frac{1}{6}bh^2 = \frac{M}{\sigma_a}\;\text{から，}\; b = \frac{6M}{\sigma_a h^2} = \frac{6 \times \boxed{}}{100 \times \boxed{}^2} = \boxed{} \;[\text{mm}]$$

（答）　\underline{}

問34　下図のような単純支持ばりで，はりの断面を円形としたとき，その直径を求めよ。ただし，はりの最大曲げモーメント $M_D = 1.35 \times 10^6\,\text{N}\cdot\text{mm}$，許容曲げ応力 $\sigma_a = 100\,\text{MPa}$ とする。

円形断面の断面係数 Z は，

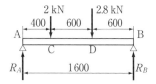

$$Z = \frac{M_D}{\sigma_a} = \frac{\boxed{}}{\boxed{}} = \boxed{} \;[\text{mm}^3]$$

$$Z = \frac{\pi}{32}d^3 = \boxed{} \;[\text{mm}^3]$$

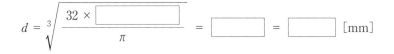

$$d = \sqrt[3]{\frac{32 \times \boxed{}}{\pi}} = \boxed{} = \boxed{} \;[\text{mm}]$$

（答）　\underline{}

問35 スパン 1800 mm の単純支持ばりが，0.5 N/mm の等分布荷重を受けている。このはりの断面を正方形とすると，1 辺は何 mm 以上必要かを求めよ。ただし，はりの許容曲げ応力は 90 MPa とする。

最大曲げモーメントは，はりの中央に生じ，

$$M_{max} = \frac{wl^2}{8} = \frac{\boxed{} \times \boxed{}^2}{\boxed{}}$$

$$= \boxed{} \text{ [N·mm]}$$

正方形断面なので $b = h$ だから，

$$Z = \frac{1}{6}bh^2 = \frac{1}{6}b^3$$

$$M = \sigma_a Z = \boxed{} \times \frac{1}{6}\boxed{}$$

$$= \boxed{} \text{ [N·mm]}$$

$$b = \sqrt[3]{\frac{\boxed{} \times \boxed{}}{\boxed{}}} = \boxed{} = \boxed{} \text{ [mm]}$$

（答）＿＿＿＿＿

はりと BMD を描いてみよ。

6 たわみ

① はりが荷重を受けて，その中立面が湾曲したとき，この湾曲した曲線を（**1** 　　　　　　）といい，任意の点における水平線とたわみ曲線との垂直距離 δ を（**2** 　　　　）という。この最大値 δ_{max} を（**3** 　　　　）という。

② 片持ばりが自由端に集中荷重を受けているとき，固定端のたわみは 0 で，自由端のたわみが（**4** 　　　　）δ_{max} となる。

③ はりの中央に集中荷重を受けている単純支持ばりの最大のたわみ δ_{max} は（**5** 　　　）に現れる。

④ 最大のたわみ δ_{max} の値は，はりが受ける荷重の種類やその受ける位置によって違う。一般には次の式で示される。

$$\delta_{max} = \beta\frac{Wl^3}{EI} \qquad (3\text{-}29)$$

W：荷重 [N]

（等分布荷重では全荷重 wl を W とする。）

E：縦弾性係数 [MPa]

I：断面二次モーメント [mm⁴]

l：はりまたはスパンの長さ [mm]，β：たわみ係数（はりの条件によって決まる定数）

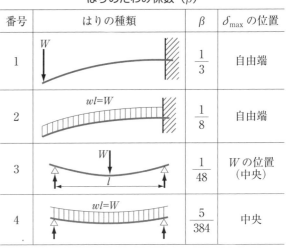

はりのたわみ係数（β）

番号	はりの種類	β	δ_{max} の位置
1	W	$\frac{1}{3}$	自由端
2	$wl=W$	$\frac{1}{8}$	自由端
3	W　l	$\frac{1}{48}$	W の位置（中央）
4	$wl=W$	$\frac{5}{384}$	中央

問36　長さ800 mmの片持ばりが，5 N/mmの等分布荷重を受けている。縦弾性係数を206 GPa，断面二次モーメント4×10^6 mm^{4}としたとき最大たわみを求めよ。

$\beta = \dfrac{1}{8}$（p.64の表）だから，

$$\delta_{max} = \beta\dfrac{Wl^3}{EI} = \beta\dfrac{wl^4}{EI} = \dfrac{1}{8}\times\dfrac{\boxed{}\times\boxed{}}{\boxed{}\times\boxed{}}$$

$$= \boxed{} = \boxed{}\text{ [mm]}\qquad（答）\underline{\qquad\qquad}$$

問37　長さ1200 mmの両端支持ばりが，中央に，2.5 kNの集中荷重を受けている。はりに生じる最大たわみを求めよ。縦弾性係数は206 GPa，はりの断面は直径55 mmの円形とする。

$\beta = \dfrac{1}{48}$だから，

$$\delta_{max} = \beta\dfrac{Wl^3}{EI} = \dfrac{1}{48}\times\dfrac{\boxed{}\times\boxed{}^3}{\boxed{}\times\boxed{}}$$

$$= \boxed{} = \boxed{}\text{ [mm]}\qquad（答）\underline{\qquad\qquad}$$

7　はりを強くするくふう

1　危険断面

① 曲げ応力は曲げモーメントに（¹　　　）するので，断面が一様なはりの最大曲げ応力は最大（²　　　）が作用する断面に生じる。この断面は，破壊に対して最も危険であるから，はりの（³　　　）という。

② はりの設計にあたっては，危険断面の位置を知り，この断面に生じる最大曲げ応力がはりの材料に（⁴　　　）以下であることを確かめなければならない。はりの曲げ強さに及ぼすせん断力の影響はひじょうに小さいので，はりの強さは曲げ応力だけで考える。

2　断面係数を大きくするくふう

① 断面係数Zが大きいほど曲げ応力は小さくなり，はりは曲げに対して強くなる。そのために，材料の有効利用の点から断面係数が（¹　　　），断面積の（²　　　）ものがよい。

　ア　同じ断面積であれば，断面形状を（³　　　）にする。

　イ　曲げ応力は，中立軸から遠いほど大きくなるので，主要部を（⁴　　　）して大きな曲げ応力を負担するようにする。

② はりとして広く使われている（⁵　　　）には，受ける荷重に対してじゅうぶんな強さをもち，材料にむだがないようにさまざまな断面形状がある。

問38　右図で，外径50 mm，内径30 mmとする中空円筒と，この中空円筒と同じ断面積の直径40 mmの中実円筒のI，Zを求め，比較せよ。

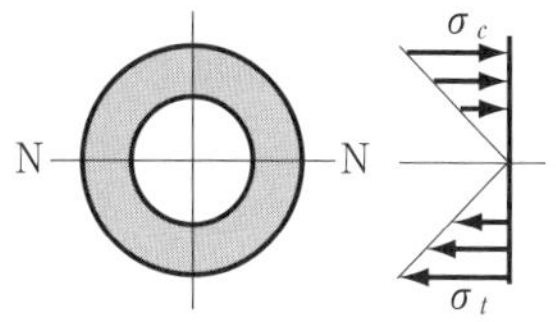

中空円筒

$$I \;=\; \frac{\pi}{64}(d_2^{\,4} - d_1^{\,4}) \;=\; \frac{\pi}{64}\Big(\boxed{}^{\,4} - \boxed{}^{\,4}\Big) \;=\; \boxed{} \;=\; \boxed{} \;[\text{mm}^4]$$

$$Z \;=\; \frac{\pi}{32}\left(\frac{d_2^{\,4} - d_1^{\,4}}{d_2}\right) \;=\; \frac{\pi}{32}\left(\frac{\boxed{}^{\,4} - \boxed{}^{\,4}}{\boxed{}}\right) \;=\; \boxed{} \;=\; \boxed{} \;[\text{mm}^3]$$

中実円筒

$$I \;=\; \frac{\pi}{64}d^4 \;=\; \frac{\pi}{64} \times \boxed{}^{\,4} \;=\; \boxed{} \;=\; \boxed{} \;[\text{mm}^4]$$

$$Z \;=\; \frac{\pi}{32}d^3 \;=\; \frac{\pi}{32} \times \boxed{}^{\,3} \;=\; \boxed{} \;=\; \boxed{} \;[\text{mm}^3]$$

（答）　中空円筒　$I =$ _____　中実円筒　$I =$ _____　比較，I も Z も _____

　　　　　　　　　$Z =$ _____　　　　　　　　$Z =$ _____　の方の値が大きい。

3　材料の使いかた

①　中立軸に対して対称な断面形状では，曲げ応力の大きさは引張りも圧縮も（**1**　　　　）になる。鋼など引張りと圧縮に対してほぼ等しい強さをもつ材料では，（**2**　　　　）のように，中立軸に関して上下対称な断面形状にするとよい。

②　鋳鉄のように，圧縮に強く引張りに弱い材料では，引張り側の応力が（**3**　　　　）なる断面形状にするとよい。

③　コンクリートでは，引張り側に鋼棒（鉄筋）を埋め込んだ鉄筋コンクリートにすることによって，コンクリートの（**4**　　　　　　　）という欠点を補うことができる。

7　ねじり　機械設計1　p.128〜133

1　軸のねじり

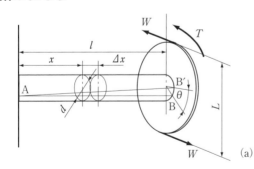
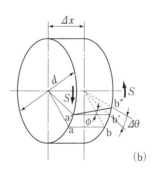

①　図(a)のように，丸軸に偶力のモーメント（**1**　　　　　　）が作用すると，軸は全長にわたって一様にねじられ，角 θ [rad] だけ回ってつり合う。このときの力のモーメントを（**2**　　　　　　　）または（**3**　　　　）といい，記号 T で表す。また角 θ を（**4**　　　　）という。

② 図(b)において，Δx は軸の固定端から x の距離での断面の微小長さである。母線 ab の変形によるずれの微小角を ϕ，ねじれ角を $\Delta\theta$ とすると，せん断ひずみ γ は次のとおりである。

$$\gamma = \tan\phi \fallingdotseq \frac{\overset{\frown}{b'\,b''}}{a'\,b'} = \frac{\dfrac{d}{2}\Delta\theta}{\Delta x}$$

$\dfrac{\Delta\theta}{\Delta x}$ は軸の全長にわたって（⁵　　　　）で，$\dfrac{\Delta\theta}{\Delta x} = \dfrac{\theta}{l}$ となる。

$$\gamma = \frac{\dfrac{d}{2}\Delta\theta}{\Delta x} = \frac{\dfrac{d}{2}\theta}{l} = \frac{d\cdot\theta}{2l} \qquad (3\text{-}30)$$

せん断応力 τ ［MPa］，横弾性係数 G ［MPa］とし，式（3-7）より，

$$\tau = G\gamma = G\frac{d\cdot\theta}{2l} \qquad (3\text{-}31)$$

③ 式（3-31）から軸の内部に生じる（⁶　　　　　　　）は，軸の中心からの距離に比例するから，生じるせん断応力の大きさは中心からの距離に比例して（⁷　　　　）なり，（⁸　　　　）で最大となる。その向きは半径に対して（⁹　　　　）である。この応力はねじりによって生じるので，（¹⁰　　　　　）ともいい，混同するおそれのないときは，最大せん断応力をたんに（¹¹　　　　）という。

問 39 軟鋼棒がねじり荷重を受けたとき，0.001 のせん断ひずみを生じた。横弾性係数を 79 GPa として，このときのねじり応力を求めよ。

$$\tau = G\gamma = \boxed{} \times \boxed{} = \boxed{} \text{［MPa］} \qquad \text{（答）} \underline{}$$

2 ねじり応力と極断面係数

1 抵抗ねじりモーメント

ねじりモーメントによって生じるねじり応力は（¹　　　　　　　　）T' を発生して，ねじりモーメントにつり合う。これはねじりモーメント T と（²　　　　）で大きさは等しい。

2 断面二次極モーメントと極断面係数

① 半径 r_0 の軸の任意の半径 r における抵抗ねじりモーメントは $T' = \dfrac{\tau}{r_0}\Sigma\Delta ar^2$ で表され，$\Sigma\Delta ar^2 = $（¹　　　）とすれば，$T' = $（²　　　　）となる。
   この I_p を（³　　　　　　　）という。

② T と T' は同じ大きさであるから，次の式で表される。

$$T = \frac{\tau}{r_0}I_p \qquad (3\text{-}32)$$

$\dfrac{I_p}{r_0} = Z_p$ とすれば，

$$T = \tau Z_p \qquad (3\text{-}33)$$

この Z_p を（⁴　　　　　　）という。これは断面の形状と大きさによって決まる値である。

右図で断面上に直行するX軸，Y軸をとると断面二次極モーメントは，

$I_p = \Sigma r^2 \Delta a$　であり，$r^2 = x^2 + y^2$ の関係から，

$$I_p = \Sigma r^2 \Delta a = \Sigma(x^2 + y^2)\Delta a = \Sigma x^2 \Delta a + \Sigma y^2 \Delta a$$

$$= I_X + I_Y \qquad\qquad (3\text{-}34)$$

断面が中実円形または中空円形のときは $I_X = I_Y = I$ だから，$I_p = 2I$ と

なり，断面二次極モーメント I_p と極断面係数 Z_p は，それぞれ下表のようになる。

問40 直径80 mm の中実円形と，外径80 mm，内径40 mm の中空円形のそれぞれの極断面係数を求めよ。

断面［mm］	I_p［mm⁴］	Z_p［mm³］
（中実円形）	$\dfrac{\pi}{32}d^4$	$\dfrac{\pi}{16}d^3$
（中空円形）	$\dfrac{\pi}{32}(d_2{}^4 - d_1{}^4)$	$\dfrac{\pi}{16}\left(\dfrac{d_2{}^4 - d_1{}^4}{d_2}\right)$

中実円形

$$Z_p = \frac{\pi}{16}d^3 = \frac{\pi}{16} \times \boxed{}^3$$

$$= \boxed{}$$

$$= \boxed{} \text{［mm}^3\text{］}$$

中空円形　$Z_p = \dfrac{\pi}{16}\left(\dfrac{d_2{}^4 - d_1{}^4}{d_2}\right)$

$$= \frac{\pi}{16}\left(\frac{\boxed{}^4 - \boxed{}^4}{\boxed{}}\right) = \boxed{} = \boxed{}\text{［mm}^3\text{］}$$

（答）　中実円形　$Z_p =$ ＿＿＿＿＿＿＿，　中空円形　$Z_p =$ ＿＿＿＿＿＿

問41 外径60 mm，内径30 mm の中空円形の軸の極断面係数を求め，これと等しい極断面係数をもつ中実円形の軸の直径を求めよ。

中空円形の $Z_p = \dfrac{\pi}{16}\left(\dfrac{d_2{}^4 - d_1{}^4}{d_2}\right) = \dfrac{\pi \times (\boxed{}^4 - \boxed{}^4)}{16 \times \boxed{}}$

$$= \boxed{} = \boxed{}\text{［mm}^3\text{］}$$

中実円形の $Z_p = \dfrac{\pi}{16}d^3$ だから，

$$d = \sqrt[3]{\frac{16Z_p}{\pi}} = \sqrt[3]{\frac{16 \times \boxed{}}{\pi}} = \boxed{} = \boxed{}\text{［mm］}$$

（答）　$Z_p =$ ＿＿＿＿＿＿＿，　$d =$ ＿＿＿＿＿＿

問42 前問で，中空円形の軸の断面積は中実円形の軸の断面積の何パーセントになるかを求めよ。

$$\frac{\text{中空円形断面積}}{\text{中実円形断面積}} = \frac{\dfrac{\pi}{4}(d_2{}^2 - d_1{}^2)}{\dfrac{\pi}{4}d^2} = \frac{\boxed{}^2 - \boxed{}^2}{\boxed{}^2} = \boxed{} = \boxed{}\text{［％］}$$

（答）＿＿＿＿＿＿

3 軸に生じるねじり応力

中実丸軸の直径 d [mm]，ねじりモーメント T [N·mm]，極断面係数 Z_p [mm³] とすれば，軸に作用するねじり応力 τ [MPa] は，$\tau = \dfrac{T}{Z_p} = \dfrac{16T}{\pi d^3}$ (3-35)

また，中空丸軸の場合は，$\tau = \dfrac{T}{Z_p} = \dfrac{16T}{\pi}\left(\dfrac{d_2}{d_2{}^4 - d_1{}^4}\right)$ (3-36)

問 43 直径 48 mm の中実丸軸に 800×10^3 N·mm のねじりモーメントが作用している。この軸に生じるねじり応力を求めよ。

$$\tau = \frac{T}{Z_p} = \frac{16T}{\pi d^3} = \frac{16 \times \boxed{}}{\pi \times \boxed{}^3} = \boxed{} = \boxed{} \text{ [MPa]}$$

(答) _____

問 44 外径 60 mm，内径 40 mm の中空丸軸に 570 N·m のねじりモーメントが作用している。この軸に生じるねじり応力を求めよ。

$$\tau = \frac{16T}{\pi}\left(\frac{d_2}{d_2{}^4 - d_1{}^4}\right) = \frac{16 \times \boxed{}}{\pi} \times \left(\frac{\boxed{}}{\boxed{}^4 - \boxed{}^4}\right)$$

$$= \boxed{} = \boxed{} \text{ [MPa]}$$

(答) _____

問 45 外径 45 mm，内径 25 mm の中空丸軸で，30 MPa のねじり応力が生じる。このとき軸に作用したねじりモーメントを求めよ。

$$\tau = \frac{T}{Z_p} \quad \text{から，} \quad T = \tau Z_p$$

$$T = \tau Z_p = \tau \times \frac{\pi}{16}\left(\frac{d_2{}^4 - d_1{}^4}{d_2}\right) = \frac{\boxed{} \times \pi \times (\boxed{}^4 - \boxed{}^4)}{16 \times \boxed{}}$$

$$= \boxed{} = \boxed{} \text{ [N·mm]}$$

(答) _____

問 46 外径 50 mm，内径 30 mm の鋼製の中空丸軸に 100 N·m のねじりモーメントが作用したとき，軸の長さ 1000 mm に対するねじれ角を求めよ。軸の材料の横弾性係数を 82GPa とする。

$$I_p = \frac{\pi}{32}(d_2{}^4 - d_1{}^4) = \frac{\pi}{32}(\boxed{}^4 - \boxed{}^4) = \boxed{}\pi \times 10^3 \text{ [mm}^3\text{]}$$

$$\theta = \frac{Tl}{GI_p} = \frac{\boxed{} \times 10^3 \times \boxed{}}{\boxed{} \times 10^3 \times \boxed{}\pi \times 10^3} = \boxed{} = \boxed{} \times 10^{-3} \text{ [rad]}$$

$$\boxed{} \times 10^{-3} \times \frac{180}{\pi} = \boxed{} = \boxed{} \text{ [°]}$$

(答) _____

8 座 屈　機械設計1　p.134〜138

1 座 屈

① 棒の直径に比べて長さがある程度以上の細長い棒に圧縮荷重を加えると，荷重がある程度を超えると棒は曲がりはじめ，圧縮強さより小さい応力でも破損する現象を（1　　　　）という。

② 座屈は，荷重の位置が軸線から（2　　　　）ていたり，材質が（3　　　　）であったりするためと考えらる。

2 柱の強さ

1 柱両端の状態と座屈

① 座屈しやすい細長い柱を（1　　　　）という。座屈が生じる限界の荷重を（2　　　　），単位面積あたりの座屈荷重を（3　　　　）という。座屈応力は，材料が圧縮に耐えられる応力よりかなり小さい。

② 柱を支える端部には，自由に移動できる（4　　　　），柱の軸線の位置で自由に回転のできる（5　　　　），移動も回転もできない（6　　　　）などがある。柱の端部による曲がりにくさを表す係数 n は（7　　　　）とよばれ，これは座屈荷重の計算に用いられ，その値が大きいほど曲がりにくい。

③ 長柱では，材料に生じる圧縮応力が弾性限度内であっても，座屈荷重に達すると座屈がはじまるので，長柱の強さは座屈荷重を基準強さにして安全率を考え，柱に許される荷重を決める。

④ 下の図は柱を支える端部を図示している。端末条件係数 n の値を記入せよ。

横方向移動	拘　束			自　由		
端末条件と座屈形	回転端／回転端 (a)	固定端／固定端 (b)	回転端／固定端 (c)	回転拘束／固定端 (d)	自由端／固定端 (e)	回転拘束／回転端 (f)
端末条件係数 n						

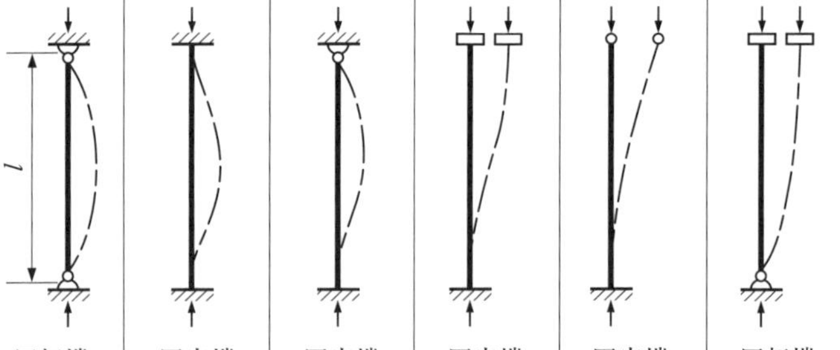

2 主断面二次モーメント

断面二次モーメントは断面の中立軸の取りかたによって変わる。最小のものを（1　　　　）という。

右図(a)において，中立軸 XX 軸，YY 軸まわりの断面二次モーメントを I_X, I_Y, $b > h$ とすると，図(b), (c)から，

$$I_X = \frac{bh^3}{12} < I_Y = \frac{hb^3}{12}$$

主断面二次モーメントは $I_0 =$ (**2**　　　) となる。

図の場合 XX 軸まわりに曲がる座屈が生じる。

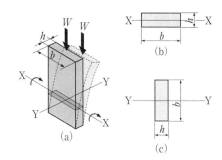

3　座屈荷重と座屈応力

① 比較的長い柱の座屈荷重 W [N] を求める式に，(**1**　　　　　　) がある。

$$W = n\pi^2 \frac{EI_0}{l^2} \qquad\qquad (3\text{-}38)$$

E：材料の (**2**　　　　) [**3**　　　]，l：柱の (**4**　　　) [**5**　　　]
I_0：(**6**　　　　　　　) [**7**　　　]，n：(**8**　　　　　　　)

式 (3-38) から，柱が大きな荷重に耐えるためには，端末条件係数を (**9**　　) することや，主断面二次モーメントを (**10**　　　) することが必要である。

座屈応力 σ [MPa] は，断面積を A [mm²] とすれば，次の式で表される。

$$\sigma = \frac{W}{A} = n\pi^2 \frac{EI_0}{l^2 A} = n\pi^2 E \left(\frac{k_0}{l}\right)^2 = \frac{n\pi^2 E}{\left(\dfrac{l}{k_0}\right)^2} \qquad (3\text{-}39)$$

k_0 を (**11**　　　　　) [mm]，$\dfrac{l}{k_0}$ を (**12**　　　) という。

② 比較的短い柱の計算では，(**13**　　　　　) を適用する。

$$W = \frac{\sigma_c A}{1 + \dfrac{a}{n}\left(\dfrac{l}{k_0}\right)^2}, \quad \sigma = \frac{\sigma_c}{1 + \dfrac{a}{n}\left(\dfrac{l}{k_0}\right)^2} \qquad (3\text{-}40)$$

σ_c：材料によって決まる定数 [MPa]，a：材料による実験定数

③ 柱の計算でオイラーの式を使うのか，ランキンの式を使うのかの判断は (**14**　　　) を求めて，ランキンの式の定数表から調べる。また，式 (3-38)，(3-39)，(3-40) から求めた値は上限の値であるから，使用状況に応じて (**15**　　　) を考えねばならない。

問 47 長さ 2 m，80 mm×40 mm の長方形断面の軟鋼製の柱で，両端回転端のときの座屈応力を求めよ。縦弾性係数 $E = 206$ GPa，座屈荷重 $W = 217$ kN とする。

$$\sigma = \frac{W}{A} = \frac{\boxed{}}{\boxed{}} = \boxed{} = \boxed{} \text{ [MPa]}$$

(答)　＿＿＿＿＿＿

問 48　両端固定端の長さ 1.5 m，直径 100 mm の硬鋼製円柱の座屈の許容荷重を求めよ。ただし，安全率は 6，座屈応力 $\sigma = 407$ MPa とする。

座屈荷重 W は座屈応力 σ に断面積 A をかければよい。

$$W = \sigma A = 407 \times \frac{\pi}{4} \times \boxed{}^2 = \boxed{} \;[\text{N}]$$

許容座屈荷重は $\dfrac{W}{S}$ だから，

$$\frac{W}{S} = \frac{\boxed{}}{\boxed{}} = \boxed{} = \boxed{} \;[\text{kN}]$$

（答）_____

問 49　右図で，外径 24 mm，内径 18 mm，長さ 1200 mm の 4 本の支柱をもつ棚の上に荷重が加わっている。支柱が座屈するときの荷重と支柱の座屈応力を求めよ。ただし，支柱は軟鋼製で縦弾性係数 206 GPa とする。

また，荷重は 4 本の支柱に均等に作用するものとし棚などの重量は無視する。

$$I_0 = \frac{\pi}{64}(d_2{}^4 - d_1{}^4) = \frac{\pi}{64}\left(\boxed{}^4 - \boxed{}^4\right) = \boxed{}\,\pi \;[\text{mm}^4]$$

$$A = \frac{\pi}{4}(d_2{}^2 - d_1{}^2) = \frac{\pi}{4}\left(\boxed{}^2 - \boxed{}^2\right) = \boxed{}\,\pi \;[\text{mm}^2]$$

$$k_0 = \sqrt{\frac{I_0}{A}} = \sqrt{\frac{\boxed{}}{\boxed{}}} = 7.500 \;[\text{mm}]$$

細長比　$\dfrac{l}{k_0} = \dfrac{\boxed{}}{\boxed{}} = \boxed{}$

端末条件係数は $n = \boxed{}$，

軟鋼製柱の細長比の限界値は $90\sqrt{n} = \boxed{}$（機械設計 1　p.136　表 3-12 参照），

これによりオイラーの式を用いる。

$$\frac{1}{4}W = n\pi^2\frac{EI_0}{l^2} = \boxed{}\,\pi^2 \times \frac{\boxed{} \times 10^3 \times \boxed{}\,\pi}{\boxed{}^2} = \boxed{} \;[\text{N}]$$

これより，

$$W = \boxed{} \;[\text{N}] = \boxed{} \;[\text{kN}]$$

$$\sigma = \frac{\boxed{}}{\boxed{}\,\pi} = \boxed{} = \boxed{} \;[\text{MPa}]$$

（答）
$\begin{cases} W = \underline{} \\ \sigma = \underline{} \end{cases}$

第4章　安全・環境と設計

1 安全・安心と設計　機械設計1　p.140〜148

1 信頼性とメンテナンス

満足な性能が発揮できる程度（度合い）を（1　　　　　　）といい，機械の信頼性を維持するための機械の点検・検査・試験・調整・修理・清掃などを（2　　　　　　　）という。

問 1 運転時間がある値に達すると行う予防的なメンテナンスの例を調べよ。

問 2 大型トラックの車輪を取り付けているボルトの頭をテストハンマでたたいて安全のための検査をしている。どのような原理を利用した検査か，調べよ。

問 3 電車や自動車などでは，一定の期間ごとに点検しなければならないのはなぜか，調べよ。

2 信頼性に配慮した設計

① 信頼性を与えることを目的とした設計技術を（1　　　　　　　）という。

② 設計では，機械の各部に作用する荷重の種類や大きさなどを予測し，使用する（2　　　　）を注意深く選び，機械の各部材がじゅうぶんな（3　　　　　　）をもつようにする。

③ 機械では，前もって故障を防いだり，予防的な対応をとる考えの設計を（4　　　　　　　）設計といい，人命などにかかわるような重要なものに対しては，設計者の（5　　　　）として，行わなければならない設計である。

④ 機械操作のミスを予想して予防に対応する設計を（6　　　　　　　）設計といい，（7　　　　　　　）の操作の間に約束ごとをつくり，誤操作による事故を防止する方法がある。

⑤ 機械に不具合が生じても，予備（余分）の部品やユニットを切り替えて運転が続けられるようにする方法を（8　　　　　）をもたせるといい，このような設計を（9　　　　　　　）という。

問 4 第3章の材料の強さにおいて，外力に対して材料が破壊しないようにするための考えかたを整理せよ。

問 5 フェールセーフ設計に沿ってつくられたものを調べよ。

問 6 工作機械の操作盤に並んでいる多数のスイッチやレバーのなかで重要なものは，目立つ色や大きい形にして操作しやすい位置に配置する。右図では，安全の観点から何を最も重要なものとしているか調べよ。

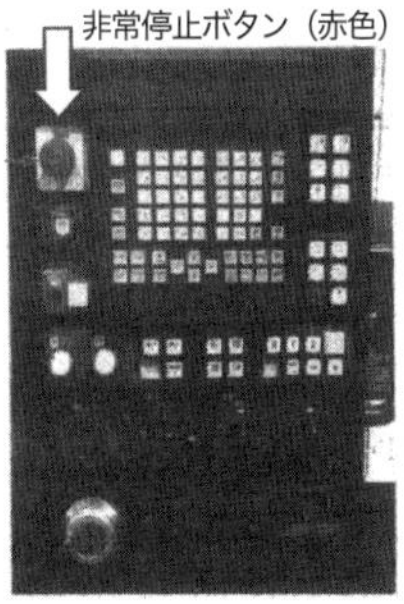

非常停止ボタン（赤色）

問 7 オートマチック車で，シフトレバーの位置とエンジンスタートの間に約束ごとをつくる理由を考えよ。

3 安全性に配慮した設計

人間がいる環境を有害な影響から守ることを（1　　　　　　）という。安全性に配慮した設計では，信頼性設計の4項目に加え（2　　　　　　　）や（3　　　　　　　）などにより，安全性を確保する。

4 利用者に配慮した設計

1 利用者に配慮した設計

人間にとって邪魔になる障壁や使いにくさを除こうとすることを（¹　　　　　　）といい，すべての人に使いやすい設備・機器などを設計することを（²　　　　　　）という。

問 8　ユニバーサルデザインにはどのようなものがあるか，調べよ。

2 安全・安心の手だて

製品の安全性については，製品に欠陥があった場合，（¹　　　　　　）（PL法）により製造者の責任が問われる。製品安全分野，適合性認定分野，バイオテクノロジー分野，化学物質管理分野で各種法令や政策における技術的な評価や審査などを実施する機関に（²　　　　）（ナイト）がある。

2 倫理観を踏まえた設計　機械設計1　p.149

技術者が最優先に考えるべきことは，専門家としてすぐれた知識や技術だけでなく，良心に基づいて，安全で安心して使える製品を設計・製作することを基本とすることである。これこそが（¹　　　　　　）である。

3 環境に配慮した設計　機械設計1　p.150〜152

1 ライフサイクル

製品の製造から廃棄までの一生を（¹　　　　　　）といい，次の①②③を（²　　　）という。

① 廃棄物の発生抑制を（³　　　　　　）いい，リユースやリサイクルよりも優先される。製品を設計するにあたっては，できるかぎり資源を使わないようにして，必要な機能・性能が発揮できるように検討する。

② 回収した使用済み製品や部品，容器などを清掃し，不具合部分を補修・交換して製品として再利用することを（⁴　　　　）という。

③ 一度使った部品を再加工してほかの部品につくり直したり，使用済みの製品から材料を取り出して再生することを（⁵　　　　　）という。

④ （⁶　　　　　　　）基本法では，廃棄物などの処理の優先順位を(1)発生抑制，(2)再使用，(3)再生利用，(4)熱回収，(5)適正処分としており，最後には，焼却できるものは，ごみ焼却施設などで燃やし（⁷　　　　　　）として回収（熱リサイクル）後，埋め立てて破棄する。

2 ライフサイクル設計

循環を前提にしながらライフサイクル全体を考えた設計を（¹　　　　　　）設計といい，各段階で資源を有効に利用して（²　　　　　　）を減らす循環型の社会を築くことが求められている。

第5章　ね　じ

1　ねじの用途と種類　機械設計1　p.154〜161

1　ねじの用途

　ねじのおもな用途は，ボルト・ナットなどの（1　　　　　）用，ボールねじのような（2　　　　　　）用，バイスのねじのような（3　　　　　　）用，マイクロメータのねじのような（4　　　　　　）用などである。

2　ねじの基本

① 直角三角形の紙 ABC を円筒に巻き付けたときにできる曲線を（1　　　　　）といい，ねじの基本となる曲線である。この斜辺の傾き β を（2　　　　　）という。また，隣り合うつる巻線の間隔を（3　　　　　）といい，ねじを 1 回転させてねじが進む距離を（4　　　　　）という。

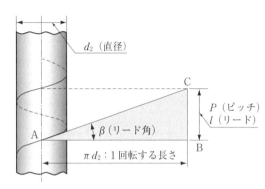

d_2（直径）

C

P（ピッチ）
l（リード）

β（リード角）

A

B

πd_2：1回転する長さ

② つる巻線に沿って三角形の断面形状の山と溝を円筒面の外側と内側につくったものを（5　　　　　　）といい，四角形の断面形状の山と溝からなるねじを（6　　　　　）という。突起部分を（7　　　　　），空間部分を（8　　　　　）という。

③ 1本のつる巻線のねじを（9　　　　　）ねじ，2本以上のつる巻線のねじを（10　　　　　）ねじという。2本のつる巻線のねじは（11　　　　　）ねじで，これを 1 回転するとねじ溝はピッチの（12　　　　）倍進む。リードを l，ピッチを P，ねじの条数を n とすると，これらの関係は次のようになる。$l = Pn$

④ ねじ山が，円筒軸の外面にあるねじを（13　　　　　　），ねじ溝が，円筒穴の内面にあるねじを（14　　　　　）という。ねじの大きさは，おねじの外径で表し，これをねじの（15　　　　　）という。

⑤ ねじを垂直にしたとき，ねじ山が右上方向に向くねじを（16　　　　　），左上方向に向くねじを（17　　　　　）という。

a

b

c

d

e

f

おねじ　　　　　めねじ

⑥ 右図のねじの各部の名称をかいてみよ。

a（18　　　　　　　），b（19　　　　　　），
c（20　　　　　），d（21　　　　　　），e（22　　　　），f（23　　　　　　）

問 1　ピッチが 4 mm の三条ねじのリードを求めよ。

$l = Pn = $ ☐ $\times$ ☐ $=$ ☐ ［mm］　　　　　　（答）＿＿＿＿＿＿

3 三角ねじ

1 一般用メートルねじ

① 一般に使用される三角ねじは（1　　　　　　　）ねじであり，航空機などかぎられたものには インチ系の（2　　　　　　　）ねじがある。締結用ねじには（3　　　　　　　　　）が使われることが多い。さらに細かいピッチのねじを必要とすることがあり，（4　　　　　　　　　　）を用いる。細目は，並目に比べて（5　　　　　　）が小さく，（6　　　　　）にくい。

② おねじの山の幅とめねじの山の幅とが等しくなるような仮想の円筒の直径を（7　　　　　　）という。おねじの(7)と谷底の径との平均値を直径とする仮想的な円筒の断面積を（8　　　　　　　）といい，おねじが，（9　　　　　　　）荷重を支える断面積で，ねじの強度計算に用いる。

2 管用ねじ

① 管をつなぐのに用いる管用ねじは，ピッチが小さく，ねじ山が並目ねじに比べて低いので管自身の（1　　　　　）をそこなうことが少なく，（2　　　　　　）の高いことが特徴である。

② 管用ねじには（3　　　　）ねじと（4　　　　　）ねじがある。液体の漏れ止めや気密性を保つには，（5　　　　　　　　）を巻いたり，（6　　　　　　　　）を塗ったりする。

4 各種のねじ

① 角ねじ：ねじ山の断面がほぼ（1　　　　　　）のねじで，三角ねじに比べると（2　　　　　）が少ない。大きな（3　　　）が働く（4　　　　　　）などの機械に用いられる。

② 台形ねじ：ねじ山の断面が（5　　　）なので，角ねじよりつくりやすく，強さもあるので，工作機械の（6　　　　　）や（7　　　　　）の開閉用に用いられる。

③ のこ歯ねじ：ねじ山の断面が（8　　　　　）で，一方向から大きな力が作用する（9　　　　　　）や（10　　　　）などに用いられる。

④ ボールねじ：円弧状のねじ溝のおねじとナットの間に多数の（11　　　　　）を入れたねじで，（12　　　　）がひじょうに少なく，（13　　　　）が滑らかである。自動車の（14　　　　　　）部やNC工作機械の（15　　　　　）などに用いられる。

5 ねじの材料

ねじの材料は，おもに（1~3　　　　　　　　　　）が利用されているが，（4~6　　　　　　　　　　　　）などもあり，（7　　　　　　）を施すのが一般的である。

6 ねじ部品

1 ボルト・ナット

① ボルトは，（1~6　　　　　　　　　　　　　　）などがある。

② ナットは，（7~11　　　　　　　　　）などがある。

2 ねじに働く力と強さ 機械設計1 p.162〜174

1 ねじに働く力

1 ねじと斜面

$$\tan \beta = \frac{(1 \qquad)}{(2 \qquad)}$$

(5-1)

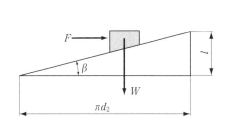

2 ねじを締める力

$$F = (3 \qquad)$$

(5-2)

3 ねじを緩める力

$$F' = (4 \qquad) \qquad (5-3)$$

l：リード［mm］，d_2：ねじの有効径［mm］，W：荷重［N］，ρ：摩擦角［°］，β：リード角［°］

多条ねじでは，（5　　　　）になることが多く，一条ねじに比べて（6　　　）締めるには便利であるが，（7　　　　）ので，（8　　　　）ねじには不適当である。

2 ねじを回すトルク

$$T = F\frac{d_2}{2} = (1 \qquad) \qquad (5-4)$$

$$T' = F'\frac{d_2}{2} = (2 \qquad) \qquad (5-5)$$

$$F_s = \frac{T}{L} = \frac{Fd_2}{2L} = (3 \qquad)$$

(5-6)

$$T = F_s L = (4 \qquad) \qquad (5-7)$$

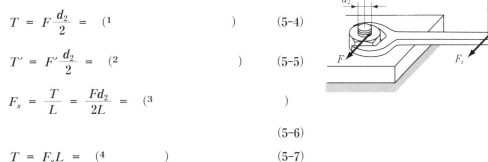

T：ねじを締めるためのトルク［N・mm］，$F \cdot F'$：ねじの有効径の円周の接線方向に働く力［N］，
d_2：ねじの有効径［mm］，T'：ねじを緩めるときのトルク［N・mm］，
F_s：スパナに加える力［N］，L：スパナの有効長さ［mm］，d：ねじの外径（呼び径）［mm］，
W：ねじに加わる荷重［N］，ρ：摩擦角［°］，β：リード角［°］

問 2 有効径 40 mm，リード 6 mm の角ねじを使った，ハンドルの長さ 1 m のねじジャッキがある。これを使って 40 kN を持ち上げるとき，ハンドルに加える力を求めよ。ただし，ねじの静摩擦係数は 0.2 とする。

$$\tan \rho = 0.2 \quad よって，\rho = \boxed{\qquad} = \boxed{\qquad}°$$

$$\tan \beta = \frac{l}{\pi d_2} = \frac{\boxed{\quad}}{\pi \times \boxed{\quad}} = \boxed{\qquad} \quad よって，\beta = \boxed{\qquad}°$$

$$F_s = \frac{Wd_2}{2L}\tan(\rho + \beta) = \boxed{}$$

$$= \boxed{} = \boxed{} \text{[N]} \qquad \text{(答)} \quad \underline{}$$

3 ねじの効率

$$\eta = \frac{Wl}{F\pi d_2} = \frac{\tan\beta}{\tan(\rho + \beta)}$$

(5-9)

η：ねじの効率

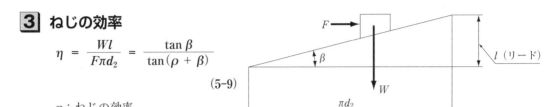

問 **3** 　有効径 27 mm，ピッチ 6 mm の一条ねじがある。静摩擦係数を 0.1 としたとき，このね じの効率を求めよ。

〈ヒント〉前問と同様に β と ρ を求め，式 (5-9) に代入する。

$$\eta = \frac{\tan\beta}{\tan(\rho + \beta)} = \boxed{} = \boxed{} = \boxed{} \text{[\%]}$$

(答) 　 _____

4 ねじの強さとボルトの大きさ

1 軸方向の引張荷重を受ける場合

① 　右図のような鋼製フックの軸方向に引張荷重 W [N] が働いたとき，許容引 張応力を σ_a [MPa] とすると必要なねじの断面積 A [mm^2] は次式となるが， おねじの有効断面積 $A_{s,\,\mathrm{nom}}$ [mm^2] を超えてはならない。

$$A = \frac{(\mathbf{1} \qquad)}{(\mathbf{2} \qquad)},\ A \leqq A_{s,\,\mathrm{nom}} \qquad (5\text{-}10)$$

② 　ボルトの大きさ d [mm] は，有効断面積の値から求めることができる。

③ 　ボルトの許容引張応力は，みがき棒鋼では一般に次のような値にとる。

　　ボルトが上仕上げのとき：$\sigma_a =$ (**3** 　　　　) MPa

　　ボルトが並仕上げのとき：$\sigma_a =$ (**4** 　　　　) MPa

問 **4** 　右図の鋼製アイボルトで，70 kN の荷重を真上につり上げるために必要な ねじ部の大きさを決めよ。ただし，許容引張応力は 48 MPa とし，一般用メート ル並目ねじを使うものとする。

式 (5-10) より，

$$A_s \geqq \frac{\boxed{}}{\boxed{}} = \boxed{} = \boxed{} \text{[mm}^2]$$

次頁の表より，この数値より大きく最も近いのは，

$A_{s,\,\mathrm{nom}} = \boxed{}$ [mm^2] なので，$\boxed{}$ とする。 　　(答) 　 _____

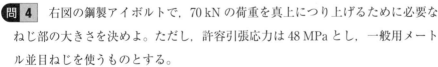

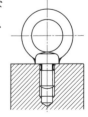

一般用メートルねじ（ねじ部品用に選択したサイズの抜すい）

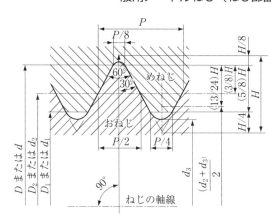

D：めねじ谷の径の基準寸法（呼び径）
d：おねじ外径の基準寸法（呼び径）
D_2：めねじ有効径の基準寸法
d_2：おねじ有効径の基準寸法
D_1：めねじ内径の基準寸法
d_1：おねじ谷の径の基準寸法
H：とがり山の高さ

$$H = \frac{\sqrt{3}}{2}\,P = 0.866\,025\,404\,P$$

P：ピッチ
$A_{s,\,nom}$：有効断面積

$$A_{s,\,nom} = \frac{\pi}{4}\left(d - \frac{13}{12}H\right)^2$$

［単位　mm］

呼び径 $d,\,D$	ピッチ P	有効径の 基準寸法 $d_2,\,D_2$	おねじ谷の径の 基準寸法 d_1 めねじ内径の 基準寸法 D_1	有効断 面積 $A_{s,\,nom}$ ［mm^2］	呼び径 $d,\,D$	ピッチ P	有効径の 基準寸法 $d_2,\,D_2$	おねじ谷の径の 基準寸法 d_1 めねじ内径の 基準寸法 D_1	有効断 面積 $A_{s,\,nom}$ ［mm^2］
2	0.4	1.740	1.567	2.07	＊22	2.5	20.376	19.294	303
3	0.5	2.675	2.459	5.03		2	20.701	19.835	318
＊3.5	0.6	3.110	2.850	6.78		1.5	21.026	20.376	333
4	0.7	3.545	3.242	8.78	24	3	22.051	20.752	353
5	0.8	4.480	4.134	14.2		2	22.701	21.835	384
6	1	5.350	4.917	20.1	＊27	3	25.051	23.752	459
＊7	1	6.350	5.917	28.9		2	25.701	24.835	496
8	1.25	7.188	6.647	36.6	30	3.5	27.727	26.211	561
	1	7.350	6.917	39.2		2	28.701	27.835	621
10	1.5	9.026	8.376	58.0	＊33	3.5	30.727	29.211	694
	1.25	9.188	8.647	61.2		2	31.701	30.835	761
	1	9.350	8.917	64.5	36	4	33.402	31.670	817
12	1.75	10.863	10.106	84.3		3	34.051	32.752	865
	1.5	11.026	10.376	88.1	＊39	4	36.402	34.670	976
	1.25	11.188	10.647	92.1		3	37.051	35.752	1030
＊14	2	12.701	11.835	115	42	4.5	39.077	37.129	1120
	1.5	13.026	12.376	125		3	40.051	38.752	1210
16	2	14.701	13.835	157	＊45	4.5	42.077	40.129	1310
	1.5	15.026	14.376	167		3	43.051	41.752	1400
＊18	2.5	16.376	15.294	192	48	5	44.752	42.587	1470
	2	16.701	15.835	204		3	46.051	44.752	1600
	1.5	17.026	16.376	216	＊52	5	48.752	46.587	1760
20	2.5	18.376	17.294	245		4	49.402	47.670	1830
	2	18.701	17.835	258	56	5.5	52.428	50.046	2030
	1.5	19.026	18.376	272		4	53.402	51.670	2140

（JIS B 0205-3：2001，0205-4：2001，JIS B 1082：2009，JIS B 0209-1：2001 などより作成）

注　呼び径の選択には，無印のものを最優先にする。表の＊印の呼び径は第2選択のものである。ピッチは並目である。複数のピッチの表示があるものは，最上段のピッチが並目で，以下細目である。

　　ねじの呼びかた　　並目：M（呼び径）　　　　例　M20
　　　　　　　　　　　細目：M（呼び径）× ピッチ　　例　M20 × 2

2 軸方向の荷重とねじり荷重を同時に受ける場合

一般に，締付けボルトやねじジャッキのねじ棒は，軸方向の荷重とねじり荷重を同時に受ける。

このような場合には，ねじりによる応力は，垂直応力の$\frac{1}{3}$程度であるとみなして，軸方向の荷重の$\frac{4}{3}$倍の荷重が，軸方向にかかるものとして計算することが多い。

式（5-10）のWを$\frac{4}{3}W$とすれば，軸方向の荷重とねじり荷重を同時に受ける場合のボルトの大きさは，次の式から求められる。

$$A = \frac{\frac{4W}{3}}{\sigma_a} = \frac{(1\qquad)}{(2\qquad)}, \quad A \leq A_{s,\mathrm{nom}} \quad (5\text{-}11)$$

A：ボルトの断面積 $[\mathrm{mm}^2]$
W：引張荷重 $[\mathrm{N}]$
$A_{s,\mathrm{nom}}$：ボルトの有効断面積 $[\mathrm{mm}^2]$

問 5 円筒形容器のふたに，内部から 7.5 kN の荷重が加わるものとし，このふたを 6 本のボルトで締め付けるとき，ボルトの呼び径をいくらにしたらよいかを求めよ。ただし，ボルトの許容引張応力を 48 MPa とし，一般用メートル並目ねじを使うものとする。

ボルト 1 本に加わる引張荷重 W は，W $= \dfrac{\boxed{\qquad}}{\boxed{\qquad}} = \boxed{\qquad}$ [N]

式（5-11）より，A $= \dfrac{\boxed{\qquad}}{\boxed{\qquad}} = \boxed{\qquad} = \boxed{\qquad}$ $[\mathrm{mm}^2]$

この数値より大きく，最も近いのは，$A_{s,\mathrm{nom}} = \boxed{\qquad}$ mm^2 なので，$\boxed{\qquad}$ とする。

(答) _____

3 せん断荷重を受ける場合

① 右図のようにたがいに引っ張り合う荷重が作用する部品を，ボルトで締め付けたとき，ボルトはせん断荷重を受ける。せん断荷重 W [N]，ボルトの外径 d [mm]，許容せん断応力 τ_a [MPa] とすれば次の式がなりたつ。

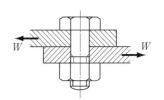

$$\tau_a = \frac{W}{\frac{\pi}{4}d^2} = \frac{4W}{\pi d^2}, \quad d = \boxed{1\qquad} \quad (5\text{-}12)$$

② せん断荷重を受けるボルトは，荷重をボルトの（2　　　　）で受けないように注意し，ボルト穴とボルトの外径のすきまのない（3　　　　）などを使うのがよい。

問 6 上図で荷重 W が 7 kN の場合，せん断破壊しないで使用できるボルトを選べ。ただし，許容せん断応力を 42 MPa とする。

$d = \boxed{\qquad} = \boxed{\qquad} = \boxed{\qquad}$ [mm]　　(答) _____

5 ねじのはめあい長さ

1 締結用ねじ

① 締結用ねじのナットの高さは，JISでは，ボルトの呼び径のおよそ（¹　　　　）倍としている。

② 押さえボルト・植込みボルトのねじのはめあい長さ L は，ボルトの外径を d とすると，ねじ穴の材質によって，次のようになる。

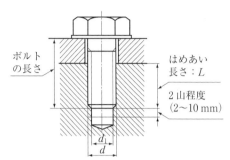

軟鋼・鋳鋼・青銅では，$L =$（²　　　）d

鋳鉄では，$L =$（³　　　）d

軽合金では $L =$（⁴　　　）d

また，めねじのねじ穴の深さには，さらに（⁵　　　）山くらいの余裕をもたせる。

2 運動用ねじ

運動用ねじのはめあい長さ L [mm] は，ねじ山の接触面に生じる（¹　　　），ねじ山に生じる（²　　　　　　）などによって決める。

$$A \fallingdotseq \frac{\pi}{4}\left(d^2 - D_1{}^2\right) z$$

$$W \leqq qA = q\frac{\pi}{4}\left(d^2 - D_1{}^2\right) z$$

$$z \geqq \boxed{}^{3} \qquad (5\text{-}13)$$

$$L \geqq \boxed{}^{4} \qquad (5\text{-}14)$$

A：たがいに接触しているねじ山の接触面積 [mm²]

d：おねじの外径 [mm]

D_1：めねじの内径 [mm]

z：たがいに接触しているねじ山の数

W：荷重 [N]

q：ねじの許容面圧 [MPa]

P：ねじのピッチ [mm]

6 ねじの緩み止め

① 緩み止めの座金には，（¹　　　），（²　　　　　），（³　　　　）などがある。また，くさびがボルトやナットを固定する（⁴　　　　）方式もある。

② ボルトとナットを（⁵　　　）や（⁶　　　）を使って固定する方法もある。

③ ダブルナット方式は，右図のように2個のナットを使って，たがいに締め付け，ナット相互が（⁷　　　）ようにし，つねに，ねじ面に（⁸　　　）が加わっている状態にしたものである。ナットAはボルトの（⁹　　　）を受け，ナットBはたんに（¹⁰　　　）で，（¹¹　　　）ナットを用いてもよい。

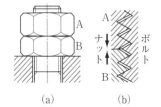

(a)　　　(b)

④ 偏心ナットによる方式は，ボルトの軸線に対して（¹²　　　）した（¹³　　　）部分をもつナット2種類を組み合わせる。

第6章 軸・軸継手

1 軸　機械設計1　p.176～188

1 軸の種類

1 断面形状による分類

① 円形断面：断面が管状の（¹　　　　　）と詰まっている（むく状）（²　　　　　）があ
る。

② その他：断面が（³　　　　　）や（⁴　　　　　）などのものもある。

2 受ける荷重による分類

① おもにねじり荷重を受ける軸。例（¹　　　　　　　　　　）

② おもに曲げ荷重を受ける軸。例（²　　　　　）

③ ねじり・曲げ・引張・圧縮荷重などを同時に2種類以上受ける軸。

例（³　　　　　　　　　　　　　）

3 軸線による分類

① 真直軸：一般に用いられる（¹　　　　　）軸。

② クランク軸：（²　　　　）運動を（³　　　　）運動に変換したり，その逆の変換をする軸。

③ たわみ軸：軸に（⁴　　　　　）をもたせ，向きをある程度自由に変えられる小動力用の軸。

2 軸設計上の留意事項

軸の設計を行うときは，使用目的に応じて次のような点に留意する。

① 強さ：軸は，曲げ・ねじり，（¹　　　　）・（²　　　　）などの荷重を単独，または，組み合
わされて受ける。これらの応力にじゅうぶんに耐えられる設計をする。また，疲労や
（³　　　　）に対しても安全であるようにする。

② 応力集中：キー溝・段のついた軸などでは，切欠付近の寸法を（⁴　　　　）したり，段の
ついた軸のすみを（⁵　　　　）たりして，（⁶　　　　　）を小さくする。

③ 変形：軸のねじれが大きすぎると（⁷　　　　）が起こりやすく，軸のたわみがある程度以上
になると，軸受に無理な力が加わったり，その軸に取り付けた歯車のかみ合いが不正確
になって，歯の（⁸　　　　）や（⁹　　　　）を生じたりする。したがって，軸にあま
り大きなたわみを生じないようにする。変形のしにくさを（¹⁰　　　　）といい，これ
を考慮した設計を（¹¹　　　　　）という。

④ 振動：回転速度を（¹²　　　　）速度に近づけないようにするなどの対策を考える。

⑤ 腐食・摩耗：（¹³　　　　）に適切なものを選んだり，防食処理や（¹⁴　　　　　）を施す。

⑥ 材料の選択：一般の軸には，炭素含有量が0.1～0.4%程度の冷間引抜き棒鋼を使用する。ま
た，構造用合金鋼の熱間圧延材を機械加工し，（¹⁵　　　　）を施して使用す
る。

3 軸の強さと軸の直径

軸の直径は，軸が受ける荷重や軸の断面形状から求める。荷重で分類すると次のようになる。

① ねじりだけを受ける軸。例（**1**　　　　　）

② 曲げだけを受ける軸。例（**2**　　　　　）

③ ねじりと曲げを同時に受ける軸。例（**3**　　　　　　　　　　　　）

1 軸に作用する動力とねじりモーメント

$$P = \frac{A}{t} = \frac{T\theta}{t \times 10^3} = T\frac{2\pi n}{60 \times 10^3} \fallingdotseq 1.05 \times 10^{-4}Tn \qquad (6\text{-}1)$$

$$T = \frac{60 \times 10^3}{2\pi n}P \fallingdotseq 9.55 \times 10^3 \frac{P}{n} \qquad (6\text{-}2)$$

P：動力 [W]，A：仕事 [J]，t：時間 [s]，T：ねじりモーメント（トルク）[N・mm]，
θ：回転角 [rad]，n：回転速度 [min^{-1}]

問 1 2.5 kW の動力を回転速度 300 min^{-1} で伝達している軸が受けるねじりモーメントを求めよ。
式 (6-2) より，

$$T = 9.55 \times 10^3 \frac{P}{n} = 9.55 \times 10^3 \times \frac{\boxed{}}{\boxed{}} = \boxed{}$$

$$= \boxed{} \text{ [N・mm]} \qquad (答) \underline{}$$

2 ねじりだけを受ける軸

① ねじりモーメントから求める軸の直径

中実丸軸：許容ねじり応力 τ_a [MPa]，ねじりモーメント T [N・mm] としたときの中実丸軸の直径 d [mm] は，

$$d \geqq \sqrt[3]{\frac{16T}{\pi\tau_a}} \fallingdotseq \sqrt[3]{\frac{5.09T}{\tau_a}} \qquad (6\text{-}3)$$

中空丸軸：外径 d_2 [mm]，内径 d_1 [mm]，$\frac{d_1}{d_2} = k$ とすると，

$$d_2 \geqq \sqrt[3]{\frac{16T}{\pi\tau_a(1-k^4)}} \fallingdotseq \sqrt[3]{\frac{5.09T}{\tau_a(1-k^4)}} \qquad (6\text{-}4)$$

問 2 ねじりモーメント 1000 kN・mm を受ける中実丸軸の許容ねじり応力を 30 MPa としたら，直径をいくらにすればよいか。

〈ヒント〉式 (6-3) より求める。

(答) \underline{}

問 3 ねじりモーメント 850 N・m を中空丸軸が受けるとき，$k = 0.55$ として，内径 d_1 と外径 d_2 の寸法を求めよ。ただし，許容ねじり応力を 20 MPa とする。

$$d_2 \geqq \sqrt[3]{\frac{5.09T}{\tau_a(1-k^4)}}$$

$$= \boxed{}$$

$$= \boxed{} \ [\text{mm}]$$

軸の規格から $d_2 = \boxed{}$ mm とすると，

$d_1 = \boxed{} = \boxed{}$ mm となるので，$d_1 = \boxed{}$ mm とする。

（答）　内径 _____，外径 _____

軸の規格
軸の直径（7〜95 mm）［単位　mm］

	10○□*	40○□*	
		20○□*	
	11*	22○□*	65□*
7□*	11.2○	22.4○	70□*
7.1○			42*	71○*
	12□*	24*	45○□*	75□*
8□*	12.5○	25□*		80○□*
			48*	85○□*
9○□*		28○□*	50○□*	90○□*
		30□*		95□*
	14○*	31.5○	55□*	
	15□	32□*	56□*	
	16○*		60□*	
	17□	35□*		
	18○*	35.5○	63○*	
	19*			
		38*		

注．○印は標準数に基づいた寸法を示す。転がり軸受の軸受内径には□印のもの，円筒軸端の軸端には＊印のものが適用される。(JIS B 0901：1977 から抜粋)

問 4 外径 80 mm，内径 70 mm の鋼製で中空の軸が，ねじりモーメント 1.2 kN・m を受けているとき，最大のねじり応力を求めよ。

〈ヒント〉式（6-4）から τ_a を求める。

（答）　_____

②　伝達動力から求める軸の直径

動力 P［W］を回転速度 n［min^{-1}］で伝達するとき，式（6-2），（6-3），（6-4）から，

中実丸軸

$$d \geqq \sqrt[3]{\frac{16T}{\pi\tau_a}} \fallingdotseq 36.5\sqrt[3]{\frac{P}{\tau_a n}} \tag{6-5}$$

中空丸軸

$$d_2 \geqq \sqrt[3]{\frac{16T}{\pi\tau_a(1-k^4)}} \fallingdotseq 36.5\sqrt[3]{\frac{P}{\tau_a(1-k^4)n}} \tag{6-6}$$

問 5 20 kW の動力を回転速度 200 min^{-1} で伝える中実丸軸の直径を求めよ。ただし，許容ねじり応力は 20 MPa とする。

〈ヒント〉式（6-5）より求める。

（答）　_____

問 6　直径 20 mm の軸が，4 kW の動力を回転速度 800 min^{-1} で伝達しているとき，中実丸軸に
生じるねじり応力を求めよ。
〈ヒント〉式（6-5）から求める。

（答）＿＿＿＿＿＿＿

3　曲げだけを受ける軸

曲げだけを受ける軸は，円形断面のはりとして扱う。

中実丸軸：曲げモーメント M [N・mm]，許容曲げ応力 σ_a [MPa]，軸の直径 d [mm] として，

$$d \geqq \sqrt[3]{\frac{32M}{\pi\sigma_a}} \fallingdotseq \sqrt[3]{\frac{10.2M}{\sigma_a}} \qquad (6\text{-}7)$$

中空丸軸：外径 d_2 [mm]，内径 d_1 [mm]，$\dfrac{d_1}{d_2} = k$ として，

$$d_2 \geqq \sqrt[3]{\frac{32M}{\pi\sigma_a(1-k^4)}} \fallingdotseq \sqrt[3]{\frac{10.2M}{\sigma_a(1-k^4)}} \qquad (6\text{-}8)$$

問 7　右図に示す滑車の取り付け長さ l が 200 mm で，滑
車が最大荷重 800 N を受けるとき，中実丸軸の直径を求め
よ。ただし，許容曲げ応力は 50 MPa とする。
〈ヒント〉式（6-7）より求める。

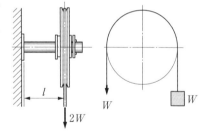

（答）＿＿＿＿＿＿＿

4　ねじりと曲げを受ける軸の直径

軸が，ねじりモーメント T [N・mm] と曲げモーメント M [N・mm] を同時に受ける場合は，
ねじりモーメントだけを受けたと等しい効果を与えるような（¹　　　　　　　　　　　）T_e，
または，曲げモーメントだけを受けたと等しい効果を与えるような（²　　　　　　　　　　）
M_e を考え，T_e または M_e がそれぞれ単独に加わったものとして計算する。

別々に計算した軸の直径の大きいほうの値をとってその軸の直径を決める。

$$T_e = \sqrt{M^2 + T^2}$$

$$M_e = \frac{M + \sqrt{M^2 + T^2}}{2} = \frac{M + T_e}{2} \Bigg\} \quad (6\text{-}9)$$

T_e :（**1**　　　　　　　　　　）　　　　　　　[N・mm]

M_e :（**2**　　　　　　　　　　）

[N・mm]

中実丸軸：$d \geqq \sqrt[3]{\dfrac{16T_e}{\pi\tau_a}} \fallingdotseq \sqrt[3]{\dfrac{5.09T_e}{\tau_a}}$

中空丸軸：$d_2 \geqq \sqrt[3]{\dfrac{16T_e}{\pi\tau_a(1-k^4)}} \fallingdotseq \sqrt[3]{\dfrac{5.09T_e}{\tau_a(1-k^4)}} \Bigg\} \quad (6\text{-}10)$

中実丸軸：$d \geqq \sqrt[3]{\dfrac{32M_e}{\pi\sigma_a}} \fallingdotseq \sqrt[3]{\dfrac{10.2M_e}{\sigma_a}}$

中空丸軸：$d_2 \geqq \sqrt[3]{\dfrac{32M_e}{\pi\sigma_a(1-k^4)}} \fallingdotseq \sqrt[3]{\dfrac{10.2M_e}{\sigma_a(1-k^4)}} \Bigg\} \quad (6\text{-}11)$

d ：軸の直径［mm］

τ_a ：軸の許容ねじり応力［MPa］

d_1 ：中空丸軸の内径［mm］

d_2 ：中空丸軸の外径［mm］

k : $\dfrac{d_1}{d_2}$

σ_a ：軸の許容曲げ応力［MPa］

問 8　右図のような片持クランク軸の軸の直径 d を求めよ。許容ねじり応力 35 MPa，許容曲げ応力 50 MPa，$F = 3$ kN，$l = 100$ mm，$r = 200$ mm とする。

最大曲げモーメント M は，

$$M = Fl = \boxed{} \times \boxed{}$$

$$= \boxed{} \ [\text{N・mm}]$$

軸が受けるねじりモーメント T は，

$$T = Fr = \boxed{} \times \boxed{}$$

$$= \boxed{} \ [\text{N・mm}]$$

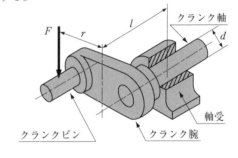

クランク軸　d　軸受　クランク腕　クランクピン　F　r　l

式（6-9）より，

$$T_e = \sqrt{M^2 + T^2} = \sqrt{\boxed{} + \boxed{}} \times 10^5 = \boxed{} \ [\text{N・mm}]$$

$$M_e = \frac{M + T_e}{2} = \frac{(\boxed{} + \boxed{}) \times 10^5}{2} = \boxed{} \ [\text{N・mm}]$$

式（6-10），（6-11）より，

$$d \geqq \sqrt[3]{\frac{5.09T_e}{\tau_a}} = \sqrt[3]{\frac{5.09 \times \boxed{}}{\boxed{}}} = \boxed{} \ [\text{mm}]$$

$$d \geqq \sqrt[3]{\frac{10.2M_e}{\sigma_a}} = \sqrt[3]{\frac{10.2 \times \boxed{}}{\boxed{}}} = \boxed{} \ [\text{mm}]$$

大きいほうの値をとり，軸の規格（p.84）から $\boxed{}$ mm とする。　　　（答）＿＿＿＿＿

5　中実丸軸と中空丸軸の直径の比較

同じ材質の中実丸軸の直径 d と中空丸軸の外径 d_2 を比較してみると，次のような関係がある。

$$d = d_2\sqrt[3]{1-k^4} \qquad (6\text{-}12)$$

問 9 外径 80 mm，内径 40 mm の中空丸軸と等しいねじり強さをもつ中実丸軸の直径を求めよ。

$$k = \frac{d_1}{d_2} = \frac{\boxed{}}{\boxed{}} = \boxed{}, \quad 式 (6\text{-}12) より,$$

$$d = d_2 \sqrt[3]{1 - k^4} = \boxed{} \times \sqrt[3]{1 - \boxed{}} = \boxed{} \ [\text{mm}]$$

よって，軸の規格（p.84）から $\boxed{}$ mm とする。

（答）＿＿＿＿＿

問 10 7.5 kW の動力を回転速度 400 min⁻¹ で伝達する中実丸軸の直径を求めよ。ただし，許容ねじり応力を 20 MPa とする。また，この軸と同一材料で，同じ強さの外径 42 mm の中空丸軸の内径を求めよ。この中空丸軸と中実丸軸の断面積の比を求めよ。

〈ヒント〉式 (6-5) より中実丸軸の直径，式 (6-12) から k を求める。

（答）
- 中実丸軸直径 ＿＿＿＿
- 中空丸軸内径 ＿＿＿＿
- 断面積の比 ＿＿＿＿

6 軸の剛性

① 伝動軸の直径を求めるとき，軸の（**1** ＿＿）や（**2** ＿＿）についても考える。

② 曲げを受ける軸は，（**3** ＿＿）が大きくならないように，たとえば，歯車をもつ伝動軸では（**4** ＿＿）を 0.35 mm 以下に，または，（**5** ＿＿）を $\frac{1}{1000}$ rad 以下とすることが多い。

③ 軸端のねじれ角 θ [°] は，式(a)から，T, l が一定の場合，分母の GI_p が大きいほどねじれ角 θ は（**6** ＿＿）なり，ねじれにくいことがわかる。一般に伝動軸では，軸の長さ 1 m についてのねじれ角を（**7** ＿＿）以内とすることが多い。

$$\theta = \frac{180}{\pi} \times \frac{Tl}{GI_p} \tag{a}$$

$$d \geq 48.6 \sqrt[4]{\frac{Pl}{Gn\theta}} \tag{6-14}$$

$$d \geq 387 \sqrt[4]{\frac{P}{nG}} \quad (一般の伝動軸) \tag{6-15}$$

$$d \geq 22.9 \sqrt[4]{\frac{P}{n}} \quad (鋼製伝動軸) \tag{6-16}$$

T：ねじりモーメント [N・mm]
l：軸の長さ [mm]
G：横弾性係数 [MPa]（鋼の場合 82 [GPa]）
I_p：断面二次極モーメント [mm⁴]
　中実丸軸は，$\frac{\pi}{32}d^4$
d：軸の直径 [mm]
P：伝達動力 [W]
n：回転速度 [min⁻¹]

問 11 回転速度 $200\ \mathrm{min}^{-1}$ で $10\ \mathrm{kW}$ を伝達する鋼製の中実丸軸の直径を求めよ。許容ねじれ角は $1\ \mathrm{m}$ につき $\dfrac{1}{4}^{\circ}$，許容ねじり応力は $27\ \mathrm{MPa}$ とする。

ねじり強さから，式（6-5）より，

$$d \geqq 36.5 \sqrt[3]{\frac{P}{\tau_d n}} = 36.5 \sqrt[3]{\frac{\boxed{}}{\boxed{} \times \boxed{}}} = \boxed{}\ [\mathrm{mm}]$$

ねじり剛性から，式（6-16）より，

$$d \geqq 22.9 \sqrt[4]{\frac{P}{n}} = 22.9 \sqrt[4]{\frac{\boxed{}}{\boxed{}}} = \boxed{}\ [\mathrm{mm}]$$

大きいほうの $\boxed{}$ mm をとり，軸の規格（p.84）から $\boxed{}$ mm とする。

（答）＿＿＿＿＿

2 キー・スプライン 機械設計1 p.189〜194

1 キー

① キーは，軸に（**1** ＿＿＿＿）や（**2** ＿＿＿＿）のような部品を取り付けるのに使われる。

② キーは，鋼または合金鋼でつくられ，キーとキー溝の（**3** ＿＿＿＿）・（**4** ＿＿＿＿）は，（**5** ＿＿＿）に応じて規格で決められている。

③ キーの種類には（**6** ＿＿＿＿），（**7** ＿＿＿＿），（**8** ＿＿＿＿）などがある。

④ キーの長さは，ふつう（**9** ＿＿＿＿）に等しくするが，キーに大きな荷重が加わる場合は，次の計算からキーに生じる応力が（**10** ＿＿＿＿）以下になるようにする。

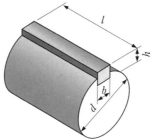

キーが受けるせん断荷重 W

$$W = \tau b l \tag{6-17}$$

キーに生じるせん断応力 τ

$$\tau = \frac{W}{bl} = \frac{2T}{dbl} \tag{6-18}$$

キーの側面に生じる圧縮応力 σ_c

$$\sigma_c = \frac{2W}{hl} = \frac{4T}{dhl} \tag{6-19}$$

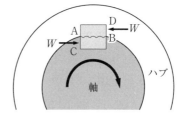

AB：せん断面　　AC, BD：圧縮面

W：せん断荷重 [N]，τ：せん断応力 [MPa]

b：キーの幅 [mm]

l：キーの長さ [mm]

T：キーの伝えるねじりモーメント [N・mm]

d：軸の直径 [mm]

h：キーの高さ [mm]

σ_c：圧縮応力 [MPa]

問12 直径 25 mm の軸に，幅 8 mm，長さ 45 mm のキーを使ってプーリを固定した。軸が受けるねじりモーメントを 160 N・m として，キーに生じるせん断応力を求めよ。

〈ヒント〉式（6-18）より求める。

(答) _____

2 スプライン

スプラインは，多数の歯でねじりモーメントを分担するから，キーを使用した軸より（1　　　　　）動力が伝達でき，ハブを軸に固定するだけでなく（2　　　　　）に滑らすこともできる。

3 セレーション

セレーションは，スプラインより（3　　　　　）の歯で，細い軸にハブを（4　　　　　）する場合に用いる。

4 フリクションジョイント

フリクションジョイントは，軸と回転部品を（1　　　　　）によって固定する。軸に（2　　　　　）などの加工をしなくても使用できる。

5 ピ　ン

ピンは，分解・組立をする二つの部品の合わせめの（1　　　　　）決め用や，ハンドルや歯車を軸に固定するときに用いられる。（2　　　　　）ピン，（3　　　　　）ピン，（4　　　　）ピンなどがある。

3 軸継手　機械設計1　p.195〜200

1 軸継手の種類

① 電動機の軸と機械の軸など，二つの軸を連結するのに使われるものを（1　　　　　）という。

② 軸継手の一種である（2　　　　　）は，機械の使用中に2軸の連結を断続したいときに用いる。

③ 2軸の軸線が一致している軸継手を（3　　　　　）といい，フランジ形が一般的である。

④ 2軸の軸線を一致させにくい場合や（4　　　　），（5　　　　　）を緩和したい場合は（6　　　　　）を用いる。

⑤ 2軸の中心が平行にずれている場合は（7　　　　　）が用いられる。

⑥ 2軸がある角度で交わる場合は（8　　　　　）が，例えば（9　　　　　）などに用いられる。

⑦ 2軸を必要に応じて連結と切り離しが行える軸継手を（**10** 〔　　　　　　〕）というが，一般に（**11** 〔　　　　　　〕）接触によるものが多い。電磁力を利用した（**12** 〔　　　　　　〕）もある。また，流体を媒体とする（**13** 〔　　　　　　〕）もクラッチの働きがある。

2 軸継手の設計

① フランジ形たわみ軸継手は，（**1** 〔　　　　　　　　　　　〕）・（**2** 〔　　　　　　〕）が決まれば，下表によって各部の寸法が決まる。

② 強度の点で考慮すべきことは，（**3** 〔　　　　　　　　　　　〕）である。

フランジ形たわみ軸継手

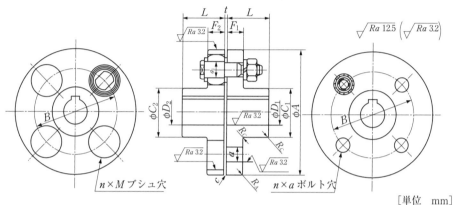

[単位　mm]

継手外径 A	伝達ねじり[3.]モーメント T [N·m]	D 最大軸穴直径 D_1	D_2	D (参考)最小軸穴直径	L	C C_1	C_2	B	F F_1	F_2	n[1.](個)	a	a_1	M	t[2.]	参考 R_C (約)	R_A (約)
90	4.9	20		—	28	35.5		60	14		4	8	9	19	3	2	1
100	9.8	25		—	35.5	42.5		67	16		4	10	12	23	3	2	1
112	15.7	28		16	40	50		75	16		4	10	12	23	3	2	1
125	24.5	32	28	18	45	56	50	85	18		4	14	16	32	3	2	1
140	49	38	35	20	50	71	63	100	18		6	14	16	32	3	2	1
160	110	45		25	56	80		115	18		8	14	16	32	3	2	1
180	157	50		28	63	90		132	18		8	14	16	32	3	3	1
200	245	56		32	71	100		145	22.4		8	20	22.4	41	4	3	2
224	392	63		35	80	112		170	22.4		8	20	22.4	41	4	3	2
250	618	71		40	90	125		180	28		8	25	28	51	4	4	2
280	980	80		50	100	140		200	28	40	8	28	31.5	57	4	4	2
315	1570	90		63	112	160		236	28	40	10	28	31.5	57	4	4	2
355	2450	100		71	125	180		260	35.5	56	8	35.5	40	72	5	5	2
400	3920	110		80	125	200		300	35.5	56	10	35.5	40	72	5	5	2
450	6180	125		90	140	224		355	35.5	56	12	35.5	40	72	5	5	2
560	9800	140		100	160	250		450	35.5	56	14	35.5	40	72	5	6	2
630	15700	160		110	180	280		530	35.5	56	18	35.5	40	72	5	6	2

注. 1. n は，ブシュ穴またはボルト穴の数である。
　　2. t は，組み立てたときの継手本体のすきまであって，継手ボルトの座金の厚さに相当する。
　　3. 伝達ねじりモーメント T は参考値である。　　　　　　　　　（JIS B 1452：1991 による）

問 13 10 kW の動力を回転速度 450 min^{-1} で伝える軸に用いるフランジ形たわみ軸継手の各部の寸法を決めよ。

1) 軸の直径

軸の許容ねじり応力 $\tau_a = 20$ MPa とすれば，軸の直径 d は式（6-5）より，

$$d = 36.5 \sqrt[3]{\frac{P}{\tau_a n}} = 36.5 \times \sqrt[3]{\frac{\boxed{}}{\boxed{} \times \boxed{}}} = \boxed{} \ [\text{mm}]$$

軸の直径は，軸の規格（p.84）から，$\boxed{}$ mm と決める。

2) 軸継手の各部の寸法

式（6-2）より，軸のねじりモーメント T を計算すると，

$$T = 9.55 \times 10^3 \frac{P}{n} = 9.55 \times 10^3 \times \frac{\boxed{}}{\boxed{}} = \boxed{} \ [\text{N·mm}]$$

$$= \boxed{} \ [\text{N·m}]$$

よって，前頁の表より，伝達ねじりモーメント $\boxed{}$ N·m の継手外径 $\boxed{}$ mm のものを選ぶ。各部の寸法は表から決めることができる。

3) 継手ボルトの強さを計算してみよう。

前頁の表より，ボルトの径は，$a = \boxed{}$ mm，リーマボルトを $n = \boxed{}$ 本として，ボルトの穴のピッチ円直径 $B = \boxed{}$ mm である。

念のため，ボルトが受ける荷重を有効に負担するボルトの本数を実際の本数（n 本）の半分として，ボルト 1 本あたりの荷重 W [N] を計算すると，次のようになる。

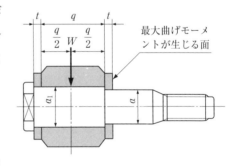

最大曲げモーメントが生じる面

$$T = \frac{n}{2} W \frac{B}{2} \text{から,} \quad W = \frac{4T}{nB}$$

$$W = \frac{4 \times \boxed{}}{\boxed{} \times \boxed{}} = \boxed{} \ [\text{N}]$$

前頁の表より，$t = \boxed{}$ mm，$F_2 = q = \boxed{}$ mm（上図参照）である。

ボルトの曲げ応力 σ_b は，式（3-27）から，

$$\sigma_b = \frac{M}{Z} = \frac{W\left(t + \dfrac{q}{2}\right)}{\dfrac{\pi a^3}{32}} = \frac{\boxed{} \times \left(\boxed{} + \dfrac{\boxed{}}{2}\right)}{\dfrac{\pi \times \boxed{}^3}{32}}$$

$$= \boxed{} \ [\text{N/mm}^2] = \boxed{} \ [\text{MPa}]$$

この値は，鉄鋼の許容曲げ応力値（表 3-5　機械設計 1　p.97）よりじゅうぶん安全と判断できる。

第7章　軸受・潤滑

1 軸受の種類　機械設計1　p.202〜204

①　回転する軸を支える部分を（1　　　　　）といい，軸に加わる（2　　　　　）を支えるとともに，軸を滑らかに（3　　　　　）させたり，（4　　　　　）を決めたりする役目がある。

②　軸受は，軸との接触状態から（5　　　　　）軸受と（6　　　　　）軸受に分類できる。

③　荷重の加わりかたから分類すると，（7　　　　　）軸受と（8　　　　　）軸受になる。

④　軸に接する軸受の接触面が円すい面であると，軸に垂直な方向と軸方向の両方の荷重を支えることができる。この軸受を（9　　　　　）軸受という。また，任意の方向に軸を傾けることができる（10　　　　　）軸受がある。

⑤　転がり軸受の半径を無限大として，直線運動する軸受を（11　　　　　）という。

2 滑り軸受　機械設計1　p.205〜213

1 滑り軸受の種類

①　軸受に接触している軸の部分を（1　　　　　）という。

②　軸の軸線に垂直に加わる荷重（2　　　　　）を支える滑り軸受を（3　　　　　）といい，（4　　　　　）ともいう。

③　軸や軸受の摩耗を防ぐため（5　　　　　）を用いるが，簡単な軸受では（6　　　　　）を用いる。特殊な軸受として，多孔質材料（7　　　　　）やプラスチックなどに潤滑油をしみ込ませた（8　　　　　）があり，（9　　　　　）ともいわれる。

④　軸の軸方向に加わる荷重（10　　　　　）を支える滑り軸受を（11　　　　　）といい，縦方向の荷重を支えるには（12　　　　　）や（13　　　　　）が使われる。横方向の荷重を支える場合は（14　　　　　）が用いられる。

2 滑り軸受のしくみ

①　軸が回転してある速さ以上になると，潤滑油が軸と軸受のすきまに入り込み高い圧力（1　　　　　）を発生して，軸と軸受との間に（2　　　　　）をつくる軸受を（3　　　　　）といい，軸に大きな荷重が加わる（4　　　　　）などに用いられる。

②　一定圧力（5　　　　　）の油や空気を軸と軸受の間に送って，軸を浮かせる軸受を（6　　　　　）といい，（7　　　　　）が小さく，滑らかに回転し，高精度にもできるので（8　　　　　）などに用いられる。

③　電磁石によって軸を浮かせる軸受を（9　　　　　）といい，軸の（10　　　　　）の変位をセンサによって検出し，（11　　　　　）を制御して軸の中心が振れないようにする。

3 ラジアル軸受の設計

$$d \geqq \sqrt[3]{\frac{5.09 Wl}{\sigma_a}} \quad (\text{端ジャーナルの直径}) \qquad (7\text{-}1)$$

$$d \geqq \sqrt[3]{\frac{1.27 W(l + 2l_1)}{\sigma_a}} \quad (\text{中間ジャーナルの直径}) \quad (7\text{-}2)$$

$$p = \frac{W}{dl} \quad (\text{軸受圧力}) \qquad (7\text{-}3)$$

$$W = pdl \qquad (7\text{-}4)$$

$$\frac{l}{d} \fallingdotseq \sqrt{\frac{\sigma_a}{5.09 p}} \quad (\text{端ジャーナルの幅径比}) \qquad (7\text{-}5)$$

$$a_f = \frac{\mu W v}{dl} = \mu p v \qquad (7\text{-}6)$$

（単位投影面積・単位時間あたりの摩擦仕事）

$$l = 5.24 \times \frac{Wn}{pv \times 10^5} \qquad (7\text{-}7)$$

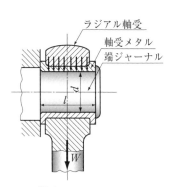

端ジャーナル

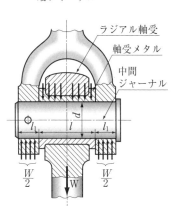

中間ジャーナル

d：ジャーナルの直径 [mm]，W：全荷重 [N]，

l：ジャーナルの幅 [mm]，σ_a：許容曲げ応力 [MPa]，

l_1：右図参照 [mm]，p：軸受圧力 [MPa]，

μ：摩擦係数，v：周速度 [m/s]，pv：最大許容圧力速度係数 [MPa・m/s]，

a_f：単位投影面積・単位時間あたりの摩擦仕事 [J/s・mm^2]，n：回転速度 [min^{-1}]

問 1 5 kN の荷重が加わる端ジャーナルの直径と幅を求めよ。ただし，許容曲げ応力を 50 MPa，最大許容圧力を 4 MPa とする。

式 (7-5) より，$\dfrac{l}{d} = \sqrt{\dfrac{\sigma_a}{5.09 p}} = \sqrt{\dfrac{\boxed{}}{5.09 \times \boxed{}}} = 1.567$

$l = 1.567d$ として，式 (7-3) より，$p = \dfrac{W}{dl} = \dfrac{W}{d \times 1.567d}$，$1.567d^2 = \dfrac{W}{p}$

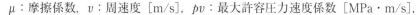

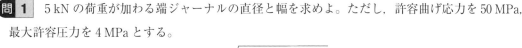

よって，$d = \sqrt{\dfrac{W}{1.567 p}} = \sqrt{\dfrac{\boxed{}}{1.567 \times \boxed{}}} = \boxed{}$ [mm]

軸の規格 (p.84) より，$d = \boxed{}$ mm の軸径を選定する。

端ジャーナルの幅 l は，

$l = 1.567d = 1.567 \times \boxed{} = \boxed{}$ [mm]

よって，$l = \boxed{}$ mm とする。

（答）$d = \underline{}$，$l = \underline{}$

問 2 前頁の図のような中間ジャーナルで，$\dfrac{l}{d} = 1.4$，$l_1 = 0.25\,l$，$W = 10\,\mathrm{kN}$ のとき，d と l を求めよ。ただし，許容曲げ応力を 35 MPa とする。

式 (7-2) より，$d = \sqrt[3]{\dfrac{1.27W(l + 2l_1)}{\sigma_a}}$

$$= \sqrt[3]{\dfrac{1.27 \times \boxed{} \times (l + 2 \times \boxed{})}{\boxed{}}} = \sqrt[3]{544.3l}$$

$l = 1.4d$ から，$d^3 = 544.3 \times \boxed{}$，$d = \sqrt{544.3 \times 1.4} = \boxed{}$ [mm]

軸の規格（p.84）から，$d = \boxed{}$ mm の軸を選定する。幅 l は，

$l = 1.4 \times \boxed{} = \boxed{}$ [mm]，よって，$l = \boxed{}$ mm とする。

（答） $d = \underline{}$，$l = \underline{}$

問 3 20 kN の荷重を受け，回転速度 150 $\mathrm{min^{-1}}$ で回転する端ジャーナルを設計せよ。ただし，許容曲げ応力を 50 MPa，$pv = 1.5\,\mathrm{MPa \cdot m/s}$ とし，軸受材料は鋳鉄とする。

式 (7-7) より，端ジャーナルの幅 l は，

$$l = 5.24 \times \dfrac{Wn}{pv \times 10^5} = 5.24 \times \dfrac{\boxed{} \times \boxed{}}{\boxed{} \times 10^5} = \boxed{}$$

$\fallingdotseq \boxed{}$ [mm]

また，式 (7-1) より，端ジャーナルの直径 d は，

軸受材料の最大許容圧力 p_a [MPa]

軸受材料	最大許容圧力
鋳　鉄	3〜 6
青　銅	7〜20
黄　銅	7〜20
りん青銅	15〜60
Sn 基ホワイトメタル	6〜10
Pb 基ホワイトメタル	6〜 8

（日本機械学会編「機械工学便覧　新版」による）

$d = \sqrt[3]{\dfrac{5.09Wl}{\sigma_a}}$

$$= \sqrt[3]{\dfrac{5.09 \times \boxed{} \times \boxed{}}{\boxed{}}}$$

$$= \boxed{} \text{ [mm]}$$

軸の規格（p.84）から，$d = \boxed{}$ mm を選定する。式 (7-3) より，軸受圧力は，

$$p = \dfrac{W}{dl} = \dfrac{\boxed{}}{\boxed{} \times \boxed{}} = \boxed{} = \boxed{} \text{ [MPa]}$$

この値は，鋳鉄の軸受材料の最大許容圧力の値 $\boxed{}$ MPa（機械設計1　p.210　表 7-3）の範囲なので安全である。

（答） $d = \underline{}$，$l = \underline{}$

3 転がり軸受 　機械設計1　p.214〜222

① 転がり軸受は，接触面間に（**1**　　　　），（**2**　　　　），針状ころなどの（**3**　　　　　）を入れ，（**4**　　　）や（**5**　　　）で軸の動きを受けるため，（**6**　　　　　）摩擦となるので，（**7**　　　　　）が少ない。

② 国際的に標準化，規格化され（**8**　　　　）があり，（**9**　　　）で（**10**　　　　　　）が容易である。

③ 最も広く用いられている (¹¹　　　　　　　) 玉軸受は，(¹²　　　　　　) 荷重と多少の (¹³　　　　　　) 荷重を受けられ，(¹⁴　　　　　　) や (¹⁵　　　　　)，低振動の用途に適している。(¹⁶　　　　　　) 玉軸受は，(¹⁷　　　　　) があり，その大きいものほど大きな (¹⁸　　　　　) 荷重を支えることができる。(¹⁹　　　　　　) 玉軸受は，一方向の (²⁰　　　　　) 荷重だけを受ける。

④ たる状のころを組み込んだ (²¹　　　　　　) ころ軸受は，軌道面が (²²　　　　) だから，軸心が傾いても自動的に調整できる。(²³　　　　　　) ころ軸受は，1 方向の (²⁴　　　　　) 荷重を受けることができる。多数のころを用いた (²⁵　　　　) ころ軸受は，軸受の外径を小さくできる。

⑤ 転がり軸受の大きさを表す呼び番号は，(²⁶　　　　　　　　) と (²⁷　　　　　　) を示す。

$$\text{玉軸受}:L_{10}=\left(\frac{C}{W}\right)^3$$
$$\text{ころ軸受}:L_{10}=\left(\frac{C}{W}\right)^{\frac{10}{3}}$$
（定格寿命）(7-8)

$$\text{玉軸受}:f_n≒\left(\frac{33.3}{n}\right)^{\frac{1}{3}}$$
$$\text{ころ軸受}:f_n≒\left(\frac{33.3}{n}\right)^{\frac{3}{10}}$$
（速度係数）(7-10)

$$C_n = f_n C \quad (n\,[\text{min}^{-1}]\,\text{で}\,500\,\text{時間の定格寿命を与える荷重}\,C_n\,[\text{N}])$$

$$f_h = \frac{C_n}{W} = \frac{C}{W}f_n \quad \text{（寿命係数）}\qquad (7\text{-}11)$$

$$\text{玉軸受}:L_h = 500f_h{}^3$$
$$\text{ころ軸受}:L_h=500f_h{}^{\frac{10}{3}}$$
（寿命時間）(7-12)

$$W=f_w W_0 \quad \text{（実際に軸受に加わると思われる荷重}\,W\,[\text{N}])\qquad (7\text{-}13)$$

L_{10}：定格寿命 $[\times 10^6\,\text{min}^{-1}]$，　C：基本動定格荷重 $[\text{N}]$，　W：加える荷重 $[\text{N}]$

f_n：速度係数，　　n：回転数 $[\text{min}^{-1}]$，　f_h：寿命係数，　L_h：軸受の寿命時間 $[\text{時間}]$

f_w：荷重係数，　　W_0：軸受荷重の計算値 $[\text{N}]$

問 4　軸受荷重 0.5 kN を受け，1480 min⁻¹ で回転する単列深溝玉軸受を寿命時間 50000 時間として次頁の表の軸受系列記号 62 のものから選定せよ。ただし，荷重係数を 1.2 とし，衝撃荷重や振動はないものとする。

速度係数 f_n は，式 (7-10) より，$f_n = \sqrt[3]{\dfrac{33.3}{n}} = \sqrt[3]{\dfrac{33.3}{\boxed{}}} = \boxed{}$

寿命係数 f_h は，式 (7-12) から，$f_h = \sqrt[3]{\dfrac{L_h}{500}} = \sqrt[3]{\dfrac{\boxed{}}{500}} = \boxed{}$

また，荷重 W [N] は，式 (7-13) より，$f_w = 1.2$ として，

$$W = f_w W_0 = \boxed{} \times \boxed{} = \boxed{}\ [\text{N}]$$

と求められる。これらを式 (7-11) に代入して，基本動定格荷重 C を求めると，

$$C = \frac{f_h}{f_n}\,W = \frac{\boxed{}}{\boxed{}} \times \boxed{} = \boxed{}\ [\text{N}]$$

　　下表の単列深溝形の C の値が適合するものから，内径 $d = 20$ mm（内径番号 04）のものとし，この内径の軸受の速度限界を求めると，$dn =$ ☐ × ☐ = ☐ [mm・min^{-1}] となり，これは次頁の dn の限界値の速度限界内にあるので，☐ に決める。

（答）＿＿＿＿＿＿

問 5　軸受荷重 2 kN を受け，回転速度 500 min^{-1} で回転し，45000 時間の寿命をもつ単列アンギュラのラジアル玉軸受を選定せよ。ただし，荷重係数を 1.2 とし，下表の系列記号 72 のものから選ぶものとする。

　　＜ヒント＞ f_n, f_h, W, C を求め，下表から d を決める。dn を求め確認する。

（答）＿＿＿＿＿＿

ラジアル玉軸受の基本動定格荷重（C），基本静定格荷重（C_0 の例）　　　　［単位　100 N］（100 N 未満切捨て）

内径番号	内径(mm)	単列深溝形				複列自動調心形				単列アンギュラ形			
		62		63		12		13		72		73	
		C	C_0	C	C_0	C	C_0	C	C_0	C	C_0	C	C_0
00	10	51	23	81	34	55	11	73	16	54	27	93	43
01	12	68	30	97	42	57	12	96	21	80	40	94	45
02	15	76	37	114	54	76	17	97	22	86	46	134	71
03	17	95	48	136	66	80	20	127	32	108	60	159	86
04	20	128	66	159	79	100	26	126	33	145	83	187	104
05	25	140	78	206	112	122	33	182	50	162	103	264	158
06	30	195	113	267	150	158	46	214	63	225	148	335	209
07	35	257	153	335	192	159	51	253	78	297	201	400	263
08	40	291	179	405	240	193	65	298	97	355	251	490	330
09	45	315	204	530	320	220	73	385	127	395	287	635	435
10	50	350	232	620	385	228	81	435	141	415	315	740	520
11	55	435	293	715	445	269	100	515	179	510	395	860	615
12	60	525	360	820	520	305	115	575	208	620	485	980	715
13	65	575	400	925	600	310	125	625	229	705	580	1110	820
14	70	620	440	1040	680	350	138	750	277	765	635	1250	935
15	75	660	495	1130	770	390	157	800	300	790	645	1360	1060
16	80	725	530	1230	865	400	170	890	330	890	760	1470	1190
17	85	840	620	1330	970	495	208	985	380	1030	890	1590	1330
18	90	960	715	1430	1070	575	235	1170	445	1180	1030	1710	1470
19	95	1090	820	1530	1190	640	271	1290	510	1280	1110	1830	1620
20	100	1220	930	1730	1410	695	297	1400	575	1440	1260	2070	1930

注　72, 73 の接触角は 30° のもの。

dn の限界値　[単位　10000 mm・min^{-1}]

軸　受　の　形　式	グリース潤滑*	油　潤　滑			
		油　浴	霧　状	噴　霧	ジェット
単列深溝玉軸受	18	30	40	60	60
アンギュラ玉軸受	18	30	40	60	60
自動調心玉軸受	14	25	—	—	—
円筒ころ軸受	15	30	40	60	60
保持器付き針状ころ軸受	12	20	25	—	—
円すいころ軸受	10	20	25	—	30
自動調心ころ軸受	8	12	—	—	25
スラスト玉軸受	4	6	12	—	15

*　グリースの寿命は 1000 時間程度を基準としている。（日本機械学会編「機械工学便覧 新版」による）

4　潤　滑　機械設計1　p.223〜227

① 潤滑は，軸と軸受だけでなく，(**1**　　　　) の摩擦を少なくして，(**2.3**　　　　　　) や焼つきの防止とともに (**4**　　　) やさび止めの働きもする。

② ラジアル軸受の内径とジャーナルの直径（軸径）の差が (**5**　　　　) で，これと軸径との比を (**6**　　　　) といい，一般的な軸受では (**7**　　　) 前後である。

③ 始動時は，潤滑油の供給がふじゅうぶんなので，軸と軸受が直接接触する状態で，これを (**8**　　　) という。じゅうぶんな潤滑によって軸が軸受面から完全に離れている状態を (**9**　　　) という。

④ 潤滑方法には，大別すると (**10**　　　　) と (**11**　　　　) がある。滑り軸受の潤滑法には (**12〜14**　　　　　　) などがある。転がり軸受の潤滑法には，(**15〜17**　　　　　　) などがある。

⑤ 潤滑剤は，(**18**　　　) の潤滑油，(**19**　　　) のグリース，(**20**　　　) 潤滑剤などに大別される。

⑥ 潤滑油は，油膜形成に必要な (**21**　　　) とそれを保つ広い (**22**　　　) と (**23**　　　) に安定性が高く，ごみなどの (**24**　　　　) を含まないことが大切である。

⑦ 潤滑油は，軸受の種類・(**25**　　　) ・(**26**　　　) などによって適したものを選ぶ。

5　密封装置　機械設計1　p.228〜230

① 密封装置 (**1**　　　) は，軸と軸受の接する部分から (**2**　　　) が漏れ出ないようにするだけでなく，蒸気・圧縮空気のような (**3**　　　) や水・(**4**　　　)・(**5**　　　) などの液体の密封にも使われる。密封装置の運動部分に用いられるものを (**6**　　　)，静止部分に用いられるものを (**7**　　　) という。

② 接触形の密封装置には，グランドパッキン，(**8**　　　　)，(**9**　　　　)，フェルトリング，(**10**　　　)，(**11**　　　　) などがあり，非接触形は (**12**　　　)，(**13**　　　　) がある。

第8章　リンク・カム

1　機械の運動　機械設計2　p.6〜8

1　機械の運動と種類

機械が行う運動は，次のような基本的な運動の組み合わせからなりたっている。

① 物体上の各点が，ある平面またはこれと平行な平面上を運動することを（**1**　　　　　）という。

② 機械の各部分は平面運動をするものが多く，（**2**　　　　　）と（**3**　　　　　）に分けられる。

③ 並進運動は，物体上の各点が（**4**　　　　　）に移動する運動で，（**5**　　　　　）や（**6**　　　　　　　　　）などの運動がその例である。

④ 回転運動は，物体上の各点が（**7**　　　　　）を中心とする円，または円弧上を移動する運動で，（**8**　　　　）や（**9**　　　　　）などの運動がその例である。

⑤ 物体上の各点が（**10**　　　　　）の空間を運動することを（**11**　　　　　　）という。

⑥ （**12**　　　　　　　）は，物体の各点が回転軸を中心として回転しながら，（**13**　　　　　　）に直線運動をする。ボルトを固定して（**14**　　　　）を回転させたときがこれにあたる。

⑦ 球面運動は，物体上の各点が一定点を中心として等距離を保ちながら運動したとき，各点が（**15**　　　　　）を移動する運動で，（**16**　　　　　　　）の動きがその例である。

2　瞬間中心

① 右図のように，点Oを接点として転がる瞬間には，点C，P，Qの各点は点Oを中心とした（**1**　　　　　　）をすると考えられる。このような点Oを，（**2**　　　　　）という。

② 円板が回転を続けると，点Oは順次位置をかえて移動するが，図では円板上の各点C，P，Qの速度は，OC，OP，OQの長さに（**3**　　　　）し，速度の向きはそれらに（**4**　　　　）である。

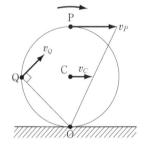

問 1 右上の図で，直径1mの円板が，毎秒1回転の割合で転がっているとき，点C，P，Qの速度の大きさと向きを求めよ。

円板の中心Cの速度は一定であり，円板が1回転するとCは円周の長さだけ移動するから，

$$v_C = \pi \times 1 = \boxed{} = \boxed{} \ [\text{m/s}]$$

$$v_P = 2v_C = 2 \times \boxed{} = \boxed{} = \boxed{} \ [\text{m/s}]$$

$$v_Q = \sqrt{2}\,v_C = \sqrt{2} \times \boxed{} = \boxed{} = \boxed{} \ [\text{m/s}]$$

（答）　$v_C = ($ 　　　　　　 方向)，$v_P = ($ 　　　　　　 方向)，$v_Q = ($ 　　　　　　 方向)

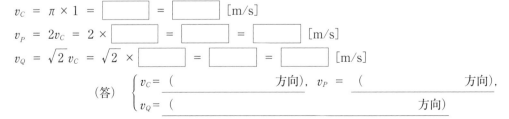

2 リンク機構　機械設計2　p.9〜20

① リンクが, (^{1}　　　　　) 対偶または (^{2}　　　　　) 対偶で連結された機構を (^{3}　　　　　　　) といい, 系統立った対偶によるつながりを (^{4}　　　　) という。

② 　右図は, リンクを回り対偶で組み合わせたものである。図(a)は, たがいに動くことができない連鎖で, (^{5}　　　　　　　) という。図(b)は, あるリンクを固定し, ほかの一つのリンクに一定の運動をさせると, 残りのリンクも定まった運動をする。このような連鎖を (^{6}　　　　　) という。図(c)は, (^{7}　　　　　　) になるが, 図(d)のようにリンクFをつけ加えれば, (^{8}　　　　) にかわる。

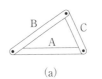

(a)

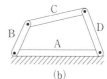

(b)

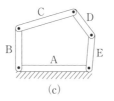

(c)

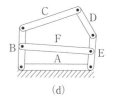

(d)

③ 　図(b)の連鎖は, 各リンクが1通りの決まった運動を行うことができるので (^{9}　　　　　) の連鎖, 図(c)は, 二つのリンクに一定の制限をすると動きが決まる (^{10}　　　　　) の連鎖ともいう。

④ 　図(b)の機構は, (^{11}　　　　　　) という。固定するリンクをかえることを (^{12}　　　　　) といい, いろいろな運動をする機構になる。

　　リンクAを固定した機構を (^{13}　　　　　　　) といい, リンクBを回転するとリンクDは一定の (^{14}　　　　　) をする。

　　リンクBを固定した機構を (^{15}　　　　　　) という。リンクAとC, BとDを同じ長さにすると (^{16}　　　　　) となり, バスなどの (^{17}　　　　　　　) に応用されている。

　　リンクDを固定した機構を (^{18}　　　　　) という。この機構の応用例は, (^{19}　　　　　　　　) で, リンクの先端につけたバスケットがほぼ (^{20}　　　　) に移動する。

⑤ 　てこクランク機構において回り対偶をスライダにかえた機構を (^{21}　　　　　　　　), (^{22}　　　　　　　　　) という。

問 2 　右上の図(d)が限定連鎖になることを, 図に描いて確かめよ。

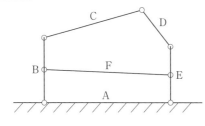

＜ヒント＞

リンクEを左右に揺動させたとき,
各リンクがどのような動きをするか,
コンパスを用いて左の図に作図する。

問 **3**　下図で，θ が 30° のときと 60° のときとでは，スライダの速度は，どのくらい違うか。その割合を図で求めよ。

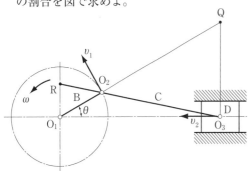

左図に $\theta = 30°$ と $\theta = 60°$ の図を描く。

作図によって，$\theta = 30°$ と $\theta = 60°$ の各 O_1R を求める。スライダの速度は，O_1R に比例するので，速度の比は，

$$\frac{\theta = 60° \text{ の } O_1R'}{\theta = 30° \text{ の } O_1R} ≒ \boxed{}$$

（答）＿＿＿＿

問 **4**　右図で，リンク C の長さを c，クランク B の長さを b として，b, c がそれぞれ 200 mm，600 mm のとき，D の往きと戻りに要する時間の比を求めよ。

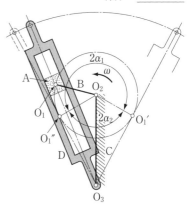

$$\cos \alpha_2 = \frac{b}{c} = \frac{\boxed{}}{\boxed{}} = \frac{\boxed{}}{\boxed{}},$$

$$\alpha_2 ≒ \boxed{}°$$

$$\alpha_1 = 180° - \alpha_2 = 180° - \boxed{}$$

$$= \boxed{}°$$

$$\frac{\alpha_1}{\alpha_2} = \frac{\boxed{}}{\boxed{}} = \boxed{} ≒ \boxed{}$$

（答）＿＿＿＿

問 **5**　トグル機構の加える力 F と作用する力 P との関係式 $P = \dfrac{F}{2\tan \theta}$ を導いてみよ。

図を参考にして，各ベクトルを考えると，O_2 での F の分力 F' と，O_3 での P は，

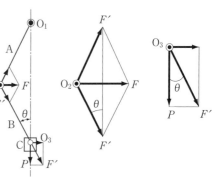

$$F' = \frac{\boxed{}}{2\sin \theta}, \quad P = F' \boxed{}$$

$$P = \frac{\boxed{}\cos \theta}{2\sin \theta} = \frac{F}{2\tan \theta}$$

問 **6**　右図は，マジックハンドの手先の機構である。どのような機構となっているか。また，どのような動きをするか調べてみよ。

リンク機構 ABCD で，A ＝ C，B ＝ D であり，B は固定リンクである。レバー E を矢のように左へ引くと点 O_5 は，点 O_5' に移動し，リンクによって，点 O_4，点 O_3 もそれぞれ点 O_4'，点 O_3' に移動する。し

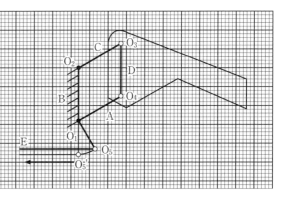

たがって，手先は下に下がりながら右へ動く。同様に下の手先は上・右に動くので，上下の手先で物をはさむことができる。点 O_4'，点 O_3' と手先を作図してみよ。

3 カム機構　機械設計2　p.21〜26

1 カム機構とカムの種類

① カムを分類すると，接触部が平面運動をする（1　　　　　）と，立体的な運動をする（2　　　　　）になる。

② 従動節の運動に適応する輪郭をもった回転板をカムとしたのが（3　　　　　）で，原動節が回転すると従動節が（4　　　　　）する。原動節の回転が速くなると従動節が回転板から浮き上がるのを防ぐくふうをしたのが（5　　　　　）である。

③ 原動節が往復直線運動するものを（6　　　　　）という。また，従動節のほうが特殊な形をしたものを（7　　　　　）という。

④ 回転体（8　　　　　）の表面につけた溝に（9　　　　　）の一部がはまり込んで運動を伝えるカムには（10　　　　　），（11　　　　　），（12　　　　　）がある。これらは（13　　　　　）でもある。溝をつけるかわりに回転体の端面を成形したものを（14　　　　　）という。回転軸に斜めに円板を取り付けた（15　　　　　）は，斜板の（16　　　　　）をかえて従動節の行程をかえる。

2 板カムの設計

① カムの回転角を横軸に，従動節の動きを縦軸にグラフとしたものを（1　　　　　）という。

② このほかに，カムの回転角と従動節の速度との関係を示す（2　　　　　）や，加速度との関係を示す（3　　　　　）があり，これらの線図を合わせて（4　　　　　）という。

③ 従動節の動きが回転角に比例する（5　　　　　）運動の（6　　　　　）は傾斜した折線となる。

④ カムの輪郭は，（7　　　　　）と（8　　　　　）の組み合わせでつくる方法が広く用いられており，これらを（9　　　　　），（10　　　　　）という。

4 間欠運動機構　機械設計2　p.27〜28

① 間欠運動機構は，原動節の連続的な動きに対して，従動節が周期的に（1　　　　　）して動く。

② 原動節の歯が1枚だけで，1回転ごとに従動節が間欠的に回転する機構の歯車を（2　　　　　）歯車という。また，原動節のピンと従動節の溝との結合による機構を（3　　　　　）歯車といい，（4　　　　　）機械などに使われる間欠運動の機構である。

③ レバーで往復するつめをつめ車にかけて間欠的に回転する機構を（5　　　　　）という。

④ 間欠運動機構には，原動節の回転に対して，従動節が（6　　　　　）ずつ回転する（7　　　　　）もある。

第9章 歯 車

1 歯車の種類　機械設計2　p.30

① 歯車は，かみあう二つの歯車の回転軸の（**1**　　　　），歯の（**2**　　　　）・（**3**　　　）などによっていろいろな種類がある。

② 歯車の回転軸がたがいに平行なものには，平歯車，（**4~7**　　　　　　　）などがある。回転軸が交差するときは（**8, 9**　　　　　）が，くいちがう場合は（**10~12**　　　　）が用いられる。

2 回転運動の伝達　機械設計2　p.31～35

1 直接接触による運動の伝達

① 2軸間で回転運動を伝達するには，2軸に取り付けた原動節と（**1**　　　　）の直接接触による方法と，2軸がかなり離れているために，（**2**　　　　）と（**3**　　　　）が直接接触するのが困難なため，ベルトなどを巻きかけて間接的に伝達する方法とがある。

② 直接接触には，（**4**　　　　）と（**5**　　　　）とがある。

③ 原動節と従動節が，直接接触しながら運動を伝達するとき，それぞれの角速度の比を（**6**　　　　）といい，次の式で表せる。

$$\frac{O_2P}{O_1P} = \frac{\omega_1}{\omega_2} \quad \text{（滑り接触）} \qquad \text{(9-1)}$$

$$\frac{O_2C}{O_1C} = \frac{\omega_1}{\omega_2} \quad \text{（転がり接触）} \qquad \text{(9-2)}$$

ω_1：原動節の角速度
ω_2：従動節の角速度
O_1P：原動節中心とピッチ点の距離
O_2P：従動節中心とピッチ点の距離
O_1C：原動節中心と接点の距離
O_2C：従動節中心と接点の距離

2 摩擦車

1 円筒摩擦車

① 角速度比が一定で，接点に生じる摩擦によって運動を伝える転がり接触する車を（**1**　　　　）といい，平行な2軸間の伝動には，（**2**　　　　）が用いられる。

② 摩擦力を生じさせるためには，両車を（**3**　　　　　　）力が必要である。しかし，この力が大きいと，（**4**　　　）の摩擦損失が大きくなるから，摩擦車は，大きい（**5**　　　）の伝達には適さない。

③ 実際の摩擦車では，接点において多少の（**6**　　　）をともなうから正確な（**7**　　　　）を保つことはむずかしく，効率はだいたい（**8**　　　　）％である。

しかし，運転が（⁹　　　）で，起動や停止が（¹⁰　　　）に行われ，従動車に過負荷が加わったときに原動車と従動車の間に自然に滑りを起こし，他の重要な部分の（¹¹　　　）を防ぐことができる。

④　右図のように，円筒摩擦車には，両車の接触のしかたによって（¹²　　　）と（¹³　　　）とがある。外接の場合には，従動車の回転の方向は逆になるが，内接の場合には（¹⁴　　　）になる。

　　中心距離は，外接では両車の半径の和，内接では（¹⁵　　　）である。

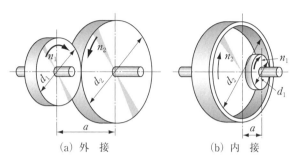

(a) 外 接　　　　(b) 内 接

$$v = \frac{\pi d_1 n_1}{60 \times 10^3} = \frac{\pi d_2 n_2}{60 \times 10^3} \qquad (9\text{-}3)$$

$$i = \frac{n_1}{n_2} = \frac{d_2}{d_1} \qquad (9\text{-}4)$$

$$\left.\begin{array}{l} a = \dfrac{d_1 + d_2}{2} \quad (外接の場合) \\[2mm] a = \dfrac{d_2 - d_1}{2} \quad (内接の場合) \end{array}\right\} \quad (9\text{-}5)$$

v：接触面の周速度 [m/s]

$n_1,\ n_2$：原動車・従動車の回転速度 [min^{-1}]

$d_1,\ d_2$：原動車・従動車の直径 [mm]

i：速度伝達比

a：2軸の中心距離 [mm]

2　その他の摩擦車

①　円すい摩擦車は，たがいに（¹　　　）に回転を伝えるのに用いる。

②　右図は，2個の円すい摩擦車を（²　　　）な2軸とたがいに（³　　　）に取り付け，両車に内接させたリングを移動することによって，従動軸の回転速度を（⁴　　　）にかえることができる。

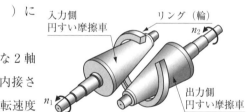

入力側円すい摩擦車　リング（輪）　n_2

n_1　出力側円すい摩擦車

摩擦車による変速装置

3 平歯車の基礎　機械設計2　p.36〜48

1 歯車各部の名称

①　摩擦車の表面を（¹　　　）として，これに（²　　）をつけたものを（³　　　）といい，かみあう1組の歯車のうち，歯数の多いほうを（⁴　　　），少ないほうを（⁵　　　）という。

②　基準面がつくる円を（⁶　　　）といい，これから歯先までの高さが（⁷　　　），歯底までの深さが（⁸　　　）で，両方の和を（⁹　　　）という。また，二つのかみあっている歯車の（¹⁰　　　）の接点を（¹¹　　　）という。

2 歯の大きさ

① 歯車の歯は，基準円周に沿って等間隔につくられていて，この間隔を（1　　　　）pといい，基準円直径 d を歯数 z で割った値を（2　　　　　）m という。

② 歯の大きさは，ふつう（3　　　　　）で表し，鋳放し歯では（4　　　　）で表すことがある。

$$p = \frac{\pi d}{z} \qquad (9\text{-}6)$$

$$m = \frac{d}{z}, \quad d = mz \qquad (9\text{-}7)$$

$$m = \frac{p}{\pi}, \quad p = \pi m \qquad (9\text{-}8)$$

p：ピッチ［mm］
d：基準円直径［mm］
z：歯数
m：モジュール［mm］

問 1 基準円直径 140 mm，歯数 35 の歯車のモジュールを求めよ。

式（9-7）より，

$$m = \frac{d}{z} = \frac{\boxed{}}{\boxed{}} = \boxed{} \text{［mm］}$$

（答）　＿＿＿＿＿

問 2 モジュール 6 mm，歯数 32 の歯車の基準円直径とピッチを求めよ。

式（9-7）より，

$$d = mz = \boxed{} \times \boxed{} = \boxed{} \text{［mm］}$$

式（9-8）より，

$$p = \pi m = \boxed{} \times \boxed{} = \boxed{} = \boxed{} \text{［mm］}$$

（答）$\begin{cases} d = \underline{} \\ p = \underline{} \end{cases}$

3 歯車の速度伝達比

① 1組の歯車がかみあうためには，それぞれの歯車の（1　　　　　）が等しくなければならない。したがって，（2　　　　　）は歯数の逆比で表される。

② 1組の歯車の歯数の関係を表すのに，大歯車の歯数を小歯車の歯数で割った値を用いることがあり，これを（3　　　　）という。

③ いくつかの歯車が組み合わされたものを（4　　　　　）という。速度伝達比が1以上のものを（5　　　　　）といい，その速度伝達比を（6　　　　　）という。

　これに対し，増速歯車列の速度伝達比の（7　　　　）を（8　　　　）という。(6), (8)のいずれも，（9　　　　）の値になる。

$$i = \frac{n_1}{n_2} = \frac{d_2}{d_1} = \frac{mz_2}{mz_1} = \frac{z_2}{z_1} \qquad (9\text{-}9)$$

i：速度伝達比
a：2軸の中心距離［mm］

$$a = \frac{d_1 + d_2}{2} = \frac{m(z_1 + z_2)}{2} \quad \text{（外歯車）} \qquad (9\text{-}10)$$

④ 式 (9-10) から，1 組の歯車で (10   ) と (11   ) が同一ならば，これらの歯車の歯数の和は (12   ) であることがわかる。1 組の歯車の歯数は，(13, 14, 15   ) が与えられれば，式 (9-9)，(9-10) から求めることができる。

問 3 中心距離 120 mm，速度伝達比 3，モジュール 1.5 mm の 1 組の平歯車がある。それぞれの歯数を求めよ。

式 (9-9) より，

$$i = \frac{z_2}{z_1} \quad \text{から，} \quad z_2 = \boxed{}$$

式 (9-10) より，

$$a = \frac{m(z_1 + z_2)}{2} = \frac{m(z_1 + iz_1)}{2} = \frac{mz_1(\boxed{})}{2}$$

$$z_1 = \frac{2a}{m\boxed{}} = \boxed{} = \boxed{}$$

$$z_2 = iz_1 = \boxed{} \times \boxed{} = \boxed{} \qquad \text{(答)} \quad z_1 = \underline{}, \quad z_2 = \underline{}$$

問 4 モジュール 2 mm，速度伝達比 $\frac{3}{2}$ の 1 組の平歯車で，小歯車の歯数を 60 として，大歯車の歯数と中心距離を求めよ。

〈ヒント〉 式 (9-9) から z_2 を，式 (9-10) より a を求める。

$$\text{(答)} \quad \begin{cases} z_2 = \underline{} \\ a = \underline{} \end{cases}$$

4 歯形曲線

① 一定の速度伝達比で回転する歯車では，歯の接点 C における (1   ) NN は，つねに定点 P (2   ) を通る。したがって，歯形曲線は，つねに接点における (3   ) NN が定点 P を通るような曲線でなければならない。

② 実際の歯形曲線は，(4   )，(5   )，(6   )，(7   ) などから，(8   ) 曲線と，(9   ) 曲線が使われる。中でもインボリュート歯形は，サイクロイド歯形に比べて，(10   ) がしやすく，(11   ) にすぐれ，中心距離が多少 (12   ) しても滑らかにかみあうなどの利点があり，(13   ) の歯車に広く用いられている。

5 インボリュート歯形

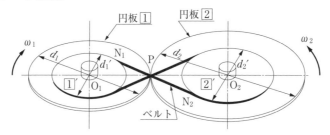

① 上図において，円板 ①′，②′ にベルトをクロスに巻きかけると，ベルトは円板の中心連絡線上のP点で交わる。下図のようにベルトを点Cで切断して円板 ①′ に巻き付けたり，巻き戻したりすると点Cは （**1** ） 曲線 DCE を描く。同様にベルトを ②′ に巻き付けたり，巻き戻したりすると点Cは （**2** ） 曲線 FCG を描く。二つの曲線は点Cで接触しており，接線 N_1N_2 は接点Cにおける2曲線の （**3** ） となる。

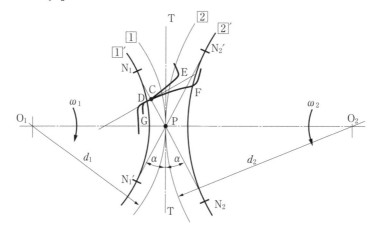

② 曲線 DCE と曲線 FCG は，円板 ①′，②′ の歯形曲線であり，歯の接点Cは円板の回転にともなって共通法線 N_1N_2 上を移動する。また，歯に作用する力はつねに N_1N_2 の方向に働くので，共通法線 N_1N_2 を （**4** ） という。

③ 点Pを接点とし，O_1，O_2 を中心とする円 ①，② を （**5** ） という。P点における両円の共通接線 TT と N_1N_2 または $N_1′N_2′$ とのなす角 α を （**6** ） という。

6 歯のかみあい

1 かみあい率

① 次頁の図(a)で，両歯車の歯先円が作用線を切り取る長さ $\overline{S_1S_2}$ を （**1** ） g_a といい，1組の歯は S_1 から S_2 まで （**2** ） を続ける。

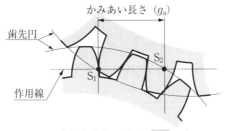

(a) かみあい長さ（$\overline{S_1 S_2} = g_a$）

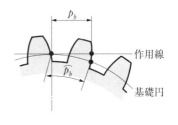

(b) 基礎円ピッチ（$p_b = \widehat{p_b}$）

② 図(b)のように，歯車の基礎円上で円弧に沿ってはかったピッチ
を（**3**　　　　　　　）p_b という。これは，基礎円の円周を歯
数で割った値と等しくなる。

③　かみあい長さ g_a を基礎円ピッチ p_b で割った値を
（**4**　　　　　　）といい，かみあい率が大きいほど力が
（**5**　　　）され，1枚の歯に加わる力の（**6**　　　　）が少な
くなるので，（**7**　　　）や（**8**　　　　）が少なく，
（**9**　　　）に余裕ができて歯車の（**10**　　　）が長くなる利
点がある。かみあい率はふつう（**11**　　　　　）くらいである。

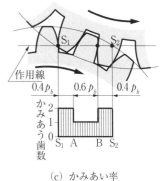

(c) かみあい率

④　かみあい率1.4というのは，基礎円ピッチ p_b の1.4倍の長さだけ（**12**　　　　　　　）が続けら
れることである。これは図(c)のように，1組の歯はつねにかみあっているが，かみあいのはじめ
と終わりの $0.4p_b$ の間は2組の（**13**　　　　）がかみあっていることを表す。

2　歯の干渉と切下げ

①　インボリュート歯車では，歯数が少ない場合や，歯数比がひじょうに（**1**　　　　　）場合に，
一方の歯先が相手の歯元にあたって回転ができないことがある。この現象を（**2**　　　　　　）と
いう。

②　歯車の切削をラック工具やホブで行うとき，歯数が少ないと干渉を起こして歯元を削り取るこ
とがある。これを（**3**　　　　　　）といい，歯元が弱くなるとともに，（**4**　　　　　　）率も小
さくなる。

③　圧力角が20°のインボリュート歯車では，歯の切下げ限界歯数は理論上17であるが，ラック
と小歯車などの場合を除いては，実用的に（**5**　　　　　）まで使ってさしつかえない。

7 標準平歯車と転位歯車

1　標準平歯車

①　歯車に互換性をもたせるためには，歯の（**1**　　　　　）と歯形曲線を決めておかなければな
らない。同じモジュールと圧力角のインボリュート歯車はたがいに（**2**　　　　　）が，歯数
によって個々の歯車の（**3**　　　）は違ってくる。

② 左下図で歯車②の基準円の半径を無限大にすると，基準円は直線になり，これを
（4　　　　　）という。インボリュート歯車のラックの歯形は（5　　　　　）になるので正確
につくりやすい。ラックを切れ刃に応用した刃物が（6　　　　　）やホブである。

③ ラック工具やホブを用いると，一つの工具でどのような歯数の歯車でも歯切りができ，たがい
に（7　　　　　）ることができる。そのため，（8　　　　），（9　　　　），歯たけ，
（10　　　　）を決めたラックを規定する。これを（11　　　　　）という。

④ 右下の図はJISの基準ラックである。圧力角が（12　　　　）の基準ラック歯形で各部の寸法
は（13　　　　　）を基準として決めている。

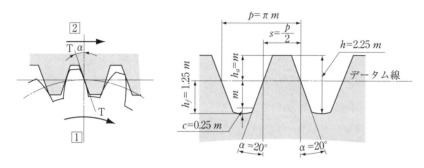

⑤ ラック工具の（14　　　　　）を歯
車の基準円に接して歯切りをした平歯車を，
（15　　　　　）という。歯数 z_1, z_2
の標準平歯車の各部の寸法は，モジュール
を基準として表のようになる。

⑥ 円弧歯厚 s は（16　　　　）の $\frac{1}{2}$ であ
る。しかし，実際には歯車の製作
（17　　　　），運転中の（18　　　　）・
（19　　　　），軸のたわみなどのために
歯がきしみあって正しいかみあいができな
い。歯車の回転を滑らかにするために，歯
と歯の間に多少のあそびがあるようにする。
これを（20　　　　　）という。
これは（21　　　　）を歯面にゆきわたらせるためにも必要である。

標準平歯車の寸法　　［単位　mm］

記号	名　　称	寸　　法
α	圧　力　角	$\alpha = 20°$
d	基 準 円 直 径	$d_1 = mz_1,\ d_2 = mz_2$
a	中 心 距 離	$a = \dfrac{d_1 + d_2}{2} = \dfrac{m(z_1 + z_2)}{2}$
h_a	歯 末 の た け	$h_a = m$
h_f	歯 元 の た け	$h_f = h_a + c = 1.25\,m$
c	頂 げ き	$c = 0.25\,m$
h	歯 た け	$h = 2.25\,m$
d_a	歯先円直径（外径）	$d_{a1} = d_1 + 2h_a = m(z_1 + 2)$ $d_{a2} = d_2 + 2h_a = m(z_2 + 2)$
p	ピ ッ チ	$p = \pi m$
s	円 弧 歯 厚	$s = \dfrac{p}{2} = \dfrac{\pi m}{2}$

問 5 モジュール4 mm，歯数32の標準平歯車の基準円直径と歯先円直径を求めよ。
〈ヒント〉 標準平歯車の寸法による。

（答）$\begin{cases} d = \underline{\hspace{3cm}} \\ d_a = \underline{\hspace{3cm}} \end{cases}$

問 6 中心距離 225 mm，速度伝達比 2，モジュール 5 mm の 1 組の標準平歯車を設計したい。
各歯車の歯数・基準円直径・歯先円直径を求めよ。

式 (9-9) より，$i = \dfrac{d_2}{d_1} = 2$　よって，$d_2 = 2d_1$

式 (9-10) より，$a = \dfrac{d_1 + d_2}{2} = \dfrac{\boxed{}}{\boxed{}} d_1 = 225$　から，$d_1 = \boxed{}$ [mm]

よって，$d_2 = 2d_1 = \boxed{}$ [mm]

式 (9-7) から，

$z_1 = \dfrac{d_1}{m} = \dfrac{\boxed{}}{\boxed{}} = \boxed{}$

$z_2 = \dfrac{d_2}{m} = \dfrac{\boxed{}}{\boxed{}} = \boxed{}$

(答)
$z_1 = \underline{}$
$z_2 = \underline{}$
$d_1 = \underline{}$
$d_2 = \underline{}$
$d_{a1} = \underline{}$
$d_{a2} = \underline{}$

前頁標準平歯車の寸法より，

$d_{a1} = m(z_1 + 2) = \boxed{} \times (\boxed{}) = \boxed{}$ [mm]

$d_{a2} = m(z_2 + 2) = \boxed{} \times (\boxed{}) = \boxed{}$ [mm]

2 転位歯車

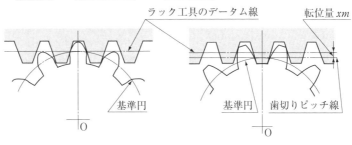

(a) 転位しない歯切り　　(b) 外側に転位した歯切り

① 歯数が少なく歯の切下げが起こる標準歯車では，図(b)のようにラック工具のデータム線を歯車の基準円から外側にずらして歯切りすると歯の切下げが起こらず歯元の厚い歯車をつくることができる。このデータム線をずらすことを（**1**　　　），できた歯車を（**2**　　　）といい，工具をずらした量を（**3**　　　）という。

② 転位量をモジュール m を基準として xm で表すとき，x を（**4**　　　）という。

③ ラック工具の歯先が切下げを起こさない限界 NS にあるときの転位係数 x_0 を（**5**　　　）といい，式 (9-11) から求められる。したがって，切下げを起こさないためには x の値は x_0 より大きくとればよい。

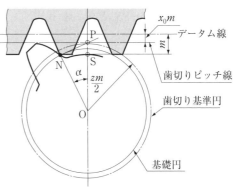

$$x_0 \fallingdotseq \frac{14 - z}{17}\quad (\text{工具圧力角 } 20°)\qquad (9\text{-}11)$$

4 平歯車の設計 　機械設計2　p.49〜65

1 歯の強さ

歯車の歯がじゅうぶん使用に耐えるためには，歯が（¹　　　　）たり，歯面の（²　　　　），歯面上に小さな穴が生じる（³　　　　　　）ができないようにしなければならない。

1 歯に働く力

$$P = Fv, \quad F = \frac{P}{v} \qquad\qquad (9-12)$$

　　P：伝達動力［W］，v：基準円の周速度［m/s］，F：基準円の接線方向に働く回転力［N］

2 歯の曲げ強さ

① 歯の曲げ強さは，歯先に集中荷重を受ける（¹　　　　　　）とみなして求める。最大曲げ応力は，BC と歯幅 b でつくる（²　　　　　）に生じるから次の式となる。

$$M = F_1 l = \sigma_F Z, \quad \sigma_F = \frac{F}{bm} Y$$

　　M：曲げモーメント［N·mm］

　　Z：断面係数［mm³］，σ_F：最大曲げ応力［MPa］

　　m：モジュール，b：歯幅［mm］

Y は（³　　　　　）といい，歯の（⁴　　　　）と（⁵　　　　　）との関連をつける量で，（⁶　　　　）・（⁷　　　　）などによって決まる。

② 歯車は，回転中の（⁸　　　　）の変動，（⁹　　　　）・（¹⁰　　　　　）の誤差によって衝撃的な荷重が歯に加わることがあるので，次の式から最大曲げ応力を求め，これが許容曲げ応力以内になるようにする。

$$\sigma_F = \frac{F}{bm} Y K_A K_V S_F \leq \sigma_{F\lim} \qquad (9-13)$$

$$F = \frac{\sigma_{F\lim} bm}{Y K_A K_V S_F} \text{（最大の円周力）} \qquad (9-14)$$

K_A：使用係数

K_V：動荷重係数（一般に 1.2）

S_F：安全率（≧ 1.2）

$\sigma_{F\lim}$：許容曲げ応力［MPa］

③ 歯幅 b とモジュール m との比（¹¹　　　）を（¹²　　　　　）という。

3 歯面強さ

① 歯面の接触圧力が大きいと，長く使用するうちに著しい（¹　　　　）や（²　　　　　　）などで歯面を損傷することがある。したがって，歯車の設計では歯面に加わる（³　　　　）の限界，すなわち歯面強さも考えなくてはならない。

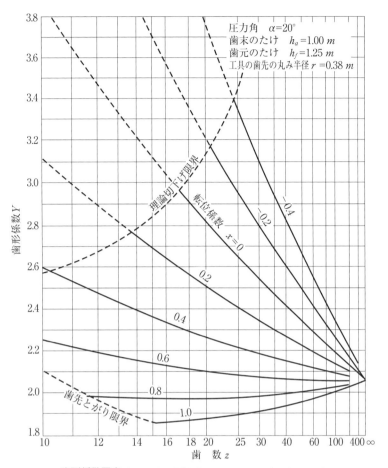

歯形係数図表（日本歯車工業会規格：JGMA6101-02（2007）による）

使用係数K_A

駆動機械		被動機械の運転特性			
運転特性	駆動機械の例	均一負荷	中程度の衝撃	かなりの衝撃	激しい衝撃
均一荷重	電動機，蒸気タービン，ガスタービン（発生する起動トルクが小さくてまれなもの）	1.00	1.25	1.50	1.75
軽度の衝撃	蒸気タービン，ガスタービン，油圧モータおよび電動機（発生する起動トルクがより大きく，しばしばあるもの）	1.10	1.35	1.60	1.85
中程度の衝撃	多気筒内燃機関	1.25	1.50	1.75	2.00
激しい衝撃	単気筒内燃機関	1.50	1.75	2.00	≧ 2.25

（JGMA 6101-02：2007による）

② 歯面の接触応力 σ_H [MPa] は，接触点における歯面の曲率半径を半径とする二つの接触円筒が接触線で一様に負荷されるものと考えられる。

これに，曲げ強さと同様に，(**4**   ) K_A，(**5**   ) K_V，(**6**   ) S_H，領域係数 (**7**   )，材料定数係数 (**8**   ) を導入して次のように表す。

$$\sigma_H = \sqrt{\frac{F}{d_1 b} \cdot \frac{u+1}{u}}\, Z_H Z_E \sqrt{K_A}\sqrt{K_V}\, S_H \leqq \sigma_{H\lim} \tag{9-15}$$

d_1：小歯車の基準円直径 [mm]，u：歯数比 $\dfrac{z_2}{z_1}$ $(z_1 \leqq z_2)$，Z_H：領域係数 2.49（$\alpha = 20°$ のとき），Z_E：材料定数係数，$\sigma_{H\lim}$：許容接触応力 [MPa]，S_H：歯面強さに対する安全率 $S_H = 1.0$

F を歯に加えられる最大の円周力とすれば，

$$F = \left(\frac{\sigma_{H\lim}}{Z_H Z_E}\right)^2 \frac{u}{u+1} \cdot \frac{d_1 b}{K_A K_V S_H^{\,2}} \tag{9-16}$$

表面硬化しない歯車の許容曲げ応力および許容接触応力

材料（矢印は参考）		硬さ		引張強さ下限[MPa]（参考）	許容曲げ応力 $\sigma_{F\lim}$ [MPa]	許容接触応力 $\sigma_{H\lim}$ [MPa]
		HB	HV			
鋳鋼	SC360			363 以上	71.2	335
	SC410			412 以上	82.4	345
	SC450			451 以上	90.6	355
	SC480			481 以上	97.5	365
	SCC3A	143 以上	—	520 以上	108	390
	SCC3B	183 以上	—	618 以上	122	435
機械構造用炭素鋼焼ならし	S25C / S35C / S43C / S48C / S53C / S58C	120	126	382	135	405
		130	136	412	145	415
		140	147	441	155	430
		150	157	471	165	440
		160	167	500	173	455
		170	178	539	180	465
		180	189	569	186	480
		190	200	598	191	490
		200	210	628	196	505
		210	221	667	201	515
		220	231	696	206	530
		230	242	726	211	540
		240	253	755	216	555
		250	263	794	221	565
機械構造合金鋼焼入れ焼戻し	SMn443 / SNC836 / SCM435 / SCM440 / SNCM439	230	242	726	255	700
		240	252	755	264	715
		250	263	794	274	730
		260	273	824	283	745
		270	284	853	293	760
		280	295	883	302	775
		290	305	912	312	795
		300	316	951	321	810
		310	327	981	331	825
		320	337	1010	340	840
		330	347	1040	350	855
		340	358	1079	359	870
		350	369	1108	369	885

（JGMA 6101-02（2007），JGMA 6102-02（2009）による）

材料定数係数 Z_E

| 歯 車 | | 相手歯車 | | 材料定数係数 |
材　料	縦弾性係数 E_1 [MPa]	材　料	縦弾性係数 E_2 [MPa]	Z_E [$\sqrt{\text{MPa}}$]
鋼	206×10^3	鋼	206×10^3	189.8
		鋳　鋼	202×10^3	188.9
		球状黒鉛鋳鉄	173×10^3	181.4
		ねずみ鋳鉄	118×10^3	162.0
鋳　鋼	202×10^3	鋳　鋼	202×10^3	186.0
		球状黒鉛鋳鉄	173×10^3	180.5
		ねずみ鋳鉄	118×10^3	161.5
球状黒鉛鋳鉄	173×10^3	球状黒鉛鋳鉄	173×10^3	173.9
		ねずみ鋳鉄	118×10^3	156.6
ねずみ鋳鉄	118×10^3	ねずみ鋳鉄	118×10^3	143.7

注　鋼は炭素鋼，合金鋼，窒化鋼およびステンレス鋼とする。

(JGMA 6102-02（2009）による)

4　歯の強さの計算

歯の計算にあたっては，円周力 F は，(^{1}　　　　　　　)と(^{2}　　　　　)の両方から計算できる。いずれを採用するかは，歯車の(^{3}　　　　)や使用条件で決める。歯車が全負荷で長時間(^{4}　　　　)するときは，(^{5}　　　　)に耐えなければならないし，材料の硬さが比較的低いときは，曲げ破損より(^{6}　　　　　)による破損が生じやすいので(^{7}　　　　)から，逆に材料がきわめて硬いときは，曲げ破損をすることがあるので，(^{8}　　　　)から計算する。

問 7　モジュール 4 mm，圧力角 20°，歯幅 35 mm で，次のような条件の標準平歯車の伝達動力を求めよ。歯車の材料は S43 C（HB 230）とし，小歯車は，$z_1 = 25$，$n_1 = 1200 \text{ min}^{-1}$，大歯車は，$z_2 = 76$ で，歯車の使用係数は 1.25 とする。

(1)　曲げ強さから円周力 F を求める。

$$\text{周速度 } v = \frac{\pi m z_1 n_1}{60 \times 10^3} = \boxed{}$$

$$= \boxed{} \text{ [m/s]}$$

(a)　小歯車　$\sigma_{F\lim} = 211$ MPa（p. 112 の表），$K_A = 1.25$，$K_V = 1.2$（p. 110 l23），$S_F = 1.2$（p. 110 l24），$Y = 2.65$（p. 111 の表の歯数 25，$x = 0$）とすれば，式（9-14）より，

$$F = \boxed{} = \boxed{} = \boxed{} \text{ [N]}$$

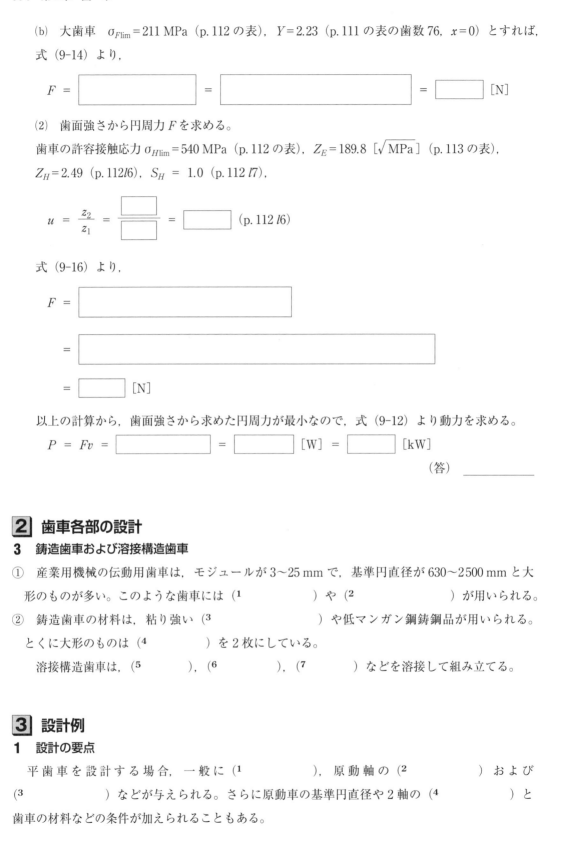

(b) 大歯車　$\sigma_{F\lim} = 211$ MPa（p. 112 の表），$Y = 2.23$（p. 111 の表の歯数 76，$x = 0$）とすれば，式（9-14）より，

$$F = \boxed{} = \boxed{} = \boxed{} \text{[N]}$$

(2) 歯面強さから円周力 F を求める。

歯車の許容接触応力 $\sigma_{H\lim} = 540$ MPa（p. 112 の表），$Z_E = 189.8 \left[\sqrt{\text{MPa}}\right]$（p. 113 の表），$Z_H = 2.49$（p. 112 $l6$），$S_H = 1.0$（p. 112 $l7$），

$$u = \frac{z_2}{z_1} = \frac{\boxed{}}{\boxed{}} = \boxed{} \quad (\text{p. 112 } l6)$$

式（9-16）より，

$$F = \boxed{}$$

$$= \boxed{}$$

$$= \boxed{} \text{[N]}$$

以上の計算から，歯面強さから求めた円周力が最小なので，式（9-12）より動力を求める。

$$P = Fv = \boxed{} = \boxed{} \text{[W]} = \boxed{} \text{[kW]}$$

（答）＿＿＿＿＿＿＿

2 歯車各部の設計

3 鋳造歯車および溶接構造歯車

① 産業用機械の伝動用歯車は，モジュールが 3～25 mm で，基準円直径が 630～2500 mm と大形のものが多い。このような歯車には（¹　　　　）や（²　　　　　　）が用いられる。

② 鋳造歯車の材料は，粘り強い（³　　　　　　　）や低マンガン鋼鋳鋼品が用いられる。とくに大形のものは（⁴　　　　）を 2 枚にしている。

　溶接構造歯車は，（⁵　　　　），（⁶　　　　　），（⁷　　　　）などを溶接して組み立てる。

3 設計例

1 設計の要点

　平歯車を設計する場合，一般に（¹　　　　　），原動軸の（²　　　　　）および（³　　　　　　）などが与えられる。さらに原動車の基準円直径や 2 軸の（⁴　　　　　）と歯車の材料などの条件が加えられることもある。

問 8　7.5 kW の動力を 250 min^{-1} の回転速度で伝える鋳鋼（SC450）製歯車において，歯の曲げ強さから歯幅を求めよ。ただし，歯車の歯数 100，使用係数 1.25，基準円直径は約 300 mm とする。

式（9-14）から，歯幅 $b = \dfrac{F}{\sigma_{Flim}m}YK_AK_VS_F$

このとき，周速度 $v=\dfrac{\pi dn}{60\times 10^3}$，円周力 $F=\dfrac{P}{v}$，許容曲げ応力 $\sigma_{Flim}=90.6$ MPa，モジュール $m=\dfrac{d}{z}$，歯形係数 $Y=2.18$，使用係数 $K_A=1.25$，動荷重係数 $K_V=1.2$，安全率 $S_F=1.2$（歯形係数図表（p.111），表面硬化しない歯車の許容曲げ応力および許容接触応力（p.112），材料定数係数（p.113）などの図表を参照）

（答）　_____

問 9　8 kW，750 min^{-1} の電動機の回転速度を 120 min^{-1} に減速する歯車を曲げ強さから設計せよ。中心距離を約 400 mm，大歯車は炭素鋼（S 43 C，HB 230）製，小歯車は Ni-Cr 鋼（SNC 836，HB 320）製，使用係数 1.25 の歯車とし，荷重は変動が少ないものとする。なお，歯幅係数 10，軸の許容ねじり応力 20 MPa とする。

（1）　軸　径

p.84 式（6-5）より，

$$d_{s1} = 36.5\sqrt[3]{\frac{P}{\tau_a n_1}} = \boxed{} = \boxed{}\ [\text{mm}] \risingdotseq \boxed{}\ [\text{mm}]$$

$$d_{s2} = 36.5\sqrt[3]{\frac{P}{\tau_a n_2}} = \boxed{} = \boxed{}\ [\text{mm}] \risingdotseq \boxed{}\ [\text{mm}]$$

キー溝の深さを調べ，それを計算値に加えて軸の規格（p.84）から軸径を求める。

（2）　モジュール

式（9-9）より，$i = \dfrac{n_1}{n_2} = \dfrac{d_2}{d_1}$

よって，$d_2 = \dfrac{n_1}{n_2}d_1 = \boxed{}\,d_1 = 6.25\,d_1$

式 (9-10) より, $a = \dfrac{d_1 + d_2}{2} = \dfrac{d_1 + 6.25\,d_1}{2} = 400$

から, $d_1 = $ $\boxed{}$ $= $ $\boxed{}$ $\fallingdotseq$ $\boxed{}$ [mm]

周速度を求めて円周力を式 (9-12) より求める.

周速度 $v = \dfrac{\pi d_1 n_1}{60 \times 10^3} = $ $\boxed{}$ $= $ $\boxed{}$ [m/s]

円周力 $F = \dfrac{P}{v} = $ $\boxed{}$ $= $ $\boxed{}$ [N]

$K_A = 1.25$　$K_V = 1.2$　$S_F = 1.2$, $b = Km = 10\,m$

① 小歯車について式 (9-14) から m を求める. Y は歯数が決まっていないが, およそ 20 ～ 30 くらいとして, p.111 の図表からその平均を求める.

$Y = $ $\boxed{}$, $\sigma_{F\mathrm{lim}} = 340\,\mathrm{MPa}$

$m = \sqrt{\dfrac{FYK_AK_VS_F}{10\,\sigma_{F\mathrm{lim}}}} = $ $\boxed{}$ $= $ $\boxed{}$ [mm]

$m = $ $\boxed{}$ mm とすると,

$z_1 = \dfrac{d_1}{m} = \dfrac{\boxed{}}{\boxed{}} = $ $\boxed{}$ となる.

ここで, 歯数 $z_1 = $ $\boxed{}$ の歯形係数は 2.3 (p.111 の図表) であり計算で用いた値 $\boxed{}$ より小さい値なので, m を計算しなおせばより小さい値になるから, このままでよい.

② 大歯車についても同様に m を求める.

$d_2 = 6.25\,d_1$ だから, $mz_2 = 6.25\,mz_1$ なので,

$z_2 = 6.25\,z_1 = $ $\boxed{}$ $= $ $\boxed{}$

歯数 $z_2 = $ $\boxed{}$ の $Y = 2.09$, $\sigma_{F\mathrm{lim}} = 211\mathrm{MPa}$

$m = \sqrt{\dfrac{FYK_AK_VS_F}{10\,\sigma_{F\mathrm{lim}}}} = $ $\boxed{}$ $= $ $\boxed{}$ [mm]

したがって, 小歯車と同様に m は $\boxed{}$ mm とする.

また, $d_2 = 6.25\,d_1 = $ $\boxed{}$ $= $ $\boxed{}$ $\fallingdotseq$ $\boxed{}$ [mm]

よって, $z_2 = \dfrac{d_2}{m} = \dfrac{\boxed{}}{\boxed{}} = $ $\boxed{}$

ここで, $m = $ $\boxed{}$ [mm], $d_1 = $ $\boxed{}$ [mm], $d_2 = $ $\boxed{}$ [mm]

$z_1 = $ $\boxed{}$, $z_2 = $ $\boxed{}$ と決める.

(3)　歯　幅

$K = 10$ から，$b = Km = 10 \times \boxed{} = \boxed{}$ ［mm］ であるが，一般に小歯車の歯幅は大歯車の歯幅よりいく分大きくする。また，歯の側面の面取りも考えて，次のように決める。

$b_1 = \boxed{}$ ［mm］，$b_2 = \boxed{}$ ［mm］

(4)　各部の寸法

規格をもとにして各部の寸法を決める（下表参照）。小歯車は円板状とする。

中心距離　$a = \boxed{} = \boxed{} = \boxed{}$ ［mm］

外径　$d_{a1} = \boxed{} = \boxed{} = \boxed{}$ ［mm］

$d_{a2} = \boxed{} = \boxed{} = \boxed{}$ ［mm］

歯底円直径　$d_{f1} = m(z_1 - 2.5) = \boxed{} = \boxed{}$ ［mm］

$d_{f2} = m(z_2 - 2.5) = \boxed{} = \boxed{}$ ［mm］

キーの寸法 ［mm］　小歯車：$\boxed{}$　　大歯車：$\boxed{}$　軸の溝 t_1 $\boxed{}$，ハブの溝 t_2 $\boxed{}$

（機械設計 2　p.248，付録 5，キーおよびキー溝の形状・寸法，参照）

大歯車はウェブ付き C 形とする。

ハブの外径　$d_{h2} = d_{s2} + 7t_2 = \boxed{} = \boxed{} \fallingdotseq \boxed{}$ ［mm］

ハブの長さ　$l_2 = b_2 + 2m + 0.04d_2 = \boxed{}$

$= \boxed{} \fallingdotseq \boxed{}$ ［mm］

リムの厚さ　$l_w = (2.5 \sim 3.15)m = 3.15m = 3.15 \times \boxed{} = \boxed{}$ ［mm］

リムの内径　$d_{i2} = d_{f2} - 2l_w = \boxed{} = \boxed{} \fallingdotseq \boxed{}$ ［mm］

ウェブの厚さ　$b_{w2} = (2.4 \sim 3)m = 3m = 3 \times \boxed{} = \boxed{}$ ［mm］

抜き穴の中心円の直径　$d_{c2} = 0.5(d_{i2} + d_{h2}) = \boxed{}$

$= \boxed{}$ ［mm］

抜き穴の直径　$d_{p2} = 0.25(d_{i2} - d_{h2}) = \boxed{} = \boxed{}$ ［mm］

抜き穴の数　$n = 4 \sim 6$，4 個とする。

［単位 mm］

歯 底 円 直 径	d_f	$d_f = m(z - 2.5)$
ハ ブ の 外 径	d_h	鋼製　$d_h = d_s + 7t_2$（t_2：ハブのキー溝の深さ）
ハ ブ の 長 さ	l	$l = b + 2m + 0.04d$
リ ム の 厚 さ	l_w	$l_w = (2.5 \sim 3.15)m$
リ ム の 内 径	d_i	$d_i = d_f - 2l_w$
ウ ェ ブ の 厚 さ	b_w	$b_w = (2.4 \sim 3)m$
抜き穴の中心円の直径	d_c	$d_c = 0.5(d_i + d_h)$
抜 き 穴 の 直 径	d_p	$d_p = 0.25(d_i - d_h)$
抜 き 穴 の 数	n	$n = 4 \sim 6$

5 その他の歯車　機械設計2　p.66〜69

1 はすば歯車

① 平歯車で動力を伝達するとき，かみあいは1枚の歯の全歯幅にわたって同時に行われるため，1枚の歯に加わる力は，（¹　　　　　）になり，（²　　　　　）・振動の原因となる。

② 平歯車の歯すじがつる巻き状になった歯車を（³　　　　　）という。このような歯車では（⁴　　　　　）が大きくなり，（⁵　　　　　）が小さく，（⁶　　　　　）もよく，大きな（⁷　　　　　）を円滑に伝えることができるから（⁸　　　　　）などに使われる。

しかし，平歯車より（⁹　　　　　）に手数がかかる。

③ はすば歯車の歯は軸に対して傾いている。この傾角 β を（¹⁰　　　　　）といい，歯の大きさを表すときや，歯切りのときに重要な角度である。β は，一般には（¹¹　　　　　）くらいが用いられる。

図のように，歯車の歯に働く力 F_n は，（¹²　　　　　）F と軸方向の力 F_a とに分けられる。F_a は歯車を軸方向に押す（¹³　　　　　）で，トルクが大きいほど大きくなる。

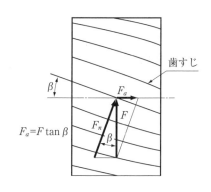

歯すじ

$F_a = F \tan \beta$

④ スラスト荷重を除くには，歯の傾きを対称にした2個の（¹⁴　　　　　）を組み合わせるか，山形の歯をつけた（¹⁵　　　　　）を用いる。⒂は，大動力の伝達用に用いられる。

⑤ はすば歯車の歯形基準平面には，歯すじに垂直な断面の（¹⁶　　　　　）と歯車の軸に垂直な断面の（¹⁷　　　　　）とがある。はすば歯車の計算式は下の表のようである。

はすば歯車の計算式

歯形基準平面		歯直角[1]	軸直角（正面）[2]
工具	歯 た け	$h = 2.25\,m_n$	
	モ ジ ュ ー ル	m_n	$m_t = \dfrac{m_n}{\cos \beta}$
	圧 力 角	α_n	$\tan \alpha_t = \dfrac{\tan \alpha_n}{\cos \beta}$
基 準 円 直 径		$d = \dfrac{m_n z}{\cos \beta}$	
歯 先 円 直 径		$d_a = d + 2\,m_n = m_n\left(\dfrac{z}{\cos \beta} + 2\right)$	
中 心 距 離		$a = \dfrac{d_1 + d_2}{2} = \dfrac{m_n(z_1 + z_2)}{2 \cos \beta}$	
歯 た け		$h = 2.25\,m_n$	

（図の左側）
軸直角歯形
進み角
歯直角歯形
h
d_a
d
ねじれ角 β 左

図では左ねじれの場合を示すが，これにかみあう歯車は右ねじれとなる。

注　(1) 歯直角歯形：歯すじに垂直な断面の歯形
　　(2) 軸直角歯形：歯車の軸に垂直な断面の歯形

2 かさ歯車

① たがいに交わる2軸の動力伝達には（^{1}　　　　　　）が使われる。これは円すい摩擦車の表面を基準面として歯をつけたもので，この基準面を（^{2}　　　　　　）という。

② かさ歯車は，歯すじの形によって，（^{3}　　　　　　），（^{4}　　　　　　），（^{5}　　　　　　）に分類される。とくに直交軸での歯数の等しい1組のものを（^{6}　　　　　　）といい，ピッチ角が90°のものを（^{7}　　　　　　）という。

③ かさ歯車の大きさは，（^{8}　　　　　　）での大きさで表す。速度伝達比 i は，平歯車と同様になる。

$$i = \frac{n_1}{n_2} = \frac{d_2}{d_1} = \frac{z_2}{z_1} = \frac{\sin\theta_2}{\sin\theta_1}$$

n：回転速度 [min^{-1}]
d：基準円直径 [mm]
z：歯数
θ：ピッチ角 [°]

3 ウォームギヤ

① おねじ状の歯車（^{1}　　　　）とこれにかみあう歯車（^{2}　　　　　　）との歯車の組み合わせを（^{3}　　　　　　）という。ウォームホイールの歯は，接触部分を大きくするために，ふつうはウォームを包むような形をしている。

② ウォームは歯を円筒にねじ状に巻き付けたものであるから，ウォームホイールの歯数によって100くらいの（^{4}　　　　　　）を得ることが容易である。

　このため，比較的小形の装置で（^{5}　　　　　　）をすることができるので，減速装置によく使われる。

③ 一般にウォームギヤは，（^{6}　　　　　）を駆動して（^{7}　　　　　　）を回転させる。逆にすると歯面の（^{8}　　　　）抵抗が大きくて回転しない。しかし，ウォームの条数を多くすると，（^{9}　　　　）が大きくなりウォームホイールを駆動してウォームを回転させる（^{10}　　　　　）に利用できる。

④ ウォームギヤの速度伝達比 i はウォームホイールの歯数をウォームの条数で割って求める。

$$i = \frac{n_1}{n_2} = \frac{z_2}{z_1}$$

n_1：ウォームの回転速度 [min^{-1}]
n_2：ウォームホイールの回転速度 [min^{-1}]
z_1：ウォームの条数
z_2：ウォームホイールの歯数

6 歯車伝動装置　機械設計2　p.70〜78

1 歯車列の速度伝達比

① 歯車伝動装置では，数個の歯車を順次かみあわせて用いる（^{1}　　　　　　）の伝動装置がある。

② 右図で，軸Ⅰと軸Ⅱの速度伝達比 i_1 は，

$$i_1 = \frac{n_\mathrm{I}}{n_\mathrm{II}} = \frac{z_2}{z_1}$$

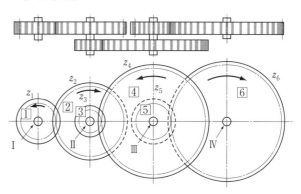

また，軸Ⅱと軸Ⅲの速度伝達比 i_2 は，$i_2 = \dfrac{n_\mathrm{II}}{n_\mathrm{III}} = \dfrac{z_3}{z_2}$
したがって，軸Ⅰと軸Ⅲの速度伝達比 i は

$$i = \frac{n_\mathrm{I}}{n_\mathrm{III}} = \frac{n_\mathrm{I}}{n_\mathrm{II}} \cdot \frac{n_\mathrm{II}}{n_\mathrm{III}} = \frac{\boxed{2}}{\boxed{3}} \cdot \frac{\boxed{4}}{\boxed{5}} = \frac{z_3}{z_1}$$

これは，① ③ 両歯車が直接かみあっている場合の速度伝達比と同じで，(6　　　　　　　)
② の歯数は全く関係がない。② のような歯車を (7　　　　　　) という。

③ 遊び歯車は，中間にいくつはいっても，両端の歯車の (8　　　　　　　　) はかわらない。し
かし，外かみあいの場合，両端の歯車の回転方向は，中間歯車の数が奇数のときは
(9　　　　　)，偶数のときは (10　　　　　　) となる。

④ 右図のように，中間軸Ⅱ，Ⅲには，そ
れぞれ違う二つの歯車を固定した歯車列
で，歯車 ① の回転を順次歯車 ⑥ まで伝
えている。この場合，歯車 ①，③，⑤
はそれぞれ歯車 ②，④，⑥ の原動歯車
となるから，軸Ⅰと軸Ⅳの速度伝達比 i
は，軸Ⅰと軸Ⅱの速度伝達比 i_1，軸Ⅱと
軸Ⅲの速度伝達比 i_2 および軸Ⅲと軸Ⅳ
の速度伝達比 i_3 の積で表される。

$$i_1 = \frac{n_\mathrm{I}}{n_\mathrm{II}} = \frac{z_2}{z_1} \qquad i_2 = \frac{n_\mathrm{II}}{n_\mathrm{III}} = \frac{\boxed{11}}{\boxed{12}}, \quad i_3 = \frac{n_\mathrm{III}}{n_\mathrm{IV}} = \frac{\boxed{13}}{\boxed{14}}$$

よって，$i = \dfrac{n_\mathrm{I}}{\cancel{n_\mathrm{II}}} \cdot \dfrac{\cancel{n_\mathrm{II}}}{\cancel{n_\mathrm{III}}} \cdot \dfrac{\cancel{n_\mathrm{III}}}{n_\mathrm{IV}} = \dfrac{n_\mathrm{I}}{n_\mathrm{IV}} = \dfrac{z_2}{z_1} \cdot \dfrac{z_4}{z_3} \cdot \dfrac{z_6}{z_5} = \dfrac{(15)}{(16)}$

$$= (17)$$

このような中間軸に (18　　　　　　) と (19　　　　　　) とを一体に取り付けた歯車列は，
歯車の組み合わせによって広い範囲の (20　　　　　　) を選ぶことができるから，工作機械
の主軸と送り軸の間の変速などに応用されている。

問 10 上の④の図で，$z_1 = 45$，$z_2 = 64$，$z_3 = 32$，$z_4 = 75$，$z_5 = 15$，$z_6 = 72$ である。歯車 ① の回転
速度が $1600\ \mathrm{min^{-1}}$ のとき，歯車 ⑥ の回転速度を求めよ。

〈ヒント〉 $\dfrac{n_\mathrm{I}}{n_\mathrm{IV}} = \dfrac{z_2}{z_1} \cdot \dfrac{z_4}{z_3} \cdot \dfrac{z_6}{z_5}$ から，n_IV を求める式を誘導する。

(答) ＿＿＿＿＿＿＿

問 11 右図の歯車列で，歯数 20 から 5 とびに 100 までの歯車が各 1 個ずつある。速度伝達比が 15 のときの各歯車の歯数を求めよ。

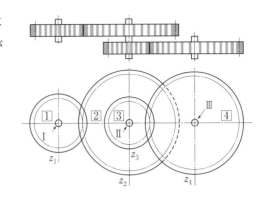

$i = i_1 \cdot i_2 = 15 = 3 \times 5$ として，

$$\frac{z_2}{z_1} = 3 = \frac{\boxed{}}{\boxed{}}$$

$$\frac{z_4}{z_3} = 5 = \frac{\boxed{}}{\boxed{}} \quad となる。$$

$$i = \frac{z_2}{z_1} \cdot \frac{z_4}{z_3} = \frac{\boxed{}}{\boxed{}} \times \frac{\boxed{}}{\boxed{}}$$

ここで，歯のかみあいを考え，二つの速度伝達比 i_1, i_2 を近づけるため分母を入れかえる。

（答） $z_1 = $ _____ ， $z_2 = $ _____ ， $z_3 = $ _____ ， $z_4 = $ _____

問 12 右図で，各歯車のモジュールは等しく，$z_1 = 25$, $z_2 = 75$, $z_3 = 30$ のとき，歯車 ① と ④ の速度伝達比を求めよ。

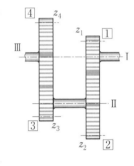

モジュールが等しいから，$z_1 + z_2 = z_3 + z_4$ がなりたつ。

$$z_4 = z_1 + z_2 - z_3 = \boxed{} = \boxed{}$$

よって，$i = \dfrac{従動歯車の歯数の積}{原動歯車の歯数の積} = \dfrac{\boxed{} \times \boxed{}}{\boxed{} \times \boxed{}}$

$$= \boxed{} \quad （答） \quad \text{_____}$$

問 13 右図で，ウォーム ⑤ の回転速度が $120 \ \mathrm{min^{-1}}$ のとき，ウォームホイール ⑥ と平歯車 ① の回転速度を求めよ。$z_1 = 20$, $z_2 = 36$, $z_3 = 16$, $z_4 = 32$, $z_5 = 3$ 条，$z_6 = 80$ とする。

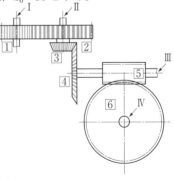

$$\frac{n_{\text{III}}}{n_{\text{IV}}} = \frac{z_6}{z_5} \quad から，\quad n_{\text{IV}} = n_{\text{III}} \frac{z_5}{z_6}$$

$$= \boxed{} \times \frac{\boxed{}}{\boxed{}}$$

$$= \boxed{} \ [\mathrm{min^{-1}}]$$

$$i = \frac{n_{\text{I}}}{n_{\text{IV}}} = \frac{z_2}{z_1} \cdot \frac{z_4}{z_3} \cdot \frac{z_6}{z_5} = \frac{36}{20} \times \frac{32}{16} \times \frac{80}{3} = 96$$

よって，$n_{\text{I}} = 96 \, n_{\text{IV}} = 96 \times \boxed{} = \boxed{} \ [\mathrm{min^{-1}}]$

（答） $\begin{cases} n_{\text{IV}} = \text{_____} \\ n_{\text{I}} = \text{_____} \end{cases}$

問 14　問 13 において，平歯車 ①が 1200 min⁻¹ で回転するとき，ウォームホイール⑥の回転速度を求めよ。

$$i = \frac{n_{\mathrm{I}}}{n_{\mathrm{IV}}}, \quad n_{\mathrm{IV}} = \frac{n_{\mathrm{I}}}{i} = \frac{\boxed{}}{\boxed{}} = \boxed{} \ [\mathrm{min^{-1}}]$$

（答）＿＿＿＿＿＿＿＿

② 平行軸歯車装置

工作機械や産業機械などの動力源は電動機であるが，電動機の回転速度は一般に決まっている。使用条件に応じた回転速度を得るためには，原動機との間に（¹　　　　　　　　）をかえられる（²　　　　　　　）が必要である。この装置には（³　　　　　　　）のほかに，（⁴　　　　　　），（⁵　　　　　　），ベルト・チェーンなどの（⁶　　　　　　　）などもある。

1　減速歯車装置

①　減速歯車装置は簡単で確実な装置である。平歯車式のものは大動力用に適する。1組の平歯車の減速は低速用で（¹　　　　）程度，高速用で（²　　　　）程度くらいまでであるから，大きい減速には（³　　　　　　）の減速とすることもある。一般には，かみあいが円滑で静かなことなどから（⁴　　　　　　　）が多く使われている。

②　ウォームギヤ式は，小形でしかも（⁵　　　　　　　）ができる特徴があるが，（⁶　　　　　　）が悪く，強力な伝動には（⁷　　　　　　）である。

2　変速歯車装置

原動軸の一定な回転速度を，歯車の切り換えによって，従動軸を複数の回転速度にかえる装置を（¹　　　　　　　　）という。従動軸の複数の回転速度の数列を（²　　　　　　）といい，工作機械や自動車などの速度列は，（³　　　　　　）になっている。

3　遊星歯車装置

右図のような歯車装置で，歯車①を固定し，腕 A を軸Ⅰのまわりに回転させると，歯車②は軸Ⅱを中心に自転しながら，歯車①のまわりを公転する。このような機構を（¹　　　　　　　）といい，歯車①を（²　　　　　），歯車②を（³　　　　　　）という。遊星歯車装置の歯車や腕の回転は次のような表にして求めるとよい。いま，歯車①，②の歯数をそれぞれ 80，20 とし，腕を 3 回転する間に歯車①を −2 回転したとして，歯車②の回転数を求めてみよう。

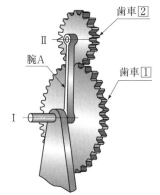

(1)　全体をのりづけして ＋3 回転（腕の回転数）する。

(2)　腕は必要回転したから，のりづけを解いて腕 A を固定し，歯車①を必要回転になるようにまわす（すでに，＋3 回転しているから −5 回転すると −2 回転になる）。

	A	①	②
(1)全体のりづけ			
(2)腕　固　定			
(3)正味回転数			

腕 A を固定して歯車 ① をまわせば，歯車 ② は歯数比に応じた回転（歯車 ① が 1 回転で歯車 ② は 4 回転逆転する），すなわち ＋20 回転する。

(3)　表の合計が腕および歯車 ①，② の回転である。

問 15　前頁の遊星歯車装置の図で，歯車 ①，② の歯数がそれぞれ 60，12 のとき，① を固定して腕 A を ＋5 回転すると，② は何回転するかを求めよ。

　〈ヒント〉　表をつくり(1)〜(3)の手順で表をうめていく。腕の回転数だけ全体のりづけでまわす。腕を固定してのりづけを解き，① が 0 になるように逆転する。② は歯数比に応じた回転をする。各列の(1)と(2)の合計が求める回転になる。

	A	①	②
(1)全体のりづけ			
(2)腕　固　定			
(3)正 味 回 転 数			

問 16　右図で，歯車 ①，②，②′，③ の歯数がそれぞれ 51，50，51，50 のとき，① を固定して腕 A を ＋1 回転すると，③ は何回転するかを求めよ。

　〈ヒント〉　回転方向の ＋，－ を間違わないように注意。

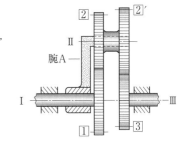

	A	①	② と ②′	③
(1)全体のりづけ				
(2)腕　固　定				
(3)正 味 回 転 数				

問 17　右図で，歯車 ①，②，③ の歯数をそれぞれ 60，20，100 とし，① を －1 回転すると同時に腕 A を －6 回転するとき，歯車 ②，③ はそれぞれ何回転するかを求めよ。

　〈ヒント〉　内歯車はかみあう歯車と回転方向が同じになることに注意する。歯車の数が 1 個多くなったが，表を作成していけば，比較的容易に解答でる。

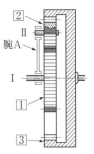

	A	①	②	③
(1)全体のりづけ				
(2)腕 固 定				
(3)正 味 回 転 数				

③ かさ歯車装置

四輪自動車の左右の駆動輪は自動車が直進するときは同じ回転速度であるが，旋回するときは外側の車輪は内側の車輪よりも速く回転しなければ，（**1**　　　　）を生じる。そのため自動車には内側の車輪の回転を遅くした分，外側の車輪の回転を（**2**　　　　）する装置がある。それが（**3**　　　　　　）で，右図のように減速小歯車 ①，減速大歯車 ② で構成される

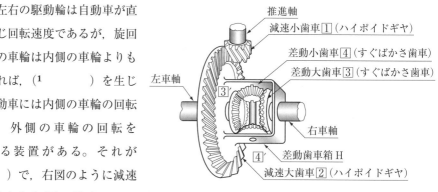

推進軸
減速小歯車 ①（ハイポイドギヤ）
差動小歯車 ④（すぐばかさ歯車）
差動大歯車 ③（すぐばかさ歯車）
左車軸
③
右車軸
④
差動歯車箱 H
減速大歯車 ②（ハイポイドギヤ）

（**4**　　　　　　　）と，外側の車輪を速くする分だけ内側の車輪を遅くする（**5**　　　　　　）で構成されている。

したがって，車体をジャッキで上げて駆動輪を無負荷とし，左側の車輪を手で回すと，右側の車輪は差動小歯車を介して（**6**　　　　　）に同じだけ回転する。走行中駆動輪の抵抗が左右等しいときは（**7**　　　　）回転速度で回転するが，いずれかの車輪に抵抗がかかると回転速度が低下し，その分（**8**　　　　）の車輪の回転が速くなる。

問18　右上の図において，左車輪がまったく回転できない状態になったときは，右車輪の回転はどうなるか。

〈ヒント〉　平常の場合は，エンジンからの回転がそのまま左右両輪に同じ大きさで伝達されている。もし何かの原因で左車輪が回転できなくなったとしても，右車輪は回転できるから，エンジンの動力はそのまま右車輪に伝えられる。差動歯車装置の原理から右車輪の回転を考えてみよう。

（答）

第10章　ベルト・チェーン

1 ベルトによる伝動　機械設計2　p.80〜94

1 ベルト伝動の種類

① 中心距離の大きい2軸に一対の（1　　　　　）を取り付け，これに（2　　　　　）を巻きか
けて動力を伝達する方法を（3　　　　　）という。かつては平ベルトによるものであった
が，滑りを少なくできる（4　　　　　）伝動が使われている。

② 屈曲性にすぐれている（5　　　　　）と，接触面積が大きく伝動能力にすぐれている
（6　　　　）の特徴をあわせもっているのが（7　　　　　）伝動である。これは
（8　　　　）の溝のあるプーリと，溝部に似た形状の（9　　　　）を設けたベルトがかみあっ
て動力伝達を行うため，プーリとの接触面積が大きく，高速で（10　　　　）の伝動が可能で
ある。

　ベルトの（11　　　　）を使用することができるため，Vベルトに比べて装置自体を小さくで
き，（12　　　　）でも使用できるので，近年（13　　　　　）をはじめさまざ
まな分野で普及している。

③ ベルトの裏側に歯をつけた（14　　　　　）は，かみあう（15　　　　　）による伝
動になるので，（16　　　）がなく，回転を（17　　　　）に伝えることができる。

　回転は滑らかで，高速でも（18　　　）や（19　　　）も少なく，（20　　　　　），（21　　　　），通信用機器，自動車などに広く使われている。

おもなVベルトの種類

一般用Vベルト	従来，最も多く使用されてきたが，最近は細幅Vベルトの採用が増えている。入手，交換が容易である。伝動時のベルト速度は最高30 m/s 程度である。
細幅Vベルト	一般用Vベルトと比較して，厚さが厚く，幅が狭い。一般用Vベルトに比べて性能が大幅に向上し，寿命も長く，同一の伝動条件ならば，装置を小形にでき，高速伝動にも適するなどの特徴をもつため，普及が拡大している。伝動時のベルト速度は最高40 m/s 程度である。
変速用Vベルト	ベルト式の無段変速装置に使用される。変速範囲を大きくするため，ベルトの幅が広く厚さが薄い。ベルトの底面は波形構造で屈曲性が高く，小径のプーリの溝にもよくなじむ特徴がある。
Vリブドベルト	複数の溝があるプーリとかみあって動力伝達を行うため，プーリの溝部に似た形状のリブを設けたベルト。プーリとの接触面積が大きく，高速で高効率の伝動が可能である。ベルトの背面を使用することができるため，Vベルトに比べて装置自体を小さくすることができ，多軸伝動でも使用できる特徴がある。伝動時のベルトの速度は最高50 m/s 程度である。

2 Vベルト伝動

① Vベルト伝動は，次のような特徴がある。

● （1　　　　　）の範囲が大きくとれる。

● （2　　　　　）を任意に決めることができる。

● 歯車の中心距離に比べて（3　　　　　）の精度が低くてもよい。

- (^{4}) が小さい。   ●ベルト交換などの (^{5}) が容易である。
- (^{6}) の必要がない。

② Vベルトは (^{7}) を主材料として継ぎ目のない環状に造られ，(^{8}) などを心線としている。Vベルトには，適正な張力が必要でこれを (^{9}) という。

③ 細幅Vベルトは，(^{10}) 種類がJISに規定され，(^{11}) で長さが定まる。

④ Vプーリは，一般に (^{12}) 製だが，高速用には (^{13}) 製もある。溝部の形状は，Vベルトの形状に合わせて (^{14})°であるが，大きな呼び外径ではこれより (^{15}) する。

問 1 歯車伝動を採用しないで，ベルト伝動にするのはどのような場合であるか調べよ。
　〈ヒント〉伝達トルク，騒音，軸間距離，メンテナンスなどを考えてみよう。

$$i = \frac{d_{e2}}{d_{e1}} = \frac{n_1}{n_2} \tag{10-1}$$

$$L = 2a + \frac{\pi}{2}(d_{e2} + d_{e1}) + \frac{(d_{e2} - d_{e1})^2}{4a} \tag{10-2}$$

$$v = \frac{\pi d_{e1} n_1}{60 \times 10^3} \tag{10-3}$$

i：回転比，a：軸間距離 [mm]
d_{e1}：原動プーリの呼び外径 [mm]
d_{e2}：従動プーリの呼び外径 [mm]
n_1：原動プーリの回転速度 [min^{-1}]
n_2：従動プーリの回転速度 [min^{-1}]
L：ベルトの長さ [mm]
v：ベルトの速度 [m/s]

問 2 Vベルト伝動装置において，原動プーリの呼び外径 $d_{e1}=125$ mm，従動プーリの呼び外径 $d_{e2}=200$ mm，軸間距離 $a=645$ mm とする。この場合のベルトの長さを求めよ。また，原動プーリの回転速度 n_1 が 1400 min^{-1} のとき，従動プーリの回転速度 n_2 を求めよ。
　式 (10-2) より，

$$L = 2a + \frac{\pi}{2}(d_{e2} + d_{e1}) + \frac{(d_{e2} - d_{e1})^2}{4a}$$

$$= \boxed{} + \boxed{} + \boxed{} = \boxed{} \text{ [mm]}$$

　式 (10-1) より，

$$i = \frac{d_{e2}}{d_{e1}} = \boxed{} = \boxed{}, \quad n_2 = \frac{n_1}{i} = \boxed{} = \boxed{} \text{ [min}^{-1}\text{]}$$

（答）$L = $＿＿＿＿＿，$n_2 = $＿＿＿＿＿

⑤ 細幅Vベルト伝動装置の設計では，一般に，(^{16})，(^{17})，原動軸の回転速度，回転比，おおよその軸間距離などから，ベルトとプーリを選定し (^{18}) を決定する。

$$P_d = K_0 P \qquad (10\text{-}4)$$

$$a = \frac{B + \sqrt{B^2 - 2(d_{e2} - d_{e1})^2}}{4} \qquad (10\text{-}5)$$

ただし, $B = L - \dfrac{\pi}{2}(d_{e2} + d_{e1})$

$$P_C = (P_S + P_a)K_\theta K_L \qquad (10\text{-}6)$$

$$Z = \frac{P_d}{P_C} \qquad (10\text{-}7)$$

P_d：設計動力〔kW〕

K_0：負荷補正係数

P：伝達動力〔kW〕

P_C：補正伝動容量〔kW〕

P_S：基準伝動容量〔kW〕

P_a：付加伝動容量〔kW〕

K_θ：接触角補正係数, K_L：長さ補正係数

Z：V ベルトの本数

表10-3 細幅 V ベルトの呼び番号と長さ

呼び番号	長さ〔mm〕		
	3V	5V	8V
425	1080	−	−
450	1143	−	−
475	1207	−	−
500	1270	1270	−
530	1346	1346	−
600	1524	1524	−
630	1600	1600	−

表10-7 プーリの最小呼び外径

ベルトの種類	プーリの最小呼び外径〔mm〕
3V	67
5V	180
8V	315

表10-8 細幅 V ベルトの接触角補正係数 K_θ

$d_{e2} - d_{e1}$ / a	原動 V プーリでの接触角 θ〔°〕	接触角補正係数 K_θ
0.00	180	1.00
0.10	174	0.99
0.20	169	0.97
0.30	163	0.96
0.40	157	0.94
0.50	151	0.93
0.60	145	0.91
0.70	139	0.89
0.80	133	0.87
0.90	127	0.85
1.00	120	0.82
1.10	113	0.80
1.20	106	0.77
1.30	99	0.73
1.40	91	0.70
1.50	83	0.65

表10-5 細幅 V プーリの呼び外径 〔単位 mm〕

呼び外径 d_e	直径 d_m
3V	
67	65.8
71	69.8
75	73.8
80	78.8
90	88.8
100	98.8
112	110.8
125	123.8
140	138.8
160	158.8
180	178.8
200	198.8
250	248.8
315	313.8
400	398.8

表10-9 細幅 V ベルトの長さ補正係数 K_L

ベルトの呼び番号	種類		
	3V	5V	8V
250	0.83	−	−
265	0.84		
280	0.85		
300	0.86		
315	0.87		
335	0.88	−	−
355	0.89		
375	0.90		
400	0.92		
425	0.93		
450	0.94		−
475	0.95		
500	0.96	0.85	
530	0.97	0.86	
560	0.98	0.87	
600	0.99	0.88	−
630	1.00	0.89	
670	1.01	0.90	
710	1.02	0.91	
750	1.03	0.92	

表10-10 細幅 V ベルトの基準伝動容量 Ps と付加伝動容量 P_a 〔単位 kW/本〕

種類	原動プーリの回転速度〔min^{-1}〕	P_S					P_a		
		原動プーリの有効直径〔mm〕					回転比		
		80	90	100	112	125	1.58〜1.94	1.95〜3.38	3.39以上
3V	575	0.78	0.97	1.16	1.39	1.64	0.09	0.09	0.10
	690	0.91	1.14	1.37	1.64	1.93	0.10	0.11	0.12
	725	0.95	1.19	1.43	1.71	2.02	0.11	0.12	0.13
	870	1.10	1.39	1.67	2.01	2.37	0.13	0.14	0.15
	950	1.19	1.50	1.80	2.17	2.56	0.14	0.16	0.17
	1160	1.40	1.77	2.14	2.58	3.05	0.17	0.19	0.20
	1425	1.66	2.11	2.55	3.08	3.63	0.21	0.23	0.25
	1750	1.96	2.50	3.03	3.66	4.32	0.26	0.29	0.30
	2850	2.86	3.67	4.47	5.39	6.35	0.43	0.47	0.50
	3450	3.28	4.22	5.12	6.17	7.24	0.52	0.57	0.60

補充問題 定格出力 $P = 1.0\,\mathrm{kW}$，原動プーリの回転速度 $n_1 = 1425\,\mathrm{min}^{-1}$ のモータを用い，従動プーリの回転速度 $n_2 = 370\,\mathrm{min}^{-1}$ の回転ポンプを運転する。軸間距離 $a \fallingdotseq 350\,\mathrm{mm}$，負荷補正係数 $K_0 = 1.3$ として，細幅 V ベルト（3 V 形）の V ベルト，V プーリを決めよ。

設計動力 式（10-4）より，

$$P_d = K_0 P = \boxed{} \times \boxed{} = \boxed{} \ [\mathrm{kW}]$$

V プーリの呼び外径 表 10-7 より，最小呼び外径は 67 mm なので，原動プーリの d_{e1} は表 10-5 から $d_{e1} = 80\,\mathrm{mm}$ とする。従動プーリの d_{e2} は，式（10-1）より，

$$d_{e2} = \frac{n_1}{n_2} d_{e1} = \boxed{} \times \boxed{} = \boxed{} \ [\mathrm{mm}]$$

表 10-5 から $d_{e2} = \boxed{}$ mm のプーリとする。

V ベルトの長さと軸間距離 式（10-2）より，

$$L = 2a + \frac{\pi}{2}(d_{e2} + d_{e1}) + \frac{(d_{e2} - d_{e1})^2}{4a} = 2 \times \boxed{} + \frac{\pi}{2} \times (\boxed{})$$
$$+ \frac{(\boxed{})^2}{4 \times \boxed{}} = \boxed{} \ [\mathrm{mm}]$$

表 10-3 から V ベルトは呼び番号 530，$\boxed{}$ mm とする。式（10-5）において，

$$B = L - \frac{\pi}{2}(d_{e2} + d_{e1}) = \boxed{} - \frac{\pi}{2} \times (\boxed{}) = \boxed{}$$

となるので，

$$a = \frac{B + \sqrt{B^2 - 2(d_{e2} - d_{e1})^2}}{4} = \frac{\boxed{} + \sqrt{\boxed{}}}{4}$$
$$= \boxed{} = \boxed{} \ [\mathrm{mm}]$$

V ベルトの本数 表 10-8 から，$\dfrac{d_{e2} - d_{e1}}{a} = \dfrac{\boxed{}}{\boxed{}} = \boxed{}$

より，接触角補正係数 $K_\theta = \boxed{}$ である。ベルトの呼び番号を $\boxed{}$ としたので，表 10-9 から，長さ補正係数 $K_L = \boxed{}$ である。表 10-10 から，原動プーリの回転速度 $n_1 = 1425\,\mathrm{min}^{-1}$ では，基準伝動容量 $P_S = \boxed{}$ kW，回転比は，式（10-1）より，$i = d_{e2} / d_{e1} = \boxed{} / \boxed{} = \boxed{}$ だから，付加伝動容量 $P_a = \boxed{}$ kW である。

V ベルト 1 本あたりの補正伝動容量 P_C は，式（10-6）より，

$$P_C = (P_S + P_a) K_\theta K_L = (\boxed{}) \times \boxed{} \times \boxed{} = \boxed{} \ [\mathrm{kW}]$$

となる。V ベルトの本数 Z は，式（10-7）より，

$$Z = \frac{P_d}{P_C} = \frac{\boxed{}}{\boxed{}} = \boxed{} \ \text{となるので，} \boxed{} \ \text{本とする。}$$

まとめ 細幅 V ベルト：3V 形，呼び番号 $\boxed{}$，本数 $\boxed{}$ 本

細幅 V プーリ：呼び外径 $d_{e1} = \boxed{}$ mm，$d_{e2} = \boxed{}$ mm

軸間距離：$a = \boxed{}$ mm

3 歯付ベルト伝動

① 一般用台形歯形歯付ベルトは，心線に（**1**　　　）や合成繊維などを使用した（**2**　　　）製で，継ぎ目なしの環状につくられている。ベルトの歯形は（**3**　　）種類で，（**4**　　　）と両面歯付がある。両面歯付ベルトには，ベルトの背面を利用した（**5**　　　　）や，ギヤのような（**6**　　　　）が可能などの特徴がある。

② 歯付ベルト伝動装置の設計では，一般に，（**7**　　　　），原動プーリの（**8**　　　　），（**9**　　　），およその（**10**　　　）などをもとに，細幅 V ベルトとほぼ同様の進めかたで設計を行う。

③ 一般用台形歯形歯付プーリは，ベルトと同様に（**11**　　）種類あり，歯形には（**12**　　　　）歯形と（**13**　　　）歯形がある。

$$z_2 = iz_1 \qquad (10\text{-}8)$$

$$b \geqq \frac{P_d}{\left(\dfrac{P_r}{25.4}\right)} \qquad (10\text{-}9)$$

$$P_r = 0.5236 \times 10^{-7} dnF_a \qquad (10\text{-}10)$$

z_1：原動プーリの歯数

z_2：従動プーリの歯数

i：回転比

b：ベルトの幅［mm］

P_d：設計動力［kW］

P_r：基準伝動容量［kW］，d：原動プーリのピッチ円直径［mm］，F_a：ベルトの許容張力［N］，n：原動プーリの回転速度［min⁻¹］

表 10-13　おもな一般用台形歯形歯付ベルトの長さと歯数

呼び長さ	ベルト長さ [mm]	種類 XL 歯数	L 歯数	H 歯数	XH 歯数	XXH 歯数	長さの許容差 [mm]
210	533.40	105	56	–	–	–	
220	558.80	110	–	–	–	–	
225	571.50	–	60	–	–	–	
230	584.20	115	–	–	–	–	
240	609.60	120	64	48	–	–	
250	635.00	125	–	–	–	–	± 0.61
255	647.70	–	68	–	–	–	
260	660.40	130	–	–	–	–	
270	685.80	–	72	54	–	–	
285	723.90	–	76	–	–	–	
300	762.00	–	80	60	–	–	

（JIS　B　1856：2018 による）

問 3 歯付ベルト伝動において，原動・従動プーリのピッチ円直径を $d_{e1}=22.64$ mm，$d_{e2}=45.28$ mm，軸間距離 $a \fallingdotseq 250$ mm としたときのベルトの長さを決めよ。

式（10-2）より，

$$L = 2a + \frac{\pi}{2}(d_{e2} + d_{e1}) + \frac{(d_{e2} - d_{e1})^2}{4a}$$

$$= \boxed{} + \boxed{} + \boxed{}$$

$$= \boxed{} \text{［mm］}$$

表 10-13 から，ベルトの長さは $\boxed{}$ mm とする。

（答）_____

2 チェーンによる伝動　機械設計2　p.95～104

① チェーン伝動は，チェーンを（¹　　　　　　　）に巻きかけて動力を伝達する。普通（²　　　　　　　）が使われるが，振動や騒音をきらう場合は（³　　　　　　　）が使われる。

② ローラチェーン伝動は，次のような特徴がある。

● （⁴　　　　　）がなく，（⁵　　　　　）や（⁶　　　　）を確実に伝えることができる。

● 比較的長い（⁷　　　　　　）の場合にも使用できる。

● （⁸　　　　　　）を必要としないので，ベルト伝動に比べて（⁹　　　　　）の負担が少ない。

③ スプロケットの歯形は JIS で規定されており（¹⁰　　　　　　），U 歯形，ISO 歯形がある。材料は，（¹¹　　　　）や（¹²　　　　）等を用いて製作されるため，歯数が少ないと（¹³　　　　　）が多く運動が円滑にならないので，最低（¹⁴　　　　）から最高（¹⁵　　　　）までで選定するが，通常は（¹⁶　　　　）にする。

④ チェーンを使う場合は，できるかぎり（¹⁷　　　　　）になるようにし，斜めにする場合は（¹⁸　　　　）以内に収める。チェーンの張り側を（¹⁹　　　　）に，緩み側を（²⁰　　　）にする。潤滑は，（²¹　　　　　　），（²²　　　　　　）や潤滑ポンプで（²³　　　　　　）を行う。また，装置全体を（²⁴　　　　）でおおう。

⑤ ローラチェーン伝動装置の設計では，一般に負荷変動，（²⁵　　　　　　），原動スプロケットの（²⁶　　　　　　），チェーンの（²⁷~²⁹　　　　　　　　　　），安全率などが与えられる。チェーンの種類は，一般に（³⁰　　　　　）が使われ，A 系 H 級と B 系がある。

⑥ チェーンは，（³¹　　　　　　）に応じた大きさのものを選び，（³²　　　　　　）の歯数や軸の（³³　　　　　　）からチェーンの（³⁴　　　　　　）を求める。

設計動力 $P_d = f_1 P$ 　　　　　　　(10-11)　　P_d：設計動力[kW]，P：伝達動力[kW]

チェーンの呼び番号とスプロケットの歯数　　　f_1：使用係数，i：回転比（≤ 7）

$$v_m = \frac{pzn}{60 \times 10^3}$$　　(10-12)　　v_m：チェーンの平均速度[m/s]

p：チェーンのピッチ[mm]

$$F = \frac{P_d \times 10^3}{v_m}$$　　(10-13)　　z：スプロケットの歯数

$$i = \frac{z_2}{z_1} = \frac{n_1}{n_2},\ z_2 = iz_1$$　　(10-14)　　z_1：原動スプロケットの歯数

z_2：従動スプロケットの歯数

スプロケットのピッチ円直径 d，外径 d_a　　n：スプロケットの回転速度[min⁻¹]

$$d = \frac{p}{\sin\dfrac{180°}{z}},\ d_a = p\left(0.6 + \cot\frac{180°}{z}\right)$$　　n_1：原動スプロケットの回転速度[min⁻¹]

n_2：従動スプロケットの回転速度[min⁻¹]

(10-15)　　F：チェーンの張り側の張力[N]

L_p：リンク数

チェーンのリンク数と軸間距離

$$L_p = \frac{2a}{p} + \frac{1}{2}(z_1 + z_2) + \frac{p(z_2 - z_1)^2}{4\pi^2 a}$$　(10-16)　　a：軸間距離 $=(30\sim50)\times p$[mm]

$$a = \frac{p}{4}\left(B + \sqrt{B^2 - \frac{2(z_2 - z_1)^2}{\pi^2}} \right), \quad B = L_p - \frac{1}{2}(z_1 + z_2) \qquad (10\text{-}17)$$

A系ローラチェーンの寸法と引張強さ

［単位 mm］

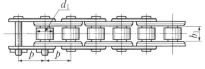

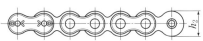

> 強力伝動には，これを何列も並べて，長いピンを通した多列ローラチェーンが用いられる。呼び番号 41 は 1 列にのみ用いられる。

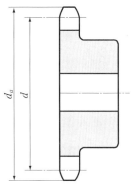

d：ピッチ円直径［mm］

d_a：外径［mm］

スプロケットのおもな寸法

呼び番号	ピッチ	ローラ外径 (最大)	内リンク内幅 (最小)	内リンクプレート 高さ (最大)	引張強さ (最小) [kN]
	p	d_1	b_1	h_2	
41 (085)	12.70	7.77	6.25	9.91	6.7
40 (08A)	12.70	7.92	7.85	12.07	13.9
50 (10A)	15.875	10.16	9.40	15.09	21.8
60 (12A)	19.05	11.91	12.57	18.10	31.3
80 (16A)	25.40	15.88	15.75	24.13	55.6
100 (20A)	31.75	19.05	18.90	30.17	87.0
120 (24A)	38.10	22.23	25.22	36.20	125.0
140 (28A)	44.45	25.40	25.22	42.23	170.0
160 (32A)	50.80	28.58	31.55	48.26	223.0

（ ）内の呼び番号は ISO 606 で規定している呼び番号を示す。（JIS B 1801 : 2014 による）

使用係数 f_1

負荷変動	使用機械の例	原動機の種類	モータまたはタービン	6 気筒未満の内燃機関
平滑な伝動	遠心ポンプおよびコンプレッサ，エスカレータ，印刷機，一定負荷のベルトコンベヤ，送風機		1.0	1.3
中程度の衝撃をともなう伝動	3 気筒以上のレシプロ式ポンプおよびコンプレッサ，コンクリートミキサ，負荷が一定していないコンベヤ		1.4	1.7
大きな衝撃をともなう伝動	平削盤，プレス，せん断機，2 気筒以下のポンプおよびコンプレッサ，掘削機，ロールミル		1.8	2.1

（JIS B 1810 : 2018 により作成）

問 4 チェーン伝動で，チェーンのピッチを 12.70 mm，原動スプロケットの歯数を 18，回転比を 1.5，軸間距離を約 400 mm とするとき，ローラチェーンのリンク数を求めよ。

式（10-14）より，$z_2 = iz_1 = \boxed{} \times \boxed{} = \boxed{}$

式（10-16）より，$L_p = \dfrac{2a}{p} + \dfrac{1}{2}(z_1 + z_2) + \dfrac{p(z_2 - z_1)^2}{4\pi^2 a}$

$\qquad = \boxed{} + \boxed{} + \boxed{}$

$\qquad = \boxed{}$

答 リンク数は ____ とする。

第11章 クラッチ・ブレーキ

1 クラッチ　機械設計2　p.106〜112

1 クラッチの種類

① クラッチは，しくみの違いによって，(^{1})・(^{2})・
(^{3}) などがある。

② クラッチの作動方式によって，(^{4})・(^{5})・
(^{6})・(^{7}) に分類される。

③ かみあいクラッチは，2軸に取り付けた (^{8}) をかみあわせて連結・切り離しを行う。
両軸の (^{9}) がよく一致している必要があり，回転軸がずれていると，(^{10}) が
摩耗したり，(^{11}) がはずれたりする。かみあわせは，(^{12}) か
(^{13}) のときだけに行う。

④ 摩擦クラッチは，2軸に取り付けた (^{14}) を押し付けて (^{15}) によって
動力を伝える。押し付ける力を調節し，摩擦面で (^{16}) を生じさせて，(^{17})
伝達をさせるための操作のことを (^{18}) という。

⑤ 電磁クラッチは，2軸に取り付けた (^{19}) を (^{20}) によって制御するの
で，原動側の (^{21}) を止めることなく連結・切り離しができる。(^{22}) が1
面のものを (^{23})，2面以上のものを (^{24}) という。

⑥ 自動クラッチは，(^{25}) が定められた条件を満たしたとき，(^{26}) に動
力の連結・遮断を行うもので，定トルク・(^{27})・(^{28}) クラッチなどがある。

⑦ 流体クラッチは，二つの (^{29}) を向かいあわせて，一方を回すと，他方が (^{30})
の力によって回りだす原理を応用したもので自動車などに使われている。

2 単板クラッチの設計

単板クラッチは，右図のように (^{1}) に円板
を取り付けたもので，(^{2}) の円板と軸は，
(^{3}) に滑らせて着脱する。設計上の留意点は，
次のとおりである。

● 摩擦面に加える (^{4}) を調節できるようにする。

● (^{5}) の交換・修理がしやすいようにする。

● (^{6}) が放散しやすい構造にする。

● 従動軸側の (^{7}) はできるだけ小さくする。

● 構造上，(^{8}) に押す力が作用するため，こ
れに耐える (^{9}) を設ける。

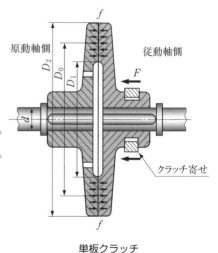

単板クラッチ

$$F = f\frac{\pi}{4}(D_2{}^2 - D_1{}^2) \qquad \text{(a)}$$

$$D_0 = \frac{D_1 + D_2}{2}$$

$$T = \mu F\frac{D_0}{2} = \mu F\frac{D_1 + D_2}{4} \qquad \text{(b)}$$

$$T = \frac{\pi\mu f}{16}(D_2 + D_1)^2(D_2 - D_1) \qquad \text{(11-1)}$$

f：摩擦面の平均圧力［MPa］$< f_a$

F：軸方向に摩擦面を押し付ける力［N］

D_1：摩擦面の内径［mm］

D_2：摩擦面の外径［mm］

D_0：摩擦面の平均直径［mm］

f_a：許容面圧［MPa］

T：摩擦抵抗のモーメント［N・mm］

μ：摩擦係数

摩擦係数・許容面圧の例

摩擦材料	摩擦係数（乾燥）μ	許容面圧 f_a［MPa］	許容温度［℃］
鋳　鉄	0.10〜0.20	0.93〜1.72	300
青　銅	0.10〜0.20	0.54〜0.83	150
焼結合金	0.20〜0.50	1.00〜3.00	350

注　相手材料は，鋳鉄または鋳鋼とする。

（日本機械学会編「機械工学便覧新版」による）

問 1 12 kW の動力を回転速度 300 min^{-1} で伝えている鋳鉄製単板クラッチの摩擦面の外径 D_2 と内径 D_1 を求めよ。なお，許容面圧を 1.5 MPa，$\dfrac{D_2}{D_1}=1.5$，摩擦係数を 0.2 とする。

式（6-2）より，

$$T = 9.55 \times 10^3\frac{P}{n} = 9.55 \times 10^3 \times \frac{\boxed{}}{\boxed{}} = \boxed{} \text{［N・mm］}$$

これらの値を式（11-1）に代入する。ただし，$\dfrac{D_2}{D_1}=1.5$ より，$D_2 = 1.5D_1$ となるので，

$$T = \frac{\pi\mu f}{16}(D_2 + D_1)^2(D_2 - D_1)$$

$$\boxed{} = \frac{\pi \times \boxed{} \times \boxed{}}{16} \times (1.5D_1 + D_1)^2(1.5D_1 - D_1)$$

$$= \boxed{} \times D_1{}^3$$

内径 D_1 を求めるので，$D_1 = \sqrt[3]{\dfrac{\boxed{}}{\boxed{}}} = \boxed{}$ ［mm］

よって，$D_1 = \boxed{}$ ［mm］とする。

外径 D_2 は，$D_2 = 1.5\,D_1 = 1.5 \times \boxed{} = \boxed{}$ ［mm］

（答）　内径 $D_1 = \underline{\boxed{}}$ mm，外径 $D_2 = \underline{\boxed{}}$ mm

2 ブレーキ　機械設計2　p.113〜120

1 摩擦ブレーキの種類

① ブレーキは，運動している機械を（**1**　　　　）や（**2**　　　　）させたり，（**3**　　　　）している状態を保持するための装置である。

② 摩擦ブレーキは（**4**　　　　）によることもあるが（**5,6**　　　　　　　　）が用いられる。

③ ブロックブレーキは，回転する（**7**　　　　　　　）に（**8**　　　　　　　　）を押し付けて制動するもので（**9**　　）ブロックブレーキと（**10**　　）ブロックブレーキに分けられる。

④ ブレーキドラムの（**11**　　　　）にある二つの（**12**　　　　　　　）を外側に押し広げるのが（**13**　　　　　）または内側ブレーキで，（**14**　　　　　　　）と同じしくみである。

⑤ 車輪とともに回転する円板をブレーキパッドではさむブレーキを（**15**　　　　　　）という。

⑥ 自動荷重ブレーキは，（**16**　　　　）を調節したり，任意の（**17**　　　　）に停止させることができ，（**18**　　　　）や（**19**　　　　　　）で使われる（**20**　　　　　　）がある。

⑦ ブレーキドラムに摩擦片を裏ばりした鋼帯を巻きかけて制動するのが（**21**　　　　　）である。

2 回生ブレーキ

① 回生ブレーキは，電車の駆動モータを（**1**　　　　）として使い，（**2**　　　　）エネルギーを（**3**　　　　）エネルギーにかえ，減速するブレーキである。

② 回生ブレーキは，（**4**　　　　）エネルギーの一部が再利用されるので，（**5**　　　　　　）に対応しており，（**6**　　　　　　）自動車などにも使われている。

3 ブロックブレーキの設計

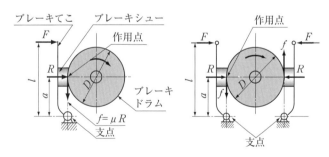

単ブロックブレーキ　　　　　　　複ブロックブレーキ

$$F = \frac{a}{l}R = \frac{fa}{\mu l} \qquad (11\text{-}2)$$

$$T = f\frac{D}{2} = \mu R\frac{D}{2} \qquad (11\text{-}3)$$

F：ブレーキてこに加える力〔N〕

f：摩擦力〔N〕（ブレーキ力），μ：摩擦係数

a：支点から R の作用点までの距離〔mm〕

l：ブレーキてこの長さ〔mm〕

$$p = \frac{R}{hb} \qquad (11\text{-}4)$$

$$\mu p v = \frac{P}{hb} \qquad (11\text{-}5)$$

T：ブレーキトルク［N・mm］

D：ブレーキドラムの直径［mm］

R：ブレーキシューがドラムを押し付ける力［N］

p：ブレーキシューの押付け圧力［MPa］

h：ブレーキシューの長さ［mm］

b：ブレーキシューの幅［mm］

v：ブレーキドラムの周速度［m/s］

P：単位時間あたりの摩擦仕事［W］

$\mu p v$：ブレーキ容量［MPa・m/s］

θ：接触角［°］

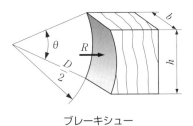

ブレーキシュー

問 2 前頁の図に示す単ブロックブレーキで，ブレーキてこの長さを1200 mm，支点から作用点までの長さを200 mmのブレーキてこに150 Nの力を加えた。摩擦係数を0.2として，このときのブレーキ力を求めよ。

式（11-2）の $F = \dfrac{fa}{\mu l}$ から，

$$f = \mu F \frac{l}{a} = \boxed{} \times \boxed{} \times \frac{\boxed{}}{\boxed{}} = \boxed{} \text{［N］} \quad \text{（答）} \underline{}$$

問 3 前頁の図に示す複ブロックブレーキで，ブレーキてこの長さを1200 mm，支点から作用点までの長さを300 mm，ブレーキてこに200 Nの力を加えた。ブレーキドラムの直径を400 mm，摩擦係数を0.2，許容押付け圧力を0.2 MPa，ブレーキシューの幅を30 mmとしたとき，ブレーキシューの長さおよびブレーキトルクを求めよ。

まず，ブレーキドラムに加わる力 R を求める。式（11-2）の $F = \dfrac{a}{l}R$ から，

$$R = \frac{l}{a}F = \frac{\boxed{}}{\boxed{}} \times \boxed{} = \boxed{} \text{［N］}$$

ブレーキシューの長さは，式（11-4）の $p = \dfrac{R}{hb}$ から，

$$h = \frac{R}{pb} = \frac{\boxed{}}{\boxed{} \times \boxed{}} = \boxed{} = \boxed{} \text{［mm］}$$

ブレーキトルク T は，複ブロックブレーキなので単ブロックブレーキの2倍のトルクとなる。式（11-3）から，

$$T = f\frac{D}{2} \times 2 = \mu R \frac{D}{2} \times 2 = \boxed{} \times \boxed{} \times \frac{\boxed{}}{2} \times 2$$

$$= \boxed{} \text{［N・mm］}$$

（答）　$h =$ _____，　$T =$ _____

第12章　ばね・振動

1 ば　ね　機械設計2　p.122〜131

① ばねが受ける荷重とたわみの比を（**1**　　　　　　）という。

② コイルばねの平均直径とばね材料の直径の比を（**2**　　　　　　）という。

③ コイルばねの総巻数から（**3**　　　　　　）を除いた巻数を（**4**　　　　　　）という。

$$c = \frac{D}{d},\ \tau = \kappa \frac{8WD}{\pi d^3} \quad (12\text{-}5)$$

$$\kappa = \frac{4c-1}{4c-4} + \frac{0.615}{c} \quad (12\text{-}6)$$

$$k = \frac{W}{\delta} = \frac{Gd^4}{8N_a D^3} \quad (12\text{-}10)$$

c：ばね指数，D：コイルの平均直径［mm］
d：ばね材料の直径［mm］
τ：ねじり修正応力［MPa］，κ：ねじり応力修正係数
k：コイルばねのばね定数，W：軸荷重［N］
δ：軸荷重 W のときのたわみ
G：横弾性係数［MPa］，N_a：有効巻数

問 1　3本の引張コイルばねをもつエキスパンダ（ばね材料の直径2 mm，コイルの平均直径18 mm，有効巻数250のばね3本を並列使用）がある。横弾性係数を78.5 GPaとして，次の値を求めよ。

(1) 1本のばねのばね定数は，式（12-10）より，

$$k = \frac{Gd^4}{8N_a D^3} = \frac{\boxed{} \times \boxed{}}{8 \times \boxed{} \times \boxed{}} = \boxed{} = \boxed{}\ [\text{N/mm}]$$

(2) エキスパンダに300 Nの力を加えたときの伸びは，式（12-10）の $W = F = k\delta$，δ 伸びたばね3本を並列使用時では，$3F = 3k\delta = 3 \times \boxed{} \times \delta = \boxed{}\ [\text{N}]$ だから，

$$\delta = \frac{\boxed{}}{3 \times \boxed{}} = \boxed{} = \boxed{}\ [\text{mm}]$$

（答）　(1)＿＿＿＿＿＿＿＿＿，　(2)＿＿＿＿＿＿＿＿＿

問 2　ばね材料の直径12 mm，コイルの平均直径100 mm，横弾性係数が78.5 GPaのばね鋼でできた有効巻数14の圧縮コイルばねに，荷重150 Nを加えたときのたわみと，このときのねじり修正応力を求めよ。

式（12-10）より，$k = \dfrac{Gd^4}{8N_a D^3} = \dfrac{\boxed{} \times \boxed{}}{8 \times \boxed{} \times \boxed{}} = \boxed{}\ [\text{N/mm}]$

$$\delta = \frac{W}{k} = \frac{\boxed{}}{\boxed{}} = \boxed{} \div \boxed{}\ [\text{mm}]$$

$$c = \frac{D}{d} = \frac{\boxed{}}{\boxed{}} = \boxed{} \text{なので，式（12-6）より，}$$

$$\kappa = \frac{4c-1}{4c-4} + \frac{0.615}{c} = \frac{4 \times \boxed{} - 1}{4 \times \boxed{} - 4} + \frac{0.615}{\boxed{}} = \boxed{}$$

式（12-5）より，$\tau = \dfrac{\kappa 8WD}{\pi d^3} = \dfrac{\boxed{} \times 8 \times \boxed{} \times \boxed{}}{\pi \times \boxed{}}$

$= \boxed{} = \boxed{}$ ［MPa］　　（答）＿＿＿＿＿＿＿＿

5 板ばね

$$\left.\begin{array}{l} \sigma_b = \dfrac{3Wl}{2Nbh^2} \\[3mm] \delta = \dfrac{3Wl^3}{8Nbh^3E} \end{array}\right\} \text{（重ね板ばね）}\quad (12\text{-}12)$$

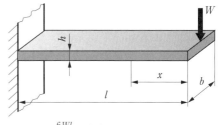

k：ばね定数，σ_b：曲げ応力［MPa］

δ：たわみ［mm］，W：荷重［N］，l：スパン［mm］

N：板の枚数，　b：板の幅［mm］，

h：板の厚さ［mm］，　E：縦弾性係数［MPa］

$\sigma = \dfrac{6Wl}{bh^2}$（固定端での応力），

$\delta = \dfrac{4l^3W}{bh^3E}$（自由端でのたわみ）

$k = \dfrac{W}{\delta} = \dfrac{bh^3E}{4l^3}$（自由端でのばね定数）

問 3 上図の片持板ばねで，板の長さ 500 mm，板の厚さ 6 mm，板の幅 100 mm，縦弾性係数 206 GPa，荷重 100 N のとき，ばね定数，最大曲げ応力，最大たわみを求めよ。

$k = \dfrac{bh^3E}{4l^3} = \dfrac{\boxed{} \times \boxed{} \times \boxed{}}{4 \times \boxed{}} = \boxed{} = \boxed{}$ ［N/mm］

$\sigma = \dfrac{6Wl}{bh^2} = \dfrac{6 \times \boxed{} \times \boxed{}}{\boxed{} \times \boxed{}} = \boxed{} = \boxed{}$ ［MPa］

$\delta = \dfrac{4l^3W}{bh^3E} = \dfrac{4 \times \boxed{} \times \boxed{}}{\boxed{} \times \boxed{} \times \boxed{}} = \boxed{} = \boxed{}$ ［mm］

（答）　$k = $＿＿＿＿，　$\sigma = $＿＿＿＿，　$\delta = $＿＿＿＿

問 4 下図の重ね板ばねで，板と板の間に摩擦がないものとして，スパン 500 mm，板の幅 200 mm，板の厚さ 15 mm，板の枚数 4，縦弾性係数 206 GPa，荷重 30 kN のとき，板に生じる最大曲げ応力と最大たわみを求めよ。

式（12-12）より，

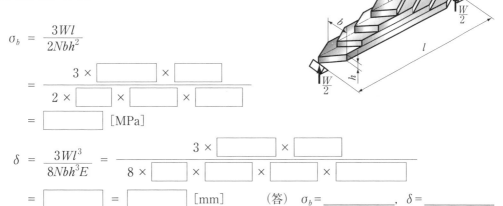

$\sigma_b = \dfrac{3Wl}{2Nbh^2}$

$= \dfrac{3 \times \boxed{} \times \boxed{}}{2 \times \boxed{} \times \boxed{} \times \boxed{}}$

$= \boxed{}$ ［MPa］

$\delta = \dfrac{3Wl^3}{8Nbh^3E} = \dfrac{3 \times \boxed{} \times \boxed{}}{8 \times \boxed{} \times \boxed{} \times \boxed{} \times \boxed{}}$

$= \boxed{} = \boxed{}$ ［mm］　　（答）　$\sigma_b = $＿＿＿＿，　$\delta = $＿＿＿＿

6 トーションバー

$$T = k_\tau \theta \qquad \text{(12-13)} \qquad T:ねじりモーメント[N・mm],\quad \theta:ねじれ角[rad]$$

$$k_\tau = \frac{GI_p}{l} \qquad \text{(12-14)} \qquad \begin{array}{l} k_\tau:ねじりのばね定数[N・mm/rad],\quad G:横弾性係数[MPa] \\ I_p:断面二次極モーメント[mm^4],\quad l:長さ[mm] \end{array}$$

問 5 右図のトーションバーで，材料の直径 6 mm，長さ 500 mm とする。このトーションバーのねじりのばね定数を求めよ。ただし，横弾性係数は 78.5 GPa とする。

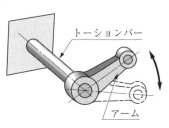

トーションバー

アーム

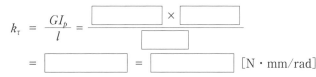

式 (12-14) より，

$$k_\tau = \frac{GI_p}{l} = \frac{\boxed{} \times \boxed{}}{\boxed{}}$$

$$= \boxed{} = \boxed{} \quad [\text{N・mm/rad}]$$

(答) _____

2 振 動　機械設計2　p. 132〜140

① 時間の正弦関数で表される点の運動を（**1**　　　　）という。

② 単振動において，往復運動する距離を $2r$ とするとき，r を（**2**　　　　）という。

③ 1 振動するための時間 T を（**3**　　　　），単位時間に行う振動の回数 f を（**4**　　　　）という。

④ 単振動をしている物体の角速度 ω を（**5**　　　　）または（**6**　　　　）という。

⑤ （**7**　　　　）とは，時間がたつにつれて振幅が小さくなる振動のことである。

$$T = \frac{2\pi}{\omega} \qquad\qquad \text{(12-16)} \qquad \begin{array}{l} \omega:角速度[rad/s] \\ T:周期[s] \end{array}$$

$$f = \frac{1}{T} = \frac{\omega}{2\pi} \qquad \text{(12-17)} \qquad f:振動数[Hz]$$

問 6 角速度 31.4 rad/s で単振動するときの周期を求めよ。

式 (12-16) より，$T = \dfrac{2\pi}{\omega} = \dfrac{2\pi}{\boxed{}} = \boxed{}$ [s]

(答) _____

問 7 周期 0.2 秒で単振動するときの振動数を求めよ。

式 (12-17) より，$f = \dfrac{1}{T} = \dfrac{1}{\boxed{}} = \boxed{}$ [Hz]

(答) _____

第13章 　圧力容器と管路

1 圧力容器 　機械設計2 　p.142〜150

1 圧力を受ける円筒と球 　　2 円筒容器

① 容器に密封された気体や液体の圧力は，すべての容器の内壁に（¹ 　　　　）に働く。容器の強さは，肉厚によって計算のしかたが違う。肉厚が（² 　　　　）に比べて小さい場合は薄肉円筒として計算する。

② 圧力容器に生じる応力には，（³ 　　　　）方向の応力と（⁴ 　　　）方向の応力とがある。

$$\sigma = \frac{pD}{2t}, \quad t = \frac{pD}{2\sigma} \quad \text{（薄肉円筒）（13-1）}$$

$$\sigma_D = \frac{pD_1{}^2(D_2{}^2 + D^2)}{D^2(D_2{}^2 - D_1{}^2)} \quad \text{（厚肉円筒）（13-3）}$$

$$\sigma_1 = \frac{p(D_2{}^2 + D_1{}^2)}{D_2{}^2 - D_1{}^2} \quad \text{（厚肉円筒）（13-4）}$$

$$\frac{D_2}{D_1} = \sqrt{\frac{\sigma_1 + p}{\sigma_1 - p}} \quad \text{（厚肉円筒）（13-5）}$$

σ ：円周方向の引張応力［MPa］

p ：円筒内の内圧［MPa］

D ：円筒の内径［mm］（薄肉円筒）

t ：肉厚［mm］

D_1：内径［mm］

D_2：外径［mm］

D ：応力を知りたい任意の位置の直径［mm］
（厚肉円筒）

薄肉円筒：$p \leqq 0.385\,\sigma_a \eta$ のとき，

$$t = \frac{pD}{2\sigma_a \eta - 1.2p} \quad \text{(13-6)}$$

厚肉円筒：$p > 0.385\,\sigma_a \eta$ のとき，

$$t = \frac{D}{2}\left(\sqrt{\frac{\sigma_a \eta + p}{\sigma_a \eta - p}} - 1\right) \quad \text{(13-7)}$$

σ_1：内壁に生じる円周方向の応力［MPa］

σ_D：直径 D の位置の円周方向の応力［MPa］

σ_2：外壁に生じる円周方向の応力［MPa］

σ_a：許容引張応力［MPa］

η ：継手効率

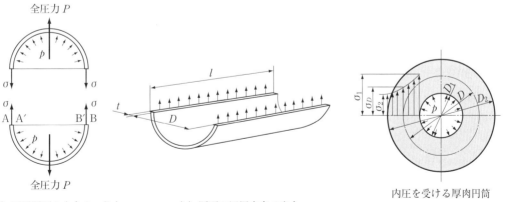

（a）円周断面の合力のつり合い 　　（b）断面の円周方向の応力

内圧を受ける薄肉円筒

内圧を受ける厚肉円筒

問 1 内径 1200 mm の薄肉円筒容器に，圧力 1.6 MPa のガスを封入するときの円筒の鋼板の厚さを求めよ。ただし，許容引張応力は 80 MPa とする。

式 (13-1) より，

$$t = \frac{pD}{2\sigma} = \frac{\boxed{} \times \boxed{}}{2 \times \boxed{}} = \boxed{} \; [\text{mm}]$$

(答) _____

問 2 容量が同じで，内径の大きいものと小さいものとの，二つの薄肉円筒容器がある。容器の鋼板の厚さが等しいものとすれば，いずれがじょうぶかを考えてみよ。

〈ヒント〉 式 (13-1) で考えてみよ。 (答) _____

問 3 内径 800 mm，外径 1200 mm の円筒に，圧力 10 MPa の流体を封入したとすれば，最大の円周方向の応力はいくらになるかを求めよ。

式 (13-4) より，

$$\sigma_1 = \frac{p(D_2{}^2 + D_1{}^2)}{D_2{}^2 - D_1{}^2} = \frac{\boxed{} \times (\boxed{} + \boxed{})}{\boxed{} - \boxed{}} = \boxed{} \; [\text{MPa}]$$

(答) _____

問 4 最高使用内圧 1 MPa の圧力円筒容器の内径を 1000 mm としたい。許容引張応力が 50 MPa の鋼板でつくるとき，肉厚を求めよ。ただし，継手効率は 95% とする。

$0.385\,\sigma_a\eta = 0.385 \times 50 \times 0.95 = 18.29 \fallingdotseq 18.3\,[\text{MPa}]$

$0.385\,\sigma_a\eta > p = 1\,\text{MPa}$ で薄肉円筒だから，式 (13-6) より，

$$t = \frac{pD}{2\sigma_a\eta - 1.2p} = \frac{\boxed{}}{\boxed{}} = \boxed{} \fallingdotseq \boxed{} \; [\text{mm}]$$

(安全を考え，計算値より厚くする。) (答) _____

問 5 8 MPa の内圧を受ける内径 100 mm の円筒容器の厚さを求めよ。ここで，許容引張応力は 20 MPa とし，継手効率 η は 95% とする。

$0.385\,\sigma_a\eta = 0.385 \times 20 \times 0.95 = 7.315 \fallingdotseq 7.32\,[\text{MPa}]$

$p = 8\,\text{MPa} > 0.385\,\sigma_a\eta$ で厚肉円筒だから，式 (13-7) より，

$$t = \frac{D}{2}\left(\sqrt{\frac{\sigma_a\eta + p}{\sigma_a\eta - p}} - 1\right) = \boxed{} \times \left(\boxed{}\right)$$

$$= \boxed{} \times \boxed{} = \boxed{} \fallingdotseq \boxed{} \; [\text{mm}]$$

(安全を考え，計算値より厚くする。) (答) _____

3 球形容器

$$t = \frac{pD}{4\sigma} \qquad (13\text{-}8)$$

薄肉球：$p \leqq 0.665\,\sigma_a\eta$　のとき，

$$t = \frac{pD}{4\sigma_a\eta - 0.4p} \qquad (13\text{-}9)$$

厚肉球：$p > 0.665\,\sigma_a\eta$　のとき，

$$t = \frac{D}{2}\left\{\sqrt[3]{\frac{2(\sigma_a\eta + p)}{2\sigma_a\eta - p}} - 1\right\} \qquad (13\text{-}10)$$

t：肉厚［mm］

p：球の内圧［MPa］

D：球の内径［mm］

σ：引張応力［MPa］

σ_a：許容引張応力［MPa］

η：継手効率

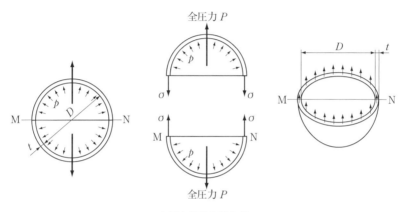

内圧を受ける薄肉球

問 6　圧力 1.6 MPa のガスを封入する薄肉球容器を，厚さ 12 mm，許容引張応力 80 MPa の鋼板でつくりたい。内径は最大いくらにすることができるか。

式 (13-8) から，

$$D = \frac{4t\sigma}{p} = \frac{4 \times \boxed{} \times \boxed{}}{\boxed{}} = \boxed{}\,[\text{mm}]$$

（答）_____

問 7　内径 1000 mm の球形容器で最高使用内圧を 1 MPa，許容引張応力が 50 MPa であるとき，その肉厚を求めよ。ただし，継手効率は 95 % とする。

$0.665\,\sigma_a\eta = 0.665 \times 50 \times 0.95 = 31.59 \fallingdotseq 31.6\,[\text{MPa}]$

$0.665\,\sigma_a\eta > p = 1\,\text{MPa}$ で薄肉球だから，式 (13-9) より，

$$t = \frac{pD}{4\sigma_a\eta - 0.4p} = \frac{\boxed{}}{\boxed{}} = \boxed{} \fallingdotseq \boxed{}\,[\text{mm}]$$

（安全を考え，計算値より厚くする。）　　　　　　　　　　　　（答）_____

問 **8**　内径 200 mm の球形容器で，最高使用内圧 20 MPa，許容引張応力 25 MPa であるとき，その肉厚を求めよ。ただし，継手効率は 95 % とする。

$$0.665\,\sigma_a\eta \;=\; 0.665 \times 25 \times 0.95 \;=\; 15.79 \;\doteqdot\; 15.8\,[\text{MPa}]$$

$p \;=\; 20\,\text{MPa} > 0.665\,\sigma_a\eta$ で厚肉球だから，式（13-10）より，

$$t \;=\; \frac{D}{2}\left\{ \sqrt[3]{\frac{2(\sigma_a\eta + p)}{2\sigma_a\eta - p}} \;-\; 1 \right\}$$

$$=\; \boxed{} \times \boxed{}$$

$$=\; \boxed{} \times \boxed{} \;=\; \boxed{} \;\doteqdot\; \boxed{} \;[\text{mm}]$$

（安全を考え，計算値より厚くする。）　　　　　　　　　　　　　　　（答）　_____

2 管　路　機械設計2　p.151〜160

2 管の寸法

$$D \;=\; 2 \times 10^3 \sqrt{\frac{Q}{\pi v_m}} \qquad (13\text{-}11)$$

D：管の内径　[mm]
Q：流量　[m³/s]
v_m：平均流速　[m/s]

① 管の肉厚 t [mm] は，内圧を受ける（^{1}　　　　　）として式（13-6）より求める。

② このとき，継目効率（継手効率）は，鍛接管では（^{2}　　　　　）とし，継目なし鋼管では（^{3}　　　　　）とする。

問 **9**　最高使用圧力 0.8 MPa，鋼板の許容引張応力 100 MPa のとき，内径 65 mm の継目なし鋼管の肉厚を求めよ。また，腐食を考慮して板厚は 1 mm 増すものとする。

〈ヒント〉　式（13-6）より求める。

（答）　_____

問 **10**　流量 7 m³/s，水圧 1 MPa の鋳鉄製導水管の肉厚を求めよ。平均流速は 3 m/s，許容引張応力は 25 MPa，継目効率は 80 % とする。

〈ヒント〉　式（13-11），式（13-6）より求める。

（答）　_____

第14章　構造物と継手

1　構造物　機械設計2　p.162〜169

① 機械構造物は，(**1**　　　　　　) と (**2**　　　　　　) とに分けられる。

② 骨組構造のうち，荷重と構造が同一平面上にあるものを (**3**　　　　　　) といい，棒状のものを (**4**　　　　) ，これを結合する部分を (**5**　　　) という。

③ 節点には，部材がたがいに回転できる (**6**　　　　) と，部材が固定された (**7**　　　) がある。

④ 部材を三角形に組み合わせて連結し，すべての節点が (**8**　　　) になっている構造物を (**9**　　　　) といい，これを支える支点は (**10**　　　　) であり，その位置が固定された (**11**　　　　) と，移動できる (**12**　　　　　) とがある。

⑤ トラスの各部材に生じる内力を図で表したものを (**13**　　　　) という。各部材が節点から押されているものを (**14**　　　) ，逆の力関係にあるものを (**15**　　　　) という。

問 1　下図(a)のトラスの荷重が 10 kN であるときの反力および部材の内力を求めよ。

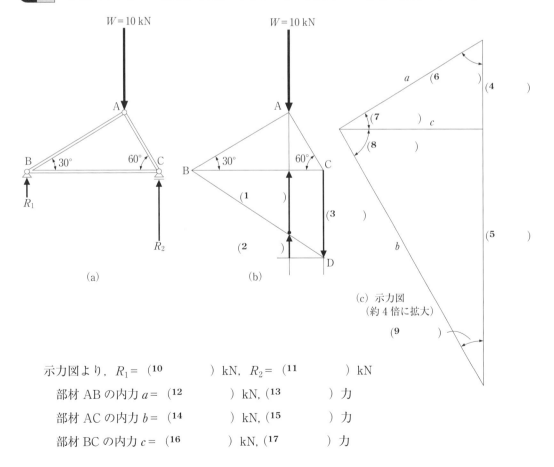

(a)　(b)　(c) 示力図（約 4 倍に拡大）

示力図より，$R_1 =$ (**10**　　　) kN，$R_2 =$ (**11**　　　) kN

　部材 AB の内力 $a =$ (**12**　　　) kN，(**13**　　　) 力

　部材 AC の内力 $b =$ (**14**　　　) kN，(**15**　　　) 力

　部材 BC の内力 $c =$ (**16**　　　) kN，(**17**　　　) 力

[〔(工業 710・711) 機械設計 1・2〕準拠

機械設計 1・2 演習ノート

表紙デザイン
キトミズデザイン

- ●編　者──実教出版編修部
- ●発行者──小田　良次
- ●印刷所──大日本法令印刷株式会社

●発行所──実教出版株式会社

〒102-8377
東京都千代田区五番町 5
電　話〈営業〉(03) 3238-7777
　　　　〈編修〉(03) 3238-7854
　　　　〈総務〉(03) 3238-7700
https://www.jikkyo.co.jp/

002402022

ISBN　978-4-407-36076-9

機械設計 1・2 演習ノート 実教出版株式会社

解 答 編　有効数字を 3 けたで丸めているので, 計算の仕方によって最後の値に差がでる場合がある。

注　解答番号が連続する場合は答は順不同となる。

第 1 章　機械と設計

1　機械のしくみ　p.5

1　機械と器具, 構造物のちがい

1　エネルギー・物質・情報
2　内部で形を変えたり伝えたり　3　出力
4　有効な仕事

問 1　扇風機, ベビーカー, 電子レンジ

2　機械のなりたち

1　エネルギー　2　変換・伝達部
3　目的の仕事をする　4　保持部

問 2

	コンピュータ	ドローン
入力部	キーボード, マウス	センサー 受信部
変換・伝達部	CPU 記憶装置	モータ フライト コントローラー
出力部	HDMI USB ディスプレイ プリンタ	ブレード (回転翼) ランプ
保持部	ケース	フレーム

3　機械のしくみ

1　相対運動　2　対偶
3, 4, 5　進み対偶, 回り対偶, ねじ対偶
6　機構　7　制御機構
8, 9　シーケンス, フィードバック

問 3　ペダルを踏む力で得る回転力をプロペラシャフトで後輪に伝える

問 4　エレベータ, 信号機, 掃除機, 自動販売機

問 5　エアコン, 電気こたつ, 冷蔵庫, 自動車

4　機械要素

1　機械要素　2　転がり軸受

問 6

締結	ねじ キー など
軸	軸 軸受 など
伝動	歯車 V ベルト など
エネルギーの吸収	ブレーキ など
流体	切削油の管路 管継手 バルブ など

2　機械設計　p.6

1　設計とは

1　機能設計　2　生産設計
3　工業デザイン　4　ユニバーサルデザイン

2　機械設計の進めかた

1　仕様　2　思考手段
3　プレゼンテーション　4　総合　5　解析
6　評価　7　最適化　8　設計解

問 7　総合：機械が仕様とおりの働きができるように, 機械要素・部品・ユニットなどを組み合わせて, 機械全体をまとめること。

解析：機械が仕様どおりの働きができるかどうかを調べること。機械や部品の強さ・剛性・精度・寿命などの検討が含まれる。

問 8　設計情報の伝達・保存・検索, 顧客へのプレゼンテーションや顧客の承認など。

3　コンピュータの活用

1, 2　期間の短縮, コストの縮小化
3　保管・分類・提示　4　技術計算や作図
5　モデリング　6　干渉　7　制御
8　CAD/CAM　9　CAE
10　製品の形状や強度　11, 12　組立の確認, 性能試験　13　設計業務
14　助け (支援)　15　創造性と経験

4　よい機械を設計するための留意点

1, 2, 3　安全・安心, 利便性, 環境

第 2 章　機械に働く力と仕事

1　機械に働く力　p.7

1　力

1　物体の運動状態　2　変形

2　力の表しかた

1, 2, 3　力の大きさ, 力が作用する点, 力の向き　4　ニュートン　5　kN　6　作用点
7　作用線　8　ベクトル

3　力の合成と分解

1　力の合成　2　合力　3　力の分解
4　分力

1 作図による力の合成

問1〜問4 次頁参照

2 作図による力の分解

1 直角分力

3 計算による力の合成

1 $\dfrac{1}{2}$ **2** $\dfrac{\sqrt{3}}{2}$ **3** $\dfrac{1}{\sqrt{2}}$

4 $\dfrac{\sqrt{3}}{2}$ **5** $\dfrac{1}{2}$ **6** $\dfrac{1}{\sqrt{2}}$

7 $\dfrac{1}{\sqrt{3}}$ **8** $\sqrt{3}$ **9** 1

練習問題

(1) ア 15.5° イ 82.1° ウ 52.2°

(2) ア 0.174 イ 0.906 ウ 1.111
　　エ 0.943 オ 0.606 カ 0.770

問5 合力の大きさ F

$$F = \sqrt{F_1{}^2 + F_2{}^2} = \sqrt{300^2 + 200^2}$$
$$= \sqrt{90000+40000} = \sqrt{130000}$$
$$= 360.6 = 361[\text{N}]$$

合力と 300 N の力とのなす角 α は,

$$\tan \alpha = \frac{F_2}{F_1} = \frac{200}{300} = 0.6667$$

よって, $\alpha = 33.69° = 33.7°$

問6 $F_X = F_1 + F_2 \cos \theta = 40 + 30 \times \cos 45°$
$$= 61.21[\text{N}]$$

$F_Y = F_2 \sin \theta = 30 \times \sin 45° = 21.21[\text{N}]$

$F = \sqrt{F_X{}^2 + F_Y{}^2} = \sqrt{61.21^2 + 21.21^2}$
$$= 64.78 = 64.8[\text{N}]$$

合力 F と F_1 のなす角 α は,

$$\tan \alpha = \frac{F_Y}{F_X} = \frac{21.21}{61.21} = 0.3465$$

よって, $\alpha = 19.11 = 19.1°$

4 計算による力の分解

1 $F \cos \alpha$ **2** $F \sin \alpha$

問7 $X_2 = \dfrac{F \sin \alpha}{\tan \theta} = \dfrac{200 \times \sin 20°}{\tan 70°}$
$$= 24.90[\text{N}]$$

$Y_2 = F \sin \alpha = 200 \times \sin 20° = 68.40[\text{N}]$

$F_1 = F_X - X_2 = F \cos \alpha - 24.90$
$$= 200 \times \cos 20° - 24.90 = 163[\text{N}]$$

$F_2 = \dfrac{Y_2}{\sin \theta} = \dfrac{68.40}{\sin 70°} = 72.79 = 72.8[\text{N}]$

4 力のモーメントと偶力

1 力のモーメント

1 力のモーメント **2** モーメントの腕

問8 $M = Fr = 150 \times 300 = 45000[\text{N·mm}]$

問9 $M = Fr = Fa \sin \theta$
$$= 200 \times 250 \times \sin 60° = 43300$$

$$= 43300[\text{N·mm}]$$

問10 $M_B = -F_2 a \sin \theta = -140 \times 80 \times \sin 60°$
$$= -9699 = -9700[\text{N·mm}]$$

問11 $M_1 = -80 \times 90 = -7200[\text{N·mm}]$

$M_{2x} = -40 \times 90 \times \cos 60°$
$$= -1800[\text{N·mm}]$$

$M_{2y} = 40 \times 120 \times \sin 60° = 4157[\text{N·mm}]$

$M = M_1 + M_2 = M_1 + M_{2x} + M_{2y}$
$$= -7200 + (-1800) + 4157$$
$$= -4843 = -4840[\text{N·mm}]$$

2 偶力

1 偶力 **2** 距離 **3** 偶力の腕

問12 $M = Fd = 100 \times 150 = 15000[\text{N·mm}]$

問13 両手で回す場合（偶力のモーメント）:

$$Fd = 15000[\text{N·mm}]$$

片手だけで回す場合のモーメント:

$$\frac{Fd}{2} = 7500[\text{N·mm}]$$

5 力のつり合い

1 1点に働く力のつり合い

1 つり合っている **2** つり合い **3** 向き

問14 45°のとき,

X 軸方向 　$F_1 \cos 45° - F_2 \cos 45° = 0$
　　　　　　　　$F_1 = F_2$ 　　　　　　①

Y 軸方向 　$F_1 \sin 45° + F_2 \sin 45° - 500 = 0$ ②

①と②より, 　$2 F_1 \sin 45° = 500$

$$F_1 = \frac{500}{2 \sin 45°} = 353.6 = 354[\text{N}]$$

$$F_2 = F_1 = 354[\text{N}]$$

60°のときも同様にすれば,

$$F_1 = \frac{500}{2 \sin 60°} = 288.7 = 289[\text{N}]$$

$$F_2 = 289[\text{N}]$$

2 作用点の異なる力のつり合い

問15 $100 \times 150 - F \times 200 = 0$

$$F = \frac{15000}{200} = 75[\text{N}]$$

6 重 心

1 重 心

1 重心 **2** 質量中心 **3** 図心

問16 左側の長方形

面積 $A_1 = 120 \times 250 = 30000[\text{mm}^2]$

重心 $G_1 = (x_1,\ y_1) = (60,\ 125)$

右側の長方形

面積 $A_2 = 140 \times 100 = 14000[\text{mm}^2]$

重心 $G_2 = (x_2,\ y_2) = (190,\ 50)$

図形全体の面積

$A = A_1 + A_2 = 44000[\text{mm}^2]$

問 1

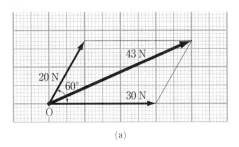

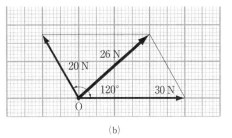

(a)   (b)

問 2

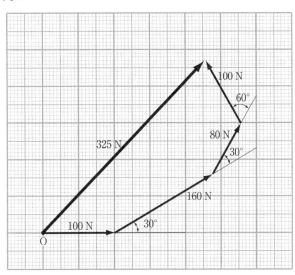

問 3

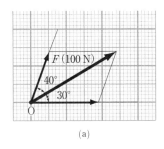

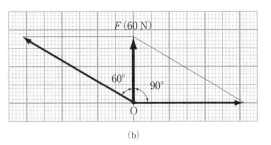

(a)   (b)

問 4

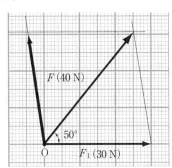

図形の重心

$$x = \frac{A_1 x_1 + A_2 x_2}{A}$$

$$= \frac{30\,000 \times 60 + 14\,000 \times 190}{44\,000}$$

$$= 101.4 = 101[\text{mm}]$$

$$y = \frac{A_1 y_1 + A_2 y_2}{A}$$

$$= \frac{30\,000 \times 125 + 14\,000 \times 50}{44\,000}$$

$$= 101.1 = 101[\text{mm}]$$

問17 点Bを原点とし，重心の座標を$G(x, y)$とすれば，

$$y_1 = y_2 = y = 175\,\text{mm}$$

$$A_1 = 350 \times 350 = 122\,500[\text{mm}^2]$$

$$A_2 = \frac{\pi \times 150^2}{4} = 17\,670[\text{mm}^2]$$

求める図形の面積：A_0

$$A_0 = A_1 - A_2 = 122\,500 - 17\,670$$

$$= 104\,800[\text{mm}^2]$$

$$x_1 = \frac{350}{2} = 175[\text{mm}]$$

$$x_2 = 350 - 120 = 230[\text{mm}]$$

　　よって，

$$x = \frac{A_1 x_1 - A_2 x_2}{A_0}$$

$$= \frac{122\,500 \times 175 - 17\,670 \times 230}{104\,800}$$

$$= 165.8 = 166[\text{mm}]$$

2　運　動　p.18

1　直線運動

1　変位と速度

1　変位　**2**　速度　**3**　ベクトル　**4**　速さ

5　等速直線運動　**6**　平均速さ　**7**　km/h

問18 $90[\text{km/h}] = \dfrac{90 \times 10^3[\text{m}]}{60 \times 60[\text{s}]}$

$$= 25[\text{m/s}]$$

問19 1時間50分：$\dfrac{110}{60}[\text{h}] = \dfrac{11}{6}[\text{h}]$

$$v = \frac{s}{t} = \frac{1041}{\frac{11}{6}} = 567.8 = 568[\text{km/h}]$$

2　加速度

1　加速度　**2**　等加速度　**3**　$1\,\text{m/s}^2$

問20 $a = \dfrac{v - v_0}{t} = \dfrac{22 - 10}{4} = 3[\text{m/s}^2]$

問21 $v = v_0 + at = 150 + 3 \times 5$

$$= 165[\text{m/s}]$$

飛行距離

$$s = v_0 t + \frac{1}{2}at^2 = 150 \times 5 + \frac{1}{2} \times 3 \times 5^2$$

$$= 787.5 = 788[\text{m}]$$

3　重力加速度

1　地球　**2**　引力　**3**　重力

4　重力加速度　**5**　等加速度運動

問22 $v = gt$ から，

$$t = \frac{v}{g} = \frac{10}{9.8} = 1.020 = 1.02[\text{s}]$$

問23 $h = \dfrac{1}{2}gt^2$ より，

2秒間のとき，

$$h_2 = \frac{1}{2} \times 9.8 \times 2^2 = 19.6[\text{m}]$$

3秒間のとき，

$$h_3 = \frac{1}{2} \times 9.8 \times 3^2 = 44.1[\text{m}]$$

最初の2秒から3秒までの間に落下する距離は，

$$h_3 - h_2 = 44.1 - 19.6 = 24.5[\text{m}]$$

2　回転速度

1　周速度

1　周速度　**2**　接線方向

2　角速度

1　角速度

3　回転速度

1　回転速度　**2**　s^{-1}

問24 $r = \dfrac{d}{2}$，$v = \dfrac{d}{2} \cdot \dfrac{2\pi n}{60}[\text{mm/s}]$

$$= \frac{\pi d n}{1 \times 10^3}[\text{m/min}]$$

$d = 80\,\text{mm}$ の位置

$$v = \frac{\pi \times 80 \times 250}{1 \times 10^3} = 62.83 = 62.8[\text{m/min}]$$

$d = 20\,\text{mm}$ の位置

$$v = \frac{\pi \times 20 \times 250}{1 \times 10^3} = 15.71 = 15.7[\text{m/min}]$$

問25 $\omega = \dfrac{v}{\frac{d}{2}} = \dfrac{200}{\frac{800}{2}} = 0.5[\text{rad/s}]$

4　向心加速度

1　向心力　**2**　向心加速度

問26 $r = 1.85[\text{m}]$

$$\omega = \frac{\theta}{t} = \frac{2\pi}{0.5}[\text{rad/s}]$$

$$a = 1.85 \times \left(\frac{2\pi}{0.5}\right)^2 = 292.1 = 292[\text{m/s}^2]$$

5　向心力と遠心力

問27 $\omega = \dfrac{v}{r} = \dfrac{3}{10} = 0.3[\text{rad/s}]$

$$F = mr\omega^2 = 50 \times 10 \times 0.3^2 = 45[\text{N}]$$

3　力と運動の法則　p.22

1　運動の法則

1　運動の第一法則（ニュートンの第一法則）

  1　運動の状態　**2**　慣性　**3**　慣性の法則

2　運動の第二法則（ニュートンの第二法則）

  1　加速度　**2**　比例　**3**　運動方程式

問28　$a = \dfrac{v - v_0}{t} = \dfrac{20 - 0}{5} = 4[\mathrm{m/s^2}]$

$F = ma = 20 \times 4 = 80[\mathrm{N}]$

問29　$F = ma$ から，

$m = \dfrac{F}{a} = \dfrac{50}{10} = 5[\mathrm{kg}]$

3　運動の第三法則（ニュートンの第三法則）

  1　力を働かせた　**2**　大きさ　**3**　向き

  4　作用反作用の法則

4　慣性力

  1　慣性力　**2**　mg

問30　ロープに働く張力：S

物体に作用する力：$F = 20 \times 0.3 \times 9.8$

$\qquad\qquad\qquad\qquad = 58.8[\mathrm{N}]$

物体に働く重力：$W = 20 \times 9.8 = 196[\mathrm{N}]$

$S - W - F = 0$

よって，$S = W + F$ より，

$S = 196 + 58.8 = 254.8 = 255[\mathrm{N}]$

問31　床を押す力：F_0

人に作用する力：$F = 50 \times 1.5 = 75[\mathrm{N}]$

人に働く重力：$W = 50 \times 9.8 = 490[\mathrm{N}]$

$F_0 - W + F = 0$ より，

$F_0 = W - F = 490 - 75 = 415[\mathrm{N}]$

問32　物体を引き上げる力：$F_0 = 170[\mathrm{N}]$

物体に作用する力：$F = 10a$

物体に働く重力：$W = mg = 10 \times 9.8$

$\qquad\qquad\qquad\qquad = 98[\mathrm{N}]$

$F_0 - W - F = 0$ より，$170 - W - 10a = 0$

よって，

$a = \dfrac{170 - 98}{10} = 7.2[\mathrm{m/s^2}]$

2　運動量と力積

1　運動量

  1　運動量　**2**　ベクトル

問33　$m = 30\,\mathrm{kg}$, $v = 20\,\mathrm{m/s}$,

$30 \times 20 = 600[\mathrm{kg \cdot m/s}]$

$m = 10\,\mathrm{kg}$, $v = 50\,\mathrm{m/s}$,

$10 \times 50 = 500[\mathrm{kg \cdot m/s}]$

2　力　積

  1　運動量　**2**　力　**3**　運動量　**4**　力積

3　衝撃力

1　衝撃力

問34　$v_0 = \sqrt{2gh} = \sqrt{2 \times 9.8 \times 3}$

$\qquad\quad = 7.668[\mathrm{m/s}]$

$F = m\dfrac{v - v_0}{t} = 400 \times \dfrac{0 - 7.668}{0.3}$

$\qquad = -10220[\mathrm{N}] \fallingdotseq -10.2[\mathrm{kN}]$

ここで，負号は，くいが運動と逆向きの力を受けていることを示す。

4　運動量保存の法則

  1　運動量保存

問35　$m_1v_1 + m_2v_2 = m_1v_1' + m_2v_2'$ より，

$m_1 = 150\,\mathrm{kg}$, $v_1 = 1.5\,\mathrm{m/s}$, $m_2 = 60\,\mathrm{kg}$,

$v_2' = (5 + 1.5)\mathrm{m/s}$ だから，

$150 \times 1.5 + 60 \times 1.5$

$\qquad = 150 \times v_1' + 60 \times (5 + 1.5)$

$v_1' = -0.5[\mathrm{m/s}]$，よって，ボートは進行方向と逆向きに 0.5 m/s で進む。

4　仕事と動力　p.26

1　仕　事

  1　仕事　**2**　1 N　**3**　1 m　**4**　F cos α

問36　$A = Fs = 600 \times 15 = 9000[\mathrm{J}]$

2　道具や機械の仕事

1　て　こ

  1　支点

問37　$\dfrac{W}{F} = \dfrac{a}{b} = \dfrac{1000}{250} = \dfrac{4}{1}$

$b = 1000 \times \dfrac{1}{5} = 200[\mathrm{mm}]$

問38　$\dfrac{W}{F} = \dfrac{a}{b}$ より，$\dfrac{1000}{250} = \dfrac{1000}{b}$

$b = 250[\mathrm{mm}]$

2　輪　軸

問39　$F = W\dfrac{d}{D} = 1200 \times \dfrac{80}{600}$

$\qquad = 160[\mathrm{N}]$

問40　$D = W\dfrac{d}{F} = \dfrac{dmg}{F}$

よって，

$D = \dfrac{100 \times 60 \times 9.8}{150} = 392[\mathrm{mm}]$

問41　$F = \dfrac{Wd}{D} = \dfrac{mgd}{D} = \dfrac{120 \times 9.8 \times 80}{600}$

$\qquad = 156.8 = 157[\mathrm{N}]$

$h = 200 \times \dfrac{\pi D}{\pi d} = 200 \times \dfrac{600}{80}$

$\qquad = 1500[\mathrm{mm}]$

3 滑　車

1 定滑車　**2** 動滑車　**3** $2h$

4 $\dfrac{1}{8}$　**5** $8h$

問42 $F = \dfrac{1}{6}W$

6 差動滑車

問43 $F = W\dfrac{D-d}{2D}$ から,

$$W = \dfrac{F \times 2D}{D-d} = \dfrac{100 \times 2 \times 300}{300 - 280}$$

$$= 3000[\mathrm{N}]$$

$$m = \dfrac{W}{g} = \dfrac{3000}{9.8} = 306.1$$

$$= 306[\mathrm{kg}]$$

問44 D の1回転で F がする仕事　πDF

その間に W がされた仕事 $\dfrac{\pi(D-d)}{2}W$

両者は等しいから,

$$\pi DF = \dfrac{\pi(D-d)}{2}W$$

$$F = W\dfrac{D-d}{2D}$$

したがって W が一定ならば, D が大きいほど, また, $D-d$ が小さいほど F は小さくてよいことになる。

4 斜　面

問45 $F = W\sin\theta = 100 \times \sin 30° = 50[\mathrm{N}]$

③ エネルギーと動力

1 エネルギーの種類

1 エネルギー　**2** ジュール

3 エネルギー保存の法則

2 機械エネルギー

1 運動エネルギー　**2** 位置エネルギー

3 機械エネルギー

問46 $E_k = \dfrac{1}{2}mv_0^2 = \dfrac{1}{2} \times 2 \times 100^2$

$$= 10000[\mathrm{J}]$$

$$= 10[\mathrm{kJ}]$$

4, 5 mgh, mgh_0

6 mgh　**7** mgh_0　**8** H

9 総エネルギー　**10** h　**11** 総エネルギー

12 エネルギー保存

3 動　力

1 動力　**2** ワット　**3** W

問47 $P = \dfrac{A}{t} = \dfrac{Fh}{t} = \dfrac{1000 \times 30}{5}$

$$= 6000[\mathrm{W}] = 6[\mathrm{kW}]$$

問48 仕事をした総時間数 $t[\mathrm{h}]$ は,

$$t = (1日の稼働時間) \times (日数) = 8 \times 6$$

$$= 48[\mathrm{h}]$$

よって, $P = \dfrac{A}{t}$ から,

$$A = Pt = 15 \times 48 = 720[\mathrm{kW \cdot h}]$$

5　摩擦と機械の効率　p.33

① 摩　擦

1 摩　擦

1 滑り摩擦

1 滑り摩擦　**2, 3** 静摩擦, 動摩擦

4 静摩擦　**5** 静摩擦力　**6** 最大静摩擦力

7 垂直力　**8** 静摩擦係数　**9** 摩擦角

問49 $\rho = \tan^{-1}\mu_0 = \tan^{-1}0.25 = 14.04$

$$= 14.0°$$

問50 $\mu_0 = \tan 20° = 0.3640 = 0.364$

問51 $\mu_0 = \tan\rho$ から傾角 ρ を求める。

$\rho = \tan^{-1}0.4 = 21.80 = 21.8[°]$

$f_0 = \mu_0 R = \mu_0 W\cos\rho$ より, $W = mg$ だから,

$f_0 = 0.4 \times 10 \times 9.8 \times \cos 21.80°$

$$= 36.40 = 36.4[\mathrm{N}]$$

10 動摩擦　**11** 動摩擦係数

問52 物体に働く斜面に平行な力は, $P - f'$ である。

$W = mg = 5 \times 9.8 = 49[\mathrm{N}]$

$P - f' = W\sin\rho - \mu W\cos\rho$

$$= 49 \times \sin 30° - 0.2 \times 49 \times \cos 30°$$

$$= 16.01 = 16.0[\mathrm{N}]$$

2 転がり摩擦

1 転がり摩擦　**2** rR

問53 $F = \dfrac{86 \times 10^3}{10 \times 10^3} \times 150 = 1290[\mathrm{N}]$

$$= 1.29[\mathrm{kN}]$$

② 機械の効率

1 仕事と効率

1 仕事　**2** 消耗仕事　**3** 効率

4 有効仕事　**5** 消耗仕事

問54 荷物を引き上げるのに必要な動力は,

$$P = \dfrac{A}{t} = \dfrac{Fh}{t} = \dfrac{3500 \times 9.8 \times 2}{10}$$

$$= 6.860[\mathrm{kW}]$$

10 kW の動力のウインチを使用したのだから,

$$\eta = \dfrac{6.860}{10} \times 100 = 68.6[\%]$$

第3章 材料の強さ

1 材料に加わる荷重 p.36

1 荷 重

1 部材 **2** 外力 **3** 荷重

1 作用による荷重の分類

1 引張荷重 **2** 圧縮荷重 **3** せん断荷重
4 曲げ荷重 **5** ねじり荷重

2 速度による荷重の分類

1 静荷重 **2** 動荷重 **3** 繰返し荷重
4 片振荷重 **5** 両振荷重（交番荷重）
6 衝撃荷重

2 引張・圧縮荷重 p.36

1 外力と材料

1 荷重 **2** 抵抗する

2 応力とひずみ

1 応 力

1 内力（W_1） **2** 応力 **3** 1
4 引張応力 **5** 圧縮応力 **6** 垂直応力

問1 $W = 50[\text{kN}] = 50 \times 10^3[\text{N}]$

$A = \dfrac{\pi}{4} d^2 = \dfrac{\pi}{4} \times 60^2 = 900\,\pi$

$\quad = 2827[\text{mm}^2]$

$\sigma = \dfrac{W}{A} = \dfrac{50 \times 10^3}{900\,\pi} = 17.68 = 17.7[\text{MPa}]$

問2 $W = \sigma A = 80 \times (60 \times 40)$

$\qquad\qquad = 192 \times 10^3[\text{N}] = 192[\text{kN}]$

2 ひずみ

1 ひずみ **2** 引張ひずみ **3** 圧縮ひずみ
4 縦ひずみ

問3 $\varepsilon = \dfrac{\Delta l}{l} = \dfrac{1.65}{5.5 \times 10^3} = 0.0003 = 0.03[\%]$

問4 $\varepsilon = 0.05\% = 0.0005$

よって，$\Delta l = \varepsilon l = 0.0005 \times 2 \times 10^3 = 1[\text{mm}]$

3 応力－ひずみ線図

1 試験前のもとの断面積 **2** 公称応力
3 比例限度 **4** 弾性 **5** 弾性限度
6 弾性 **7** 永久ひずみ **8** 塑性
9 塑性変形 **10** 降伏 **11** 降伏点
12 耐力 **13** 極限強さ **14** 引張強さ

3 縦弾性係数

1 フックの法則 **2** ヤング率

問5 $E = \dfrac{Wl}{A\Delta l} = \dfrac{30 \times 10^3 \times 3 \times 10^3}{16 \times 20 \times 1.4}$

$\qquad = 200.9 \times 10^3[\text{MPa}] = 201[\text{GPa}]$

問6 $E = \dfrac{Wl}{A\Delta l} = \dfrac{20 \times 10^3 \times 1 \times 10^3}{\dfrac{\pi}{4} \times 50^2 \times 0.05}$

$\qquad = 203.7 \times 10^3[\text{MPa}] = 204[\text{GPa}]$

問7 $\Delta l = \dfrac{Wl}{AE} = \dfrac{1 \times 10^3 \times 2 \times 10^3}{15 \times 206 \times 10^3}$

$\qquad = 0.6472 = 0.647[\text{mm}]$

問8 $\Delta l = \dfrac{Wl}{AE} = \dfrac{2 \times 10^3 \times 1.5 \times 10^3}{\dfrac{\pi}{4} \times 12^2 \times 192 \times 10^3}$

$\qquad = 0.1382 = 0.138[\text{mm}]$

3 せん断荷重 p.39

1 せん断

1 せん断

2 せん断応力

1 せん断応力

問9 $A = \dfrac{\pi}{4} d^2$

$\tau = \dfrac{W}{A} = \dfrac{4W}{\pi d^2} = \dfrac{4 \times 10 \times 10^3}{\pi \times 16^2}$

$\qquad = 49.74 = 49.7[\text{MPa}]$

$W = A\tau = \dfrac{\pi}{4} d^2 \tau = \dfrac{\pi}{4} \times 16^2 \times 80$

$\qquad = 16.08 \times 10^3[\text{N}] = 16[\text{kN}]$（最大値のため数値を切り捨て処理）

3 せん断ひずみ

1 せん断変形 **2** せん断ひずみ

4 横弾性係数

1 横弾性係数 **2** 半分以下

問10 $W = 20[\text{kN}] = 20 \times 10^3[\text{N}]$

$G = 80[\text{GPa}] = 80 \times 10^3[\text{MPa}]$

$\gamma = \phi = \dfrac{W}{AG} = \dfrac{20 \times 10^3}{640 \times 80 \times 10^3} = \dfrac{1}{2560}$

$\qquad = 0.3906 \times 10^{-3} = 0.391 \times 10^{-3}$

4 温度変化による影響 p.41

1 熱応力

1 膨張 **2** 圧縮応力 **3** 収縮
4 引張応力 **5** 熱応力 **6** 温度差

2 線膨張係数

1 線膨張係数 **2** 無関係 **3** 線膨張係数

問11 $\sigma = E\alpha \, (t' - t)$

$\qquad = 205 \times 10^3 \times 11 \times 10^{-6} \times (50 - 20)$

$\qquad = 67.65 = 67.7[\text{MPa}]$

$F = W = \sigma A = 67.65 \times \dfrac{\pi}{4} \times 30^2$

$$= 47.82 \times 10^3 [\text{N}] \quad = 47.8 [\text{kN}]$$

5　材料の破壊　p.42

1　破壊の原因

1，2　応力の種類，材料の形状

3．4　温度，環境

1　静荷重

1　破壊

2　動荷重

1　長時間　**2**　瞬間的　**3**　溝・段・穴

3　応力集中

1　切欠　**2**　応力集中　**3**　集中応力

4　応力集中係数

問12　$\sigma_n = \dfrac{W}{(b-d)t} = \dfrac{15 \times 10^3}{(50-10) \times 8}$

$$= 46.88 [\text{MPa}]$$

$\dfrac{d}{b} = \dfrac{10}{50} = 0.2$, 応力集中係数 $\alpha_k = 2.5$

$\sigma_{max} = \alpha_k \sigma_n = 2.5 \times 46.88 = 117.2$

$$= 117 [\text{MPa}]$$

4　疲労

1，2　大きさ，向き　**3**　小さな

4　疲労破壊　**5**　少ない回数

6　疲労限度

5　クリープ

1　ひずみ　**2**　クリープ

3　クリープひずみ　**4**　破壊

5　クリープ限度

6　温度や環境

1　低温脆性　**2**　傷や割れ

2　材料の機械的性質とおもな使いかた

1　延性材料・脆性材料

1　延性材料　**2**　脆性材料

2　材料のおもな使いかた

1　降伏点　**2**　比例限度　**3**　弱い

4　圧縮　**5**　圧縮荷重

3　許容応力と安全率

1　基準強さ

1　引張強さ　**2**　降伏点　**3**　耐力

4　疲労限度

2　使用応力・許容応力と安全率

1　使用応力　**2**　許容応力　**3**　許容応力

4　使用応力

問13　$\sigma_a = \dfrac{\sigma_F}{S} = \dfrac{180}{6} = 30 [\text{MPa}]$

問14　$\sigma_a = \dfrac{\sigma_F}{S}$ から, $S = \dfrac{\sigma_F}{\sigma_a} = \dfrac{450}{90} = 5$

3　許容応力と部材の寸法

1　許容応力　**2**　荷重　**3**　使用条件

4　安全率

問15　$A = \dfrac{W}{\sigma_a} = \dfrac{10 \times 10^3}{100} = 100 [\text{mm}^2]$

$A = \dfrac{\pi}{4} d^2$ から, $d = \sqrt{\dfrac{4A}{\pi}} = \sqrt{\dfrac{4 \times 100}{\pi}}$

$$= 11.28 = 11.3 [\text{mm}]$$

問16　軸の断面積 $A_1 = \dfrac{\pi}{4} d^2$

せん断を受ける部分の面積 $A_2 = \pi dH$

引張りの最大荷重 $W_1 = \sigma_a A_1$

$$= 50 \times \dfrac{\pi}{4} \times 12^2$$

$$= 5\,655 [\text{N}]$$

$$= 5.66 [\text{kN}]$$

せん断の最大荷重 $W_2 = \tau_a A_2$

$$= 40 \times \pi \times 12 \times 10$$

$$= 15.08 \times 10^3 [\text{N}]$$

$$= 15.1 [\text{kN}]$$

$W_1 = 5.66 [\text{kN}]$ とする。

問17　$\sigma_a = \dfrac{\sigma_F}{S} = \dfrac{400}{5} = 80 [\text{MPa}]$

$A = \dfrac{W}{\sigma_a} = \dfrac{2 \times 10^3}{80} = 25 [\text{mm}^2]$

$d = \sqrt{\dfrac{4A}{\pi}} = \sqrt{\dfrac{4 \times 25}{\pi}}$

$$= 5.642 = 5.64 [\text{mm}]$$

6　はりの曲げ　p.46

1　はりの種類と荷重

1　はりの種類

1　支点　**2**　スパン　**3**　片持ばり

4　単純支持ばり　**5**　張出しばり

6　固定ばり　**7**　連続ばり

2　はりに加わる荷重

1　集中荷重　**2**　分布荷重　**3**　等分布荷重

3　つり合いと支点の反力

1　反力　**2**　モーメント　**3**　つり合い

4，5　合力（荷重と反力の和）が 0，力のモーメントの和は，どの断面についても 0

問18　(a)　$R_B = \dfrac{Wa}{l} = \dfrac{100 \times 200}{300}$

$$= 66.67 = 66.7 [\text{N}]$$

$R_A = W - R_B = 100 - 66.7 = 33.3 [\text{N}]$

(b)　$W_1 = 100 [\text{N}]$, $W_2 = 300 [\text{N}]$,

$l_1 = 200 [\text{mm}]$

$l_2 = 200 + 300 = 500[\text{mm}]$ だから,

$$R_B = \frac{W_1 l_1 + W_2 l_2}{l} = \frac{100 \times 200 + 300 \times 500}{800}$$

$$= 212.5 = 213[\text{N}]$$

$$R_A = W_1 + W_2 - R_B = 100 + 300 - 213$$

$$= 187[\text{N}]$$

② せん断力と曲げモーメント

1 せん断力

1 $W_2 - R_B$ **2** せん断力

3 $+$ **4** $-$

問19 $R_B = \dfrac{240 \times 75 + 400 \times 225}{300} = 360[\text{N}]$

$R_A = (240 + 400) - 360 = 280[\text{N}]$

$F_1 = R_A = 280[\text{N}]$

$F_2 = R_A - 240 = 280 - 240 = 40[\text{N}]$

2 曲げモーメント

1 左側 **2** 右側 **3** 逆

4 曲げモーメント **5** 下側に凸

6 上側に凸

問20 $W_1 = 100[\text{N}]$, $W_2 = 200[\text{N}]$,

$W_3 = 300[\text{N}]$,

$l_1 = 500[\text{mm}]$, $l_2 = 1100[\text{mm}]$, $l_3 = 1800[\text{mm}]$,

$l = 2000[\text{mm}]$

$$R_B = \frac{W_1 l_1 + W_2 l_2 + W_3 l_3}{l}$$

$$= \frac{100 \times 500 + 200 \times 1100 + 300 \times 1800}{2000}$$

$$= 405[\text{N}]$$

$$R_A = W_1 + W_2 + W_3 - R_B$$

$$= 100 + 200 + 300 - 405 = 195[\text{N}]$$

X_1 の曲げモーメント M_{1000} は,

$$M_{1000} = R_A \times 1000 - W_1 \times 500$$

$$= 195 \times 1000 - 100 \times 500$$

$$= 145 \times 10^3[\text{N·mm}]$$

X_2 の曲げモーメント M_{1300} は,

$$M_{1300} = R_B \times 700 - W_3 \times 500$$

$$= 405 \times 700 - 300 \times 500$$

$$= 133.5 \times 10^3 = 134 \times 10^3[\text{N·mm}]$$

問21 $M_{1100} = 195 \times 1100 - 100 \times 600$

$$= 155 \times 10^3[\text{N·mm}]$$

$M_{1800} = 195 \times 1800 - 100 \times 1300 - 200 \times 700$

$$= 81 \times 10^3[\text{N·mm}]$$

または, $M_{1800} = 405 \times 200$

$$= 81 \times 10^3[\text{N·mm}]$$

③ せん断力図と曲げモーメント図

1 せん断力図 **2** 曲げモーメント図

3 せん断力 **4** 曲げモーメント

1 集中荷重を受ける片持ばり

1, 2 固定端, 自由端 **3** $-$ **4** 0

5 最大 **6** 比例 **7** $-Wl$ **8** 一定

9 直線 **10** $-Wl$

問22 せん断力 $F_x = -500[\text{N}]$

最大曲げモーメント $M_{\max} = -Wl$

$$= -500 \times 2 \times 10^3$$

$$= -1 \times 10^6[\text{N·mm}]$$

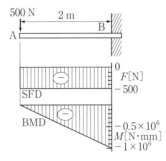

問23 $W_1 = 300[\text{N}]$, $W_2 = 200[\text{N}]$,

$W_3 = 100[\text{N}]$

せん断力

AC 間 $F_{AC} = -300[\text{N}]$

CD 間 $F_{CD} = F_{AC} + W_2 = -300 + (-200)$

$$= -500[\text{N}]$$

DB 間 $F_{DB} = F_{CD} + W_3 = -500 + (-100)$

$$= -600[\text{N}]$$

曲げモーメント

W_1 の固定端の曲げモーメント

$M_1 = -W_1 l = -360 \times 10^3[\text{N·mm}]$

W_2 の固定端の曲げモーメント

$M_2 = -W_2 \times (l - 400)$

$$= -160 \times 10^3[\text{N·mm}]$$

W_3 の固定端の曲げモーメント

$M_3 = -W_3 \times (l - 400 - 300)$

$$= -50 \times 10^3[\text{N·mm}]$$

固定端の曲げモーメント

$M = M_1 + M_2 + M_3$

$$= -570 \times 10^3[\text{N·mm}]$$

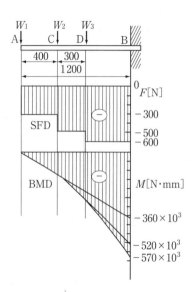

2 集中荷重を受ける単純支持ばり

1 反力 **2** 荷重を受ける **3** 荷重を受ける **4** 符号が変わる

問24 (1) 反 力

$$R_B = \frac{W_1 l_1 + W_2 l_2}{l}$$

$$= \frac{100 \times 250 + 200 \times 500}{1 \times 10^3}$$

$$= 125[\text{N}]$$

$$R_A = W_1 + W_2 - R_B = 175[\text{N}]$$

(2) せん断力

AC 間 $F_{AC} = R_A = 175[\text{N}]$

CD 間 $F_{CD} = R_A - W_1 = 75[\text{N}]$

DB 間 $F_{DB} = -R_B = -125[\text{N}]$

(3) 曲げモーメント 符号(+)

C 点の曲げモーメント

$M_C = R_A \times 250 = 43750 = 43.8 \times 10^3$ [N·mm]

D 点の曲げモーメント

$M_D = R_B \times 500 = 62500$

$= 62.5 \times 10^3$[N·mm]

$M_{\max}$ はせん断力の符号の変わる D 点

$M_{\max} = M_D$[危険断面]

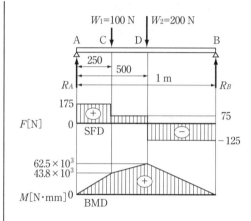

問25 (1) 反力 $R_A = 150[\text{N}]$

$R_B = 150[\text{N}]$

(2) せん断力 AC 間 $F_{AC} = 150[\text{N}]$

CD 間 $F_{CD} = 50[\text{N}]$

DE 間 $F_{DE} = -50[\text{N}]$

EB 間 $F_{EB} = -150[\text{N}]$

(3) 曲げモーメント

$M_{500} = 75 \times 10^3[\text{N·mm}]$

$M_{1000} = 100 \times 10^3[\text{N·mm}]$

$M_{1500} = 75 \times 10^3[\text{N·mm}]$

最大曲げモーメント

$M_{\max} = 100 \times 10^3[\text{N·mm}]$

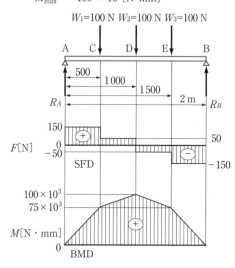

3 等分布荷重を受ける片持ばり

1 wl **2** wx **3** 負(−) **4** $-wl$

5 負(−) **6** 放物線 **7** 半分

問26 (1) せん断力 符号(−)

自由端 $F_A = 0$

固定端 $F_B = -wl = -160[\text{N}]$

(2) 曲げモーメント 符号(−)

自由端 $M_A = 0$

固定端 $M_B = -\dfrac{wl^2}{2}$

$\qquad\qquad = -64 \times 10^3 [\mathrm{N \cdot mm}]$

E, D, C 各点を全長の $\dfrac{3}{4}$, $\dfrac{1}{2}$, $\dfrac{1}{4}$ の位置とすると, 曲げモーメントは $\dfrac{9}{16}$, $\dfrac{1}{4}$, $\dfrac{1}{16}$ となる（長さの2乗に比例する）。

$$M_E = M_B \times \dfrac{9}{16} = -36 \times 10^3 [\mathrm{N \cdot mm}]$$

$$M_D = M_B \times \dfrac{1}{4} = -16 \times 10^3 [\mathrm{N \cdot mm}]$$

$$M_C = M_B \times \dfrac{1}{16} = -4 \times 10^3 [\mathrm{N \cdot mm}]$$

M_A, M_C, M_D, M_E, M_B の各点をとり, 曲線で結べばよい。

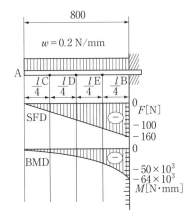

問27 (1) せん断力　符号（－）

自由端 $F_A = 0 [\mathrm{N}]$

固定端 $F_B = -400 [\mathrm{N}]$

(2) 曲げモーメント　符号（－）

自由端 $M_A = 0 [\mathrm{N \cdot mm}]$

固定端 $M_B = -200 \times 10^3 [\mathrm{N \cdot mm}]$

$\qquad\quad M_E = -113 \times 10^3 [\mathrm{N \cdot mm}]$

$\qquad\quad M_D = -50 \times 10^3 [\mathrm{N \cdot mm}]$

$\qquad\quad M_C = -12.5 \times 10^3 [\mathrm{N \cdot mm}]$

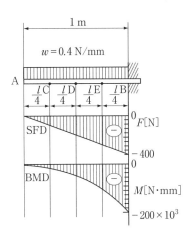

4　等分布荷重を受ける単純支持ばり

1 $\dfrac{wl}{2}$　**2** $\dfrac{l}{2} - x$　**3** 0　**4** $\dfrac{wl}{2}$

5 l　**6** $\dfrac{wl}{2}$　**7** 放物線

問28 (1) 反　力

$R_A = R_B = 400 [\mathrm{N}]$

(2) せん断力

$F_A = 400 [\mathrm{N}]$

$F_B = -400 [\mathrm{N}]$

(3) 曲げモーメント

$M_A = M_B = 0$

$M_{\max} = \dfrac{wl^2}{8} = \dfrac{1 \times 800^2}{8}$

$\qquad\quad = 80 \times 10^3 [\mathrm{N \cdot mm}]$

$M_{l/4} = \dfrac{w}{2}\left\{ l\dfrac{l}{4} - \left(\dfrac{l}{4}\right)^2 \right\}$

$\qquad\; = \dfrac{1}{2} \times \left\{ 800 \times 200 - \dfrac{800^2}{16} \right\}$

$\qquad\; = 60 \times 10^3 [\mathrm{N \cdot mm}]$

$M_{l/8} = \dfrac{1}{2} \times \left\{ 800 \times 100 - \left(\dfrac{800}{8}\right)^2 \right\}$

$\qquad\; = 35 \times 10^3 [\mathrm{N \cdot mm}]$

線図は中心線 $\left(\dfrac{l}{2}\right)$ に対して対称であるから各点をとり, なめらかな線で結ぶ。

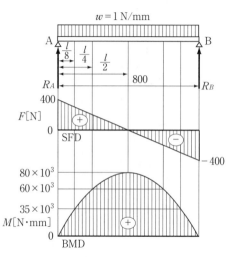

問29 (1) 反 力

$$R_A = R_B = \frac{wl}{2} = 500[\text{N}]$$

(2) せん断力

$$F_A = \frac{wl}{2} = 500[\text{N}]$$

$$F_B = -\frac{wl}{2} = -500[\text{N}]$$

F_A, F_B を求めて直線で結ぶ。

(3) 曲げモーメント 符号(+)

M_A, M_B は0である。

$$M_{\max} = \frac{wl^2}{8} = 250 \times 10^3[\text{N}\cdot\text{mm}]$$

$M_{\max}$ は，はりの中央である。

曲げモーメント図は放物線であるから，はりの

長さの $\frac{1}{4}$ と $\frac{3}{4}$ の曲げモーメントを計算してな

めらかな線で結ぶとよい。

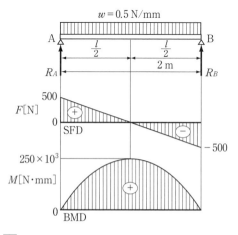

4 曲げ応力と断面係数

1 抵抗曲げモーメント

  1 曲げモーメント   **2** 抵抗曲げモーメント

  3 等しく   **4** 逆   **5** 応力

2 曲げ応力

  1 圧縮応力   **2** 引張応力   **3** 曲げ応力

  4 中立面   **5** 中立軸   **6** 最大

  7 曲げ応力   **8** 縁応力

3 断面二次モーメントと断面係数

  1 中立軸   **2** 抵抗曲げモーメント

  3 断面二次モーメント   **4** 断面係数

  5 同じ

問30 (a) $I = \dfrac{1}{12} bh^3 = \dfrac{1}{12} \times 30 \times 40^3$

$$\qquad = 160 \times 10^3[\text{mm}^4]$$

I の単位は長さの4乗[mm^4]

$$Z = \frac{1}{6} bh^2 = \frac{1}{6} \times 30 \times 40^2 = 8 \times 10^3[\text{mm}^3]$$

Z の単位は長さの3乗[mm^3]

(b) $I = \dfrac{1}{12} bh^3 = \dfrac{1}{12} \times 40 \times 30^3$

$$\qquad = 90 \times 10^3[\text{mm}^4]$$

$$Z = \frac{1}{6} bh^2 = \frac{1}{6} \times 40 \times 30^2 = 6 \times 10^3[\text{mm}^3]$$

(c) $I = \dfrac{\pi}{64} d^4 = \dfrac{\pi}{64} \times 16^4$

$$\qquad = 3217 = 3.22 \times 10^3[\text{mm}^4]$$

$$Z = \frac{\pi}{32} d^3 = \frac{\pi}{32} \times 16^3 = 402.1 = 402[\text{mm}^3]$$

(d) $d_1 = 60$, $d_2 = 100$

$$I = \frac{\pi}{64}(d_2{}^4 - d_1{}^4) = \frac{\pi}{64}(100^4 - 60^4)$$

$$\qquad = 4\,273\,000 = 4.27 \times 10^6[\text{mm}^4]$$

$$Z = \frac{\pi}{32} \cdot \frac{d_2{}^4 - d_1{}^4}{d_2} = \frac{\pi}{32} \times \frac{100^4 - 60^4}{100}$$

$$\qquad = 85\,450 = 85.5 \times 10^3[\text{mm}^3]$$

(e) $b = 50$, $b_1 = 30$, $h = 60$, $s = 20$,

$\quad t = 20$

$$I = \frac{th^3 + b_1 s^3}{12} = \frac{1}{12}(20 \times 60^3 + 30 \times 20^3)$$

$$\qquad = 380 \times 10^3[\text{mm}^4]$$

$$Z = \frac{th^3 + b_1 s^3}{6h} = \frac{1}{6 \times 60}(20 \times 60^3 + 30 \times 20^3)$$

$$\qquad = 12\,670 = 12.7 \times 10^3[\text{mm}^3]$$

(f) $b_1 = 60$, $b = 100$, $h_1 = 40$, $h = 60$

$$I = \frac{bh^3 - b_1 h_1{}^3}{12}$$

$$\qquad = \frac{1}{12}(100 \times 60^3 - 60 \times 40^3)$$

$$\qquad = 1.48 \times 10^6[\text{mm}^4]$$

$$Z = \frac{bh^3 - b_1{h_1}^3}{6h}$$

$$= \frac{100 \times 60^3 - 60 \times 40^3}{6 \times 60}$$

$$= 49330 = 49.3 \times 10^3 [\text{mm}^3]$$

(g) $b_1 = 150 - 50 = 100$, $b = 150$,
 $h_1 = 100$, $h = 200$

$$I = \frac{bh^3 - b_1{h_1}^3}{12}$$

$$= \frac{1}{12}(150 \times 200^3 - 100 \times 100^3)$$

$$= 91670000 = 91.7 \times 10^6 [\text{mm}^4]$$

$$Z = \frac{bh^3 - b_1{h_1}^3}{6h}$$

$$= \frac{150 \times 200^3 - 100 \times 100^3}{6 \times 200}$$

$$= 916700 = 917 \times 10^3 [\text{mm}^3]$$

（別解）
 $(bh^3 - b_1{h_1}^3) = 12I$ だから，

$$Z = \frac{bh^3 - b_1{h_1}^3}{6h} = \frac{12I}{6h} = \frac{2I}{h}$$

$$= \frac{2 \times 91.67 \times 10^6}{200} = 916700$$

$$= 917 \times 10^3 [\text{mm}^3]$$

(h) $h = 100$, $b = 80$, $t = 20$, $s = 20$,
 $b_1 = 60$, $h_1 = 80$

$$e_2 = \frac{h^2t + s^2b_1}{2(bs + h_1t)}$$

$$= \frac{100^2 \times 20 + 20^2 \times 60}{2 \times (80 \times 20 + 80 \times 20)}$$

$$= 35 [\text{mm}]$$

$$e_1 = h - e_2 = 100 - 35 = 65 [\text{mm}]$$

$$I = \frac{1}{3}\{te_1{}^3 + be_2{}^3 - b_1(e_2 - s)^3\}$$

$$= \frac{1}{3} \times \{20 \times 65^3 + 80 \times 35^3 - 60 \times$$

$$(35 - 20)^3\} = 2907000$$

$$= 2.91 \times 10^6 [\text{mm}^4]$$

$$Z_1 = \frac{I}{e_1} = \frac{2.097 \times 10^6}{65}$$

$$= 44720 = 44.7 \times 10^3 [\text{mm}^3]$$

$$Z_2 = \frac{I}{e_2} = \frac{2.097 \times 10^6}{35}$$

$$= 83060 = 83.1 \times 10^3 [\text{mm}^3]$$

5 断面の形状と寸法

1 曲げモーメントと曲げ応力

問31 (1) $R_B = \dfrac{W_1l_1 + W_2l_2}{l}$

$$= \frac{20 \times 1000 + 10 \times 2000}{2500}$$

$$= 16 [\text{kN}]$$

$$R_A = W_1 + W_2 - R_B = 20 + 10 - 16$$

$$= 14 [\text{kN}]$$

$$Z = \frac{1}{6}bh^2 = \frac{1}{6} \times 60 \times 200^2$$

$$= 400 \times 10^3 [\text{mm}^3]$$

$$M_{1000} = R_A \times 1000 = 14 \times 10^6 [\text{N·mm}]$$
$$M_{2000} = R_B \times 500 = 8 \times 10^6 [\text{N·mm}]$$
$$M_{1000} > M_{2000}$$

$$\sigma_b = \frac{M_{1000}}{Z} = \frac{14 \times 10^6}{400 \times 10^3} = 35 [\text{MPa}]$$

(2) $M = \dfrac{wl^2}{2} = \dfrac{6 \times 800^2}{2} = 1.92 \times 10^6 [\text{N·mm}]$

$$Z = \frac{1}{6}bh^2 = \frac{1}{6} \times 40 \times 60^2 = 24 \times 10^3 [\text{mm}^3]$$

$$\sigma_b = \frac{M}{Z} = \frac{1.92 \times 10^6}{24 \times 10^3} = 80 [\text{MPa}]$$

(3) $M_{\max} = R_A \times \dfrac{l}{2} = \dfrac{W}{2} \times \dfrac{400}{2} = \sigma_a Z$

 よって， $W = \dfrac{\sigma_a Z}{100} = \dfrac{80}{100} \times \dfrac{30 \times 50^2}{6}$

$$= 10 [\text{kN}]$$

問32 $Z = \dfrac{\pi}{32} \cdot \dfrac{d_2{}^4 - d_1{}^4}{d_2} = \dfrac{\pi}{32} \times \dfrac{80^4 - 50^4}{80}$

$$= 42.60 \times 10^3 [\text{mm}^3]$$

$$M_{\max} = \frac{wl^2}{8} = \frac{6 \times (2 \times 10^3)^2}{8}$$

$$= 3 \times 10^6 [\text{N·mm}]$$

$$\sigma_b = \frac{M_{\max}}{Z} = \frac{3 \times 10^6}{42.60 \times 10^3} = 70.42$$

$$= 70.4 [\text{MPa}]$$

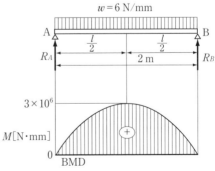

2 断面の形状と寸法

1 寸法 **2** 曲げモーメント
3 許容曲げ応力 **4** 断面係数 **5** 大きく
6 小さい **7** 加工

問33 $M = Wl = 5 \times 10^3 \times 2 \times 10^3$

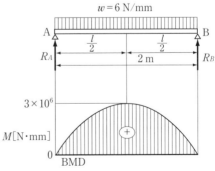

$$= 10 \times 10^6 [\mathrm{N \cdot mm}]$$

$$Z = \frac{bh^2}{6} = \frac{M}{\sigma_a} \text{から,}$$

$$b = \frac{6M}{\sigma_a h^2} = \frac{6 \times 10 \times 10^6}{100 \times 100^2} = 60 [\mathrm{mm}]$$

問34 $Z = \dfrac{M_D}{\sigma_a} = \dfrac{1.35 \times 10^6}{100}$

$$= 13.5 \times 10^3 [\mathrm{mm}^3]$$

$$Z = \frac{\pi}{32} d^3 = 13.5 \times 10^3 [\mathrm{mm}^3]$$

$$d = \sqrt[3]{\frac{32 \times 13.5 \times 10^3}{\pi}} = 51.62$$

$$= 51.6 [\mathrm{mm}]$$

問35 $M_{\max} = \dfrac{wl^2}{8} = \dfrac{0.5 \times 1800^2}{8}$

$$= 202.5 \times 10^3 [\mathrm{N \cdot mm}]$$

$$Z = \frac{1}{6} bh^2 = \frac{1}{6} b^3$$

$$M = \sigma_b Z = 90 \times \frac{1}{6} b^3$$

$$= 202.5 \times 10^3 [\mathrm{N \cdot mm}]$$

$$b = \sqrt[3]{\frac{6 \times 202.5 \times 10^3}{90}} = 23.81$$

$$= 23.8 [\mathrm{mm}], \text{図略}$$

6 たわみ

  1 たわみ曲線 **2** たわみ **3** 最大たわみ

  4 最大たわみ **5** 中央

問36 $\beta = \dfrac{1}{8}$ だから,

$$\delta_{\max} = \beta \frac{Wl^3}{EI} = \beta \frac{wl^4}{EI}$$

$$= \frac{1}{8} \times \frac{5 \times 800^4}{206 \times 10^3 \times 4 \times 10^6}$$

$$= 0.3107 = 0.311 [\mathrm{mm}]$$

問37 $\beta = \dfrac{1}{48}$ だから

$$\delta_{\max} = \beta \frac{Wl^3}{EI} = \frac{1}{48} \times \frac{2.5 \times 10^3 \times 1200^3}{206 \times 10^3 \times \frac{\pi}{64} \times 55^4}$$

$$= 0.9726$$

$$= 0.973 [\mathrm{mm}]$$

7 はりを強くするくふう

1 危険断面

  1 比例 **2** 曲げモーメント **3** 危険断面

  4 許容される応力

2 断面係数を大きくするくふう

  1 大きく **2** 小さい **3** 縦長

  4 外側に配置 **5** 形鋼

問38 中空円筒

$$I = \frac{\pi}{64}(d_2{}^4 - d_1{}^4) = \frac{\pi}{64}(50^4 - 30^4)$$

$$= 267000 = 267 \times 10^3 [\mathrm{mm}^4]$$

$$Z = \frac{\pi}{32}\left(\frac{d_2{}^4 - d_1{}^4}{d_2}\right) = \frac{\pi}{32}\left(\frac{50^4 - 30^4}{50}\right)$$

$$= 10680 = 10.7 \times 10^3 [\mathrm{mm}^3]$$

中実円筒

$$I = \frac{\pi}{64} d^4 = \frac{\pi}{64} \times 40^4$$

$$= 125700 = 126 \times 10^3 [\mathrm{mm}^4]$$

$$Z = \frac{\pi}{32} d^3 = \frac{\pi}{32} \times 40^3$$

$$= 6283 = 6.28 \times 10^3 [\mathrm{mm}^3]$$

（比較）I も Z も中空円筒が大きい。

3 材料の使いかた

  1 同じ **2** Ⅰ形鋼 **3** 小さく

  4 引張強さが低い

7 ねじり p. 66

1 軸のねじり

  1 $WL [\mathrm{N \cdot mm}]$ **2** ねじりモーメント

  3 トルク **4** ねじれ角 **5** 一定

  6 せん断ひずみ **7** 大きく **8** 外径表面

  9 垂直な方向 **10** ねじり応力

  11 ねじり応力

問39 $\tau = G\gamma = 79 \times 10^3 \times 0.001$

$$= 79 [\mathrm{MPa}]$$

2 ねじり応力と極断面係数

1 抵抗ねじりモーメント

  1 抵抗ねじりモーメント **2** 逆向き

2 断面二次極モーメントと極断面係数

  1 I_p **2** $\dfrac{\tau}{r_0} I_p$ **3** 断面二次極モーメント

  4 極断面係数

問40 中実円形

$$Z_p = \frac{\pi}{16} d^3 = \frac{\pi}{16} \times 80^3$$

$$= 100500 = 101 \times 10^3 [\mathrm{mm}^3]$$

中空円形 $Z_p = \dfrac{\pi}{16}\left(\dfrac{d_2{}^4 - d_1{}^4}{d_2}\right)$

$$= \frac{\pi}{16}\left(\frac{80^4 - 40^4}{80}\right)$$

$$= 94250 = 94.3 \times 10^3 [\mathrm{mm}^3]$$

問41 中空円形の $Z_p = \dfrac{\pi}{16}\left(\dfrac{d_2{}^4 - d_1{}^4}{d_2}\right)$

$$= \frac{\pi \times (60^4 - 30^4)}{16 \times 60}$$

$$= 39760 = 39.8 \times 10^3 [\text{mm}^3]$$

中実円形の $Z_p = \dfrac{\pi}{16} d^3$ だから,

$$d = \sqrt[3]{\dfrac{16 Z_p}{\pi}} = \sqrt[3]{\dfrac{16 \times 39760}{\pi}}$$

$$= 58.72 = 58.7 [\text{mm}]$$

問42 $\dfrac{\text{中空円形断面積}}{\text{中実円形断面積}} = \dfrac{\dfrac{\pi}{4} (d_2{}^2 - d_1{}^2)}{\dfrac{\pi}{4} d^2}$

$$= \dfrac{60^2 - 30^2}{58.72^2}$$

$$= 0.7831$$

$$= 0.783 = 78.3\%$$

3 軸に生じるねじり応力

問43 $\tau = \dfrac{T}{Z_p} = \dfrac{16\,T}{\pi d^3} = \dfrac{16 \times 800 \times 10^3}{\pi \times 48^3}$

$$= 36.84 = 36.8 [\text{MPa}]$$

問44 $\tau = \dfrac{16T}{\pi} \left(\dfrac{d_2}{d_2{}^4 - d_1{}^4} \right)$

$$= \dfrac{16 \times 570 \times 10^3}{\pi} \times \left(\dfrac{60}{60^4 - 40^4} \right)$$

$$= 16.75 = 16.8 [\text{MPa}]$$

問45 $\tau = \dfrac{T}{Z_p}$ から, $T = \tau Z_p$

$$T = \tau Z_p = \tau \times \dfrac{\pi}{16} \left(\dfrac{d_2{}^4 - d_1{}^4}{d_2} \right)$$

$$= \dfrac{30 \times \pi \times (45^4 - 25^4)}{16 \times 45}$$

$$= 485600 = 486 \times 10^3 [\text{N·mm}]$$

問46 $I_p = \dfrac{\pi}{32} (d_2{}^4 - d_1{}^4) = \dfrac{\pi}{32} (50^4 - 30^4)$

$$= 170\pi \times 10^3 [\text{mm}^3]$$

$\theta = \dfrac{Tl}{GI_p} = \dfrac{100 \times 10^3 \times 1000}{82 \times 10^3 \times 170\pi \times 10^3}$

$$= 0.002283 = 2.28 \times 10^{-3} [\text{rad}]$$

$$2.283 \times 10^{-3} \times \dfrac{180}{\pi} = 0.1308 = 0.131 [°]$$

8 座屈 p.70

1 座屈

1 座屈 **2** ずれ **3** 不均一

2 柱の強さ

1 柱両端の状態と座屈

1 長柱 **2** 座屈荷重 **3** 座屈応力

4 自由端 **5** 回転端 **6** 固定端

7 端末条件係数

左から 1, 4, 2, 1, 0.25, 0.25

2 主断面二次モーメント

1 主断面二次モーメント **2** I_X

3 座屈荷重と座屈応力

1 オイラーの式 **2** 縦弾性係数 **3** MPa

4 長さ **5** mm **6** 主断面二次モーメント

7 mm^4 **8** 端末条件係数 **9** 大きく

10 大きく **11** 主断面二次半径

12 細長比 **13** ランキンの式

14 細長比 **15** 安全率

問47 座屈荷重 $W = 217 [\text{kN}]$

柱の断面積 $A = 80 \times 40 [\text{mm}^2]$ から,

$$\sigma = \dfrac{W}{A} = \dfrac{217 \times 10^3}{80 \times 40} = 67.81$$

$$= 67.8 [\text{MPa}]$$

（別解） $I_0 = \dfrac{bh^3}{12} = \dfrac{80 \times 40^3}{12}$

$$= 426700 [\text{mm}^4]$$

として,

$$\sigma = n\pi^2 \dfrac{EI_0}{l^2 A}$$

$$= 1 \times \pi^2 \times \dfrac{206 \times 10^3 \times 426700}{(2 \times 10^3)^2 \times 80 \times 40}$$

$$= 67.78$$

$$= 67.8 [\text{MPa}]$$

問48 座屈荷重 W は座屈応力 σ に断面積 A をかければよい。座屈応力 $\sigma = 407 [\text{MPa}]$

$$W = \sigma A = 407 \times \dfrac{\pi}{4} \times 100^2$$

$$= 3.197 \times 10^6 [\text{N}]$$

許容座屈荷重は $\dfrac{W}{S}$ だから,

$$\dfrac{W}{S} = \dfrac{3.197 \times 10^6}{6} = 532800 = 533 [\text{kN}]$$

問49 $I_0 = \dfrac{\pi}{64} (d_2{}^4 - d_1{}^4) = \dfrac{\pi}{64} (24^4 - 18^4)$

$$= 3544\pi [\text{mm}^4]$$

$A = \dfrac{\pi}{4} (d_2{}^2 - d_1{}^2) = \dfrac{\pi}{4} (24^2 - 18^2)$

$$= 63\pi [\text{mm}^2]$$

$k_0 = \sqrt{\dfrac{I_0}{A}} = \sqrt{\dfrac{3544\pi}{63\pi}} = 7.500 [\text{mm}]$

細長比 $\dfrac{l}{k_0} = \dfrac{1200}{7.500} = 160$

端末条件係数は $n = 0.25$

軟鋼製柱の細長比の限界値は $90\sqrt{n} = 45$

これによりオイラーの式を用いる。

$$\dfrac{1}{4} W = n\pi^2 \dfrac{EI_0}{l^2}$$

$$= 0.25\pi^2 \times \frac{206 \times 10^3 \times 3544\pi}{1200^2}$$

$$= 3930[\text{N}]$$

これより，

$$W = 15720[\text{N}] = 15.7[\text{kN}]$$

$$\sigma = \frac{3930}{63\pi} = 19.86 = 19.9[\text{MPa}]$$

第4章　安全・環境と設計

1 安全・安心と設計　p.73

1 信頼性とメンテナンス

1 信頼性　**2** メンテナンス

問1 東海道新幹線・車両の予防保全の例

① 仕業検査　おおむね2日以内：消耗品の補充取替・関係機器の状態及び作用を外部から検査。

② 交番検査　6万km以内：関係機器の状態作用および機能や電気部品の絶縁抵抗など在姿状態で検査。

③ 台車検査　60万km以内：台車関係機器を解体し細部について行う検査。

④ 全般検査　120万km以内：車両の主要部分を取り外し細部にわたって行う検査。

(IHRA 社団法人国際高速鉄道協会)

問2 打音検査という。内部に空，すき間が存在すると，表層部が健全部に比べ振動しやすくなる原理を応用している。

問3 定期点検により安全に列車などを運行するため，車庫での日常点検・整備，定期的な検修車庫での分解・点検・整備を行う。(近畿日本鉄道)

2 信頼性に配慮した設計

1 信頼性設計　**2** 材料　**3** 強さや剛性

4 フェールセーフ　**5** 倫理

6 フールプルーフ　**7** 二つ以上

8 冗長性　**9** 冗長設計

問4 ① 安全率の適用：材料の強さのばらつき，使用環境により異なる材料の強さ，見積もれない部材に作用する力に対応するための安全率の適用。

② データベース化された許容応力の利用：特定分野での膨大な経験・実験に裏付けされた許容応力がある場合，データベース化して利用。

問5 ① 火災の熱によって水栓が溶けるスプリンクラ。

② 交差点信号機が故障したらすべての信号を赤色にする信号システム。

③ 停電になると点灯する非常灯など。

問6 緊急に機械を止めるための非常停止ボタン。

多くの機械は停止すれば危険が回避できる。そのために，非常停止ボタンは，わかりやすく，めだった赤色の大きなものを用い，直感的にまちがいなく押せる位置に置く。

問7 自動車の急発進を防ぐため。

3 安全性に配慮した設計

1 安全性　**2，3** 危険隔離，警告表示

4 利用者に配慮した設計

1 利用者に配慮した設計

1 バリアフリー

2 ユニバーサルデザイン

問8

① だれもが使いやすい多目的トイレ。

② 高さを変えられる洗面台。

③ キーレスエントリシステムを備えた自動車。

④ 両開き扉の冷蔵庫。

⑤ 無理のない姿勢で操作できる洗濯機など。

2 安全・安心の手だて

1 製造物責任法　**2** NITE

2 倫理観を踏まえた設計　p.74

1 技術者倫理

3 環境に配慮した設計　p.74

1 ライフサイクル

1 ライフサイクル　**2** 3R　**3** リデュース

4 リユース　**5** リサイクル

6 循環型社会形成推進　**7** 電気エネルギー

2 ライフサイクル設計

1 ライフサイクル　**2** 環境負荷

第5章　ね　じ

1 ねじの用途と種類　p.75

1 ねじの用途

1 締結　**2** 運動の変換　**3** 力の拡大

4 変位の拡大

2 ねじの基本

1 つる巻線　**2** リード角　**3** ピッチ

4 リード　**5** 三角ねじ　**6** 角ねじ

7 ねじ山　**8** ねじ溝　**9** 一条　**10** 多条

11 二条　**12** 2　**13** おねじ　**14** めねじ

15 呼び径　**16** 右ねじ　**17** 左ねじ

18 ねじ山の角度　**19** 谷の径　**20** 外径

21 ピッチ　**22** 内径　**23** 谷の径

問1 $l = Pn = 4 \times 3 = 12[\text{mm}]$

③ 三角ねじ

1 一般用メートルねじ

1 メートル **2** ユニファイ

3 メートル並目ねじ

4 メートル細目ねじ　**5** リード角

6 緩み　**7** 有効径　**8** 有効断面積

9 引張・圧縮

2 管用ねじ

1 強さ　**2** 気密性　**3，4** 平行，テーパ

5 シール用テープ　**6** シール剤

④ 各種のねじ

1 正方形　**2** 摩擦　**3** 力

4 ねじプレス　**5** 台形　**6** 送り

7 バルブ　**8** のこ歯状

9，10 ジャッキ，万力　**11** 鋼球

12 摩擦　**13** 回転　**14** ステアリング

15 送りねじ

⑤ ねじの材料

1，2，3 鉄，真鍮，ステンレス鋼

4，5，6 アルミニウム，チタン，樹脂製

7 表面処理

⑥ ねじ部品

1 ボルト・ナット

1，2，3，4，5，6 「解答例」 六角穴付きボルト，押さえボルト，T溝ボルト，植込みボルト，六角ボルト，アイボルト

7，8，9，10，11 「解答例」 六角ナット，溝付き丸ナット，ちょうナット，アイナット，六角袋ナット

② ねじに働く力と強さ　p.77

① ねじに働く力

1 ねじと斜面

1 l　**2** πd_2

2 ねじを締める力

3 $W \tan(\rho + \beta)$

3 ねじを緩める力

4 $W \tan(\rho - \beta)$　**5** $\beta > \rho$　**6** 速く

7 緩みやすい　**8** 締結用

② ねじを回すトルク

1 $\dfrac{Wd_2}{2} \tan(\rho + \beta)$　**2** $\dfrac{Wd_2}{2} \tan(\rho - \beta)$

3 $\dfrac{Wd_2}{2L} \tan(\rho + \beta)$　**4** $0.2dW$

問2　$\tan\rho = 0.2, \ \rho = \tan^{-1}0.2 = 11.31°$

$$\tan \beta = \frac{l}{\pi d_2} = \frac{6}{\pi \times 40}$$

$$= 0.04775, \ \beta = 2.734°$$

$$F_s = \frac{Wd_2}{2L} \tan(\rho + \beta)$$

$$= \frac{40 \times 10^3 \times 40}{2 \times 1 \times 10^3} \times \tan(11.31° + 2.734°)$$

$$= 200.1 = 200[\text{N}]$$

③ ねじの効率

問3　$\eta = \dfrac{\tan \beta}{\tan(\rho + \beta)}$

$$= \frac{\tan 4.046°}{\tan(5.711° + 4.046°)}$$

$$= 0.4113 = 41.1[\%]$$

④ ねじの強さとボルトの大きさ

1 軸方向の引張荷重を受ける場合

1 W　**2** σ_a　**3** 60　**4** 48

問4　$A \geqq \dfrac{W}{\sigma_a} = \dfrac{70 \times 10^3}{48} = 1458[\text{mm}^2]$

この数値より大きく，最も近いのは $A_{s,\,nom} = 1470 \ \text{mm}^2$ なので M48 とする。

2 軸方向の荷重とねじり荷重を同時に受ける場合

1 $4W$　**2** $3\sigma_a$

問5　ボルト1本に加わる引張荷重 W は，

$$W = \frac{7.5 \times 10^3}{6} = 1250[\text{N}]$$

$$A = \frac{4W}{3\sigma_a} = \frac{4 \times 1250}{3 \times 48} = 34.72[\text{mm}^2]$$

この数値より大きく，最も近いのは $A_{s,\,nom} = 36.6 \ \text{mm}^2$ なので M8 とする。

3 せん断荷重を受ける場合

1 $\sqrt{\dfrac{4W}{\pi\tau_a}}$　**2** ねじ部　**3** リーマボルト

問6　$d = \sqrt{\dfrac{4W}{\pi\tau_a}} = \sqrt{\dfrac{4 \times 7 \times 10^3}{\pi \times 42}}$

$$= 14.57[\text{mm}]$$

M16 とする。

⑤ ねじのはめあい長さ

1 締結用ねじ

1 0.8〜1　**2** 1　**3** 1.3　**4** 1.8　**5** 2

2 運動用ねじ

1 圧力　**2** せん断応力　**3** $\dfrac{4W}{\pi q (d^2 - D_1{}^2)}$

4 $\dfrac{4WP}{\pi q (d^2 - D_1{}^2)}$

⑥ ねじの緩み止め

1，2，3 ばね座金，さらばね座金，歯付き座金　**4** ロック座金　**5，6** ピン，小ねじ

7 押し合う　**8** 圧力　**9** 荷重

10 緩み止め　**11** 低　**12** 偏心　**13** テーパ

第6章　軸・軸継手

1 軸　p.82

1 軸の種類

1　断面形状による分類

  1　中空丸軸　**2**　中実丸軸

  3，4　正方形，I 形

2　受ける荷重による分類

  1　伝動軸，主軸，スピンドル　**2**　車軸

  3　推進軸，クランク軸，たわみ軸

3　軸線による分類

  1　まっすぐな　**2**　直線　**3**　回転

  4　たわみ性

2 軸設計上の留意事項

  1，2　引張，圧縮　**3**　衝撃　**4**　大きく

  5　丸め　**6**　応力集中　**7**　振動

  8，9　破損，騒音　**10**　剛性　**11**　剛性設計

  12　危険　**13**　材質　**14**　表面処理

  15　熱処理

3 軸の強さと軸の直径

  1　伝動軸　**2**　車軸

  3　クランク軸，船舶や航空機の駆動軸

1　軸に作用する動力とねじりモーメント

問1　$T = 9.55 \times 10^3 \dfrac{P}{n}$

$$= 9.55 \times 10^3 \times \frac{2.5 \times 10^3}{300} = 79\,580$$

$$\fallingdotseq 79.6 \times 10^3 [\mathrm{N \cdot mm}]$$

2　ねじりだけを受ける軸

  ① ねじりモーメントから求める軸の直径

問2　$d \geqq \sqrt[3]{\dfrac{5.09T}{\tau_a}} = \sqrt[3]{\dfrac{5.09 \times 1000 \times 10^3}{30}}$

$$= 55.36 [\mathrm{mm}]$$

軸の規格(p.84)から 56 mm とする。

問3　$d_2 \geqq \sqrt[3]{\dfrac{5.09T}{\tau_a(1 - k^4)}}$

$$= \sqrt[3]{\frac{5.09 \times 850 \times 10^3}{20 \times (1 - 0.55^4)}} = 61.98 [\mathrm{mm}]$$

軸の規格から $d_2 = 63$ mm とすると，

$d_1 = 0.55 \times 63 = 34.65$ mm となるので，

$d_1 = 35$ mm とする。

内径 35 mm，外径 63 mm

問4　$\tau_a = \dfrac{5.09 \times T}{d_2{}^3(1 - k^4)}$

$$= \frac{5.09 \times 1.2 \times 10^6}{80^3 \left\{ 1 - \left(\dfrac{70}{80} \right)^4 \right\}}$$

$$= 28.83 [\mathrm{MPa}]$$

$$= 28.8\,\mathrm{MPa}$$

  ② 伝達動力から求める軸の直径

問5　$d \geqq 36.5 \sqrt[3]{\dfrac{P}{\tau_a n}} = 36.5 \sqrt[3]{\dfrac{20 \times 10^3}{20 \times 200}}$

$$= 62.41 [\mathrm{mm}]$$

軸の規格から 63 mm とする。

問6　$\tau_a = \dfrac{36.5^3 P}{d^3 n}$

$$= \frac{36.5^3 \times 4 \times 10^3}{20^3 \times 800}$$

$$= 30.39$$

$$= 30.4 [\mathrm{MPa}]$$

3　曲げだけを受ける軸

問7　固定端の曲げモーメントは，

$M = 2Wl = 2 \times 800 \times 200$

$$= 320 \times 10^3 [\mathrm{N \cdot mm}]$$

$d = \sqrt[3]{\dfrac{10.2M}{\sigma_a}} = \sqrt[3]{\dfrac{10.2 \times 320 \times 10^3}{50}}$

$$= 40.26 [\mathrm{mm}]，軸の規格(p.84)から 42 mm。$$

4　ねじりと曲げを受ける軸の直径

  1　相当ねじりモーメント

  2　相当曲げモーメント

問8　最大曲げモーメント M は，

$M = Fl = 3 \times 10^3 \times 100$

$$= 3 \times 10^5 [\mathrm{N \cdot mm}]$$

軸が受けるねじりモーメント T は，

$T = Fr = 3 \times 10^3 \times 200$

$$= 6 \times 10^5 [\mathrm{N \cdot mm}]$$

$T_e = \sqrt{M^2 + T^2} = \sqrt{3^2 + 6^2} \times 10^5$

$$= 6.708 \times 10^5 [\mathrm{N \cdot mm}]$$

$M_e = \dfrac{M + T_e}{2} = \dfrac{3 + 6.708}{2} \times 10^5$

$$= 4.854 \times 10^5 [\mathrm{N \cdot mm}]$$

$d \geqq \sqrt[3]{\dfrac{5.09 T_e}{\tau_a}} = \sqrt[3]{\dfrac{5.09 \times 6.708 \times 10^5}{35}}$

$$= 46.03 [\mathrm{mm}]$$

$d \geqq \sqrt[3]{\dfrac{10.2 M_e}{\sigma_a}} = \sqrt[3]{\dfrac{10.2 \times 4.854 \times 10^5}{50}}$

$$= 46.26 [\mathrm{mm}]$$

  大きいほうの値をとり，軸の規格(p.84)から

48 mm とする。

5　中実丸軸と中空丸軸の直径の比較

問9　$k = \dfrac{d_1}{d_2} = \dfrac{40}{80} = 0.5$

$d = d_2 \sqrt[3]{1 - k^4}$

$$= 80 \times \sqrt[3]{1 - 0.5^4} = 78.30 [\mathrm{mm}]$$

軸の規格(p.84)から 80 mm とする。

問10 $d = 36.5\sqrt[3]{\dfrac{P}{\tau_a n}} = 36.5\sqrt[3]{\dfrac{7.5 \times 10^3}{20 \times 400}}$

$\qquad = 35.72[\mathrm{mm}]$

38 mm とする。

$d = d_2\sqrt[3]{1 - k^4}$ から，$k = \sqrt[4]{\dfrac{d_2^3 - d^3}{d_2^3}}$

$k = \sqrt[4]{\dfrac{42^3 - 38^3}{42^3}} = 0.7136$

$d_1 = 42 \times 0.7136 = 29.97[\mathrm{mm}]$

30 mm とする。

$\dfrac{A_1}{A} = \dfrac{d_2^2 - d_1^2}{d^2} = \dfrac{42^2 - 30^2}{38^2} = 0.5983$

59.8%

6 軸の剛性

1，2 曲げ剛性，ねじり剛性　**3** たわみ

4 たわみ量　**5** たわみ角　**6** 小さく

7 $\dfrac{1}{4}$°

問11 ねじり強さから，

$d = 36.5\sqrt[3]{\dfrac{P}{\tau_a n}} = 36.5\sqrt[3]{\dfrac{10 \times 10^3}{27 \times 200}}$

$\qquad = 44.82[\mathrm{mm}]$

ねじり剛性から，

$d = 22.9\sqrt[4]{\dfrac{P}{n}} = 22.9\sqrt[4]{\dfrac{10 \times 10^3}{200}}$

$\qquad = 60.89[\mathrm{mm}]$

大きいほうの 60.89 mm をとり，軸の規格(p.84)から 63 mm とする。

2 キー・スプライン　p.88

1 キー

1，2 歯車，軸継手　**3，4** 形状，寸法

5 軸径

6，7，8 平行キー，こう配キー，半月キー

9 ハブの長さ　**10** 許容応力

問12 $\tau = \dfrac{2T}{dbl} = \dfrac{2 \times 160 \times 10^3}{25 \times 8 \times 45}$

$\qquad = 35.56 = 35.6[\mathrm{MPa}]$

2 スプライン　### 3 セレーション

1 大きい　**2** 軸方向　**3** 細かい山形

4 固定

4 フリクションジョイント

1 摩擦力　**2** キー溝

5 ピン

1 位置　**2，3，4** 平行，テーパ，割

3 軸継手　p.89

1 軸継手の種類

1 軸継手　**2** クラッチ　**3** 固定軸継手

4，5 振動，衝撃　**6** たわみ軸継手

7 オルダム軸継手　**8** 自在軸継手

9 自動車　**10** クラッチ　**11** 機械的

12 電磁クラッチ　**13** 流体継手

2 軸継手の設計

1 伝達ねじりモーメント　**2** 軸の直径

3 継手ボルトの強さ

問13 1）軸の直径：軸の許容ねじり応力

$\tau_a = 20[\mathrm{MPa}]$ とすれば，軸の直径 d は，

$d = 36.5\sqrt[3]{\dfrac{P}{\tau_a n}} = 36.5 \times \sqrt[3]{\dfrac{10 \times 10^3}{20 \times 450}}$

$\qquad = 37.80[\mathrm{mm}]$

軸の直径は軸の規格(p.84)から，38 mm と決める。

2）軸継手の各部の寸法：軸のねじりモーメント T を計算すると，

$T = 9.55 \times 10^3 \dfrac{P}{n}$

$\quad = 9.55 \times 10^3 \times \dfrac{10 \times 10^3}{450}$

$\quad = 212.2 \times 10^3[\mathrm{N \cdot mm}] = 212[\mathrm{N \cdot m}]$

よって，フランジ形たわみ軸継手の表より伝達ねじりモーメント 245 N·m の継手外径 200 mm のものを選ぶ。各部の寸法は表から決めることができる。

3）継手ボルトの強さを計算してみよう。

表より，ボルトの径は，$a = 20\,\mathrm{mm}$，リーマボルトを 8 本として，ボルト穴のピッチ円直径 $B = 145\,\mathrm{mm}$ である。

ボルト 1 本あたりの荷重は，$T = \dfrac{n}{2}W\dfrac{B}{2}$ から，

$W = \dfrac{4T}{nB} = \dfrac{4 \times 212.2 \times 10^3}{8 \times 145} = 731.7[\mathrm{N}]$

表より，$t = 4\,\mathrm{mm}$，$F_2 = q = 22.4\,\mathrm{mm}$，

ボルトの曲げ応力σ_b は，式(3-27)から，

$\sigma_b = \dfrac{M}{Z} = \dfrac{W\left(t + \dfrac{q}{2}\right)}{\dfrac{\pi d^3}{32}}$

$\quad = \dfrac{731.7 \times \left(4 + \dfrac{22.4}{2}\right)}{\dfrac{\pi \times 20^3}{32}}$

$\quad = 14.16[\mathrm{N/mm^2}] = 14.2[\mathrm{MPa}]$

この値は，鉄鋼の許容応力値(表3-5，機械設計1 p.97)よりじゅうぶん安全と判断できる。

第7章 軸受・潤滑

1 軸受の種類 p.92

1 軸受 **2** 荷重 **3** 回転 **4** 位置

5，6 滑り，転がり

7，8 ラジアル，スラスト **9** 円すい

10 球面 **11** 直動軸受

2 滑り軸受 p.92

1 滑り軸受の種類

1 ジャーナル **2** ラジアル荷重

3 ラジアル軸受 **4** ジャーナル軸受

5 軸受メタル **6** ブシュ **7** 焼結金属

8 含油軸受 **9** 無給油軸受

10 スラスト荷重 **11** スラスト軸受

12，13 うす軸受，ピボット軸受

14 スラストつば軸受

2 滑り軸受のしくみ

1 動圧 **2** 油膜 **3** 動圧軸受

4 工作機械 **5** 静圧 **6** 静圧軸受

7 摩擦 **8** 精密測定機 **9** 磁気軸受

10 ラジアル方向 **11** 磁力

3 ラジアル軸受の設計

問1 $\dfrac{l}{d} = \sqrt{\dfrac{\sigma_a}{5.09p}} = \sqrt{\dfrac{50}{5.09 \times 4}}$

$= 1.567$

$l = 1.567d$ として，

$p = \dfrac{W}{dl} = \dfrac{W}{d \times 1.567d}, \ 1.567d^2 = \dfrac{W}{p}$

よって，$d = \sqrt{\dfrac{W}{1.567p}} = \sqrt{\dfrac{5 \times 10^3}{1.567 \times 4}}$

$= 28.24[\text{mm}]$

軸の規格(p.84)より，$d = 30[\text{mm}]$

端ジャーナルの幅 l は，

$l = 1.567d = 1.567 \times 30 = 47.01[\text{mm}]$

よって，$l = 50[\text{mm}]$ とする。

問2 $d = \sqrt[3]{\dfrac{1.27W(l + 2l_1)}{\sigma_a}}$

$= \sqrt[3]{\dfrac{1.27 \times 10 \times 10^3 \times (l + 2 \times 0.25l)}{35}}$

$= \sqrt[3]{544.3l}$

$l = 1.4d$ から，$d^3 = 544.3 \times 1.4d$

よって，$d = \sqrt{544.3 \times 1.4} = 27.60[\text{mm}]$

軸の規格(p.84)から，$d = 28[\text{mm}]$

幅 l は，

$l = 1.4 \times 28 = 39.2[\text{mm}]$

よって，$l = 40[\text{mm}]$ とする。

問3 $l = 5.24 \times \dfrac{Wn}{pv \times 10^5}$

$= 5.24 \times \dfrac{20 \times 10^3 \times 150}{1.5 \times 10^5}$

$= 104.8 \fallingdotseq 105[\text{mm}]$

また，

$d = \sqrt[3]{\dfrac{5.09Wl}{\sigma_a}} = \sqrt[3]{\dfrac{5.09 \times 20 \times 10^3 \times 105}{50}}$

$= 59.79[\text{mm}]$

軸の規格(p.84)から，$d = 60[\text{mm}]$

軸受圧力は，

$p = \dfrac{W}{dl} = \dfrac{20 \times 10^3}{60 \times 105} = 3.175 \fallingdotseq 3.18[\text{MPa}]$

この値は，鋳鉄の軸受材料の最大許容圧力の値 $3{\sim}6\,\text{MPa}$(機械設計1 p.210 表7-3)の範囲内なので，安全である。

3 転がり軸受 p.94

1，2 玉，ころ **3** 転動体

4，5 点，線 **6** 転がり **7** 動力損失

8 互換性 **9** 安価 **10** 保守・点検

11 単列深溝 **12** ラジアル **13** スラスト

14，15 高速回転，低騒音 **16** アンギュラ

17 接触角 **18** スラスト **19** スラスト

20 スラスト **21** 自動調心 **22** 球面

23 円すい **24** スラスト **25** 針状

26 軸受系列記号 **27** 内径番号

問4 $f_n = \sqrt[3]{\dfrac{33.3}{n}} = \sqrt[3]{\dfrac{33.3}{1480}} = 0.2823$

$f_h = \sqrt[3]{\dfrac{L_h}{500}} = \sqrt[3]{\dfrac{50000}{500}} = 4.642$

$W = f_wW_0 = 1.2 \times 0.5 \times 10^3 = 600[\text{N}]$

玉軸受の基本動定格荷重

$C = \dfrac{f_h}{f_n}W = \dfrac{4.642}{0.2823} \times 600 = 9866[\text{N}]$

C の表から $d = 20\,\text{mm}$(内径番号 04)

$dn = 20 \times 1480 = 29600[\text{mm·min}^{-1}]$

dn の限界値の表(p.97)から速度限界内にあるので，6204 とする。

問5 $f_n = \sqrt[3]{\dfrac{33.3}{n}} = \sqrt[3]{\dfrac{33.3}{500}} = 0.4053$

$f_h = \sqrt[3]{\dfrac{L_h}{500}} = \sqrt[3]{\dfrac{45000}{500}} = 4.481$

$W = f_wW_0 = 1.2 \times 2 \times 10^3 = 2400[\text{N}]$

$C = \dfrac{f_h}{f_n}W = \dfrac{4.481}{0.4053} \times 2400 = 26530[\text{N}]$

C の表から $d = 35\,\text{mm}$（内径番号 07）

$dn = 35 \times 500 = 17500[\text{mm·min}^{-1}]$

dn の限界値の表(p.97)から速度限界内にあるので，7207 とする。

4 潤 滑 p.97

1 接触面　**2, 3** 動力の節約，摩耗の減少

4 冷却　**5** 軸受すきま　**6** 軸受すきま比

7 0.001　**8** 境界潤滑　**9** 流体潤滑

10, 11 グリース潤滑，油潤滑

12, 13, 14 手差し潤滑，滴下潤滑，リング潤滑 他

15, 16, 17 油浴潤滑，グリース潤滑，オイルミスト潤滑 他　**18** 液体　**19** 半固体状

20 固体　**21** 粘度　**22** 温度範囲

23 化学的　**24** 混ざりもの

25, 26 回転速度，荷重

5 密封装置 p.97

1 シール　**2** 潤滑油　**3** 気体

4, 5 作動油，燃料　**6** パッキン

7 ガスケット

8, 9 V パッキン，U パッキン

10, 11 O リング，オイルシール

12, 13 液体シーリング，ラビリンスパッキン

第8章 リンク・カム

1 機械の運動 p.98

1 機械の運動と種類

1 平面運動　**2, 3** 並進運動，回転運動

4 平行

5, 6 旋盤の往復台，内燃機関のピストン

7 一つの軸　**8, 9** 歯車，プーリ

10 三次元　**11** 空間運動　**12** つる巻線運動

13 軸方向　**14** ナット　**15** 球面上

16 自在軸継手

2 瞬間中心

1 回転運動　**2** 瞬間中心　**3** 比例

4 直角

問1 円板の中心 C の速度は一定であり，円板が1回転すると C は円周の長さだけ移動するから，

$v_C = \pi \times 1 = 3.14[\text{m/s}]$（水平方向）

$v_P = 2v_C = 2 \times 3.14 = 6.28[\text{m/s}]$（水平方向）

$v_Q = \sqrt{2}\, v_C = \sqrt{2} \times 3.14 = 4.44[\text{m/s}]$（水平から反時計回りに $45°$ 方向）

2 リンク機構 p.99

1, 2 回り，進み　**3** リンク機構

4 連鎖　**5** 固定連鎖　**6** 限定連鎖

7 不限定連鎖　**8** 限定連鎖　**9** 1自由度

10 2自由度　**11** 四節回転機構

12 機構の交替　**13** てこクランク機構

14 往復角運動　**15** 両クランク機構

16 平行クランク機構　**17** ウインドワイパ

18 両てこ機構　**19** 水平引き込みクレーン

20 水平　**21** 往復スライダクランク機構

22 揺動スライダクランク機構

問2 図より限定連鎖である。

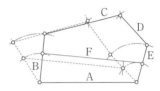

問3 作図によって，$\theta = 30°$ のときと $\theta = 60°$ のときの各 O_1R が求められる。スライダの速度は O_1R に比例するため速度比は，

$$\frac{\theta = 60° \text{ の } O_1R'}{\theta = 30° \text{ の } O_1R} \fallingdotseq 1.55$$

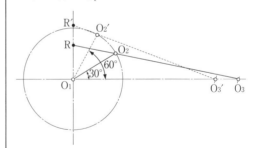

問4 $\cos \alpha_2 = \dfrac{b}{c} = \dfrac{200}{600} = \dfrac{1}{3}$

よって，$\alpha_2 \fallingdotseq 70.53°$

$\alpha_1 = 180° - \alpha_2 = 180° - 70.53° = 109.47°$

よって，$\dfrac{\alpha_1}{\alpha_2} = \dfrac{109.47°}{70.53°} = 1.552 \fallingdotseq 1.55$

問5 O_2 での F の分力 F' と O_3 での P は，

$$F' = \frac{F}{2\sin\theta}, \quad P = F'\cos\theta$$

$$P = \frac{F\cos\theta}{2\sin\theta} = \frac{F}{2\tan\theta}$$

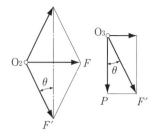

問6

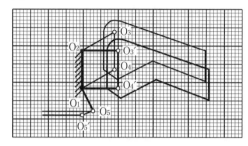

3 カム機構 p.101

1 カム機構とカムの種類

1 平面カム **2** 立体カム **3** 板カム

4 往復運動 **5** 確動カム **6** 直動カム

7 逆カム **8** 原動節 **9** 従動節

10, 11, 12 円筒カム, 円すいカム, 球面カム

13 確動カム **14** エンドカム **15** 斜板カム

16 角度

2 板カムの設計

1 変位線図 **2** 速度線図 **3** 加速度線図

4 カム線図 **5** 等速度 **6** 変位線図

7, 8 円弧, 直線 **9, 10** 接線カム, 円弧カム

4 間欠運動機構 p.101

1 断続 **2** 間欠 **3** ゼネバ **4** 印刷

5 つめ車装置 **6** 一定の角度

7 インデックスカム

第9章 歯 車

1 歯車の種類 p.102

1 相対位置 **2, 3** つけかた, 形状

4〜7 はすば歯車, やまば歯車, 内歯車, ラック **8, 9** すぐばかさ歯車, まがりばかさ歯車 **10〜12** ハイポイドギヤ, ウォームギヤ, ねじ歯車

2 回転運動の伝達 p.102

1 直接接触による運動の伝達

1 従動節 **2, 3** 原動節, 従動節

4, 5 滑り接触, 転がり接触 **6** 角速度比

2 摩擦車

1 円筒摩擦車

1 摩擦車 **2** 円筒摩擦車

3 たがいに押し付ける **4** 軸受 **5** 動力

6 滑り **7** 角速度比 **8** 85〜90

9 静か **10** 滑らか **11** 破損

12, 13 外接, 内接 **14** 同方向 **15** 半径の差

2 その他の摩擦車

1 交わる2軸間 **2** 平行 **3** 逆向き

4 連続的

3 平歯車の基礎 p.103

1 歯車各部の名称

1 基準面 **2** 歯 **3** 歯車 **4** 大歯車

5 小歯車 **6** 基準円 **7** 歯末のたけ

8 歯元のたけ **9** 歯たけ **10** 基準円

11 ピッチ点

2 歯の大きさ

1 ピッチ **2** モジュール **3** モジュール

4 ピッチ

問1 $m = \dfrac{d}{z} = \dfrac{140}{35} = 4[\text{mm}]$

問2 $d = mz = 6 \times 32 = 192[\text{mm}]$

$p = \pi m = \pi \times 6 = 18.84 = 18.8[\text{mm}]$

3 歯車の速度伝達比

1 モジュール **2** 速度伝達比 **3** 歯数比

4 歯車列 **5** 減速歯車列 **6** 減速比

7 逆数 **8** 増速比 **9** 1以上

10, 11 中心距離, モジュール **12** 一定

13, 14, 15 中心距離, モジュール, 速度伝達比

問3 $i = \dfrac{z_2}{z_1}$ から, $z_2 = iz_1$

$a = \dfrac{m(z_1 + z_2)}{2}$

$= \dfrac{m(z_1 + iz_1)}{2} = \dfrac{mz_1(1 + i)}{2}$

$z_1 = \dfrac{2a}{m(1 + i)} = \dfrac{2 \times 120}{1.5 \times (1 + 3)} = 40$

$z_2 = iz_1 = 3 \times 40 = 120$

問4 $z_2 = iz_1 = \dfrac{3}{2} \times 60 = 90$

$$a = \frac{m(z_1 + z_2)}{2} = \frac{2 \times (60 + 90)}{2}$$

$$= 150[\text{mm}]$$

4 歯形曲線

1 共通法線　**2** ピッチ点　**3** 共通法線

4，5，6，7 歯の強さ，互換性，製作の難易，歯面の摩耗　**8，9** サイクロイド，インボリュート　**10** 製作　**11** 互換性

12 増減　**13** 動力伝達用

5 インボリュート歯形

1 インボリュート　**2** インボリュート

3 共通法線　**4** 作用線　**5** 基準円

6 圧力角

6 歯のかみあい

1 かみあい率

1 かみあい長さ　**2** かみあい

3 基礎円ピッチ　**4** かみあい率　**5** 分散

6 負担　**7，8** 振動，騒音　**9** 強さ

10 寿命　**11** 1.2～2.5　**12** かみあい

13 歯

2 歯の干渉と切下げ

1 大きい　**2** 歯の干渉　**3** 歯の切下げ

4 かみあい　**5** 歯数14

7 標準平歯車と転位歯車

1 標準平歯車

1 大きさ　**2** かみあう　**3** 歯形

4 ラック　**5** 直線形　**6** ラック工具

7 かみあわせ　**8，9，10** 圧力角，ピッチ，歯厚　**11** 基準ラック　**12** 20°

13 モジュール　**14** データム線

15 標準平歯車　**16** ピッチ　**17** 誤差

18，19 歯の変形，熱膨張　**20** バックラッシ

21 潤滑油

問5　標準平歯車の寸法から，

$$d = mz = 4 \times 32 = 128[\text{mm}]$$
$$d_a = m(z + 2) = 4 \times (32 + 2)$$
$$= 136[\text{mm}]$$

問6　$i = \dfrac{d_2}{d_1} = 2$　よって，$d_2 = 2d_1$

$$a = \frac{d_1 + d_2}{2} = \frac{3}{2}d_1 = 225$$

から，$d_1 = 150[\text{mm}]$

よって，$d_2 = 2d_1 = 300[\text{mm}]$

$$z_1 = \frac{d_1}{m} = \frac{150}{5} = 30$$

$$z_2 = \frac{d_2}{m} = \frac{300}{5} = 60$$

標準平歯車の寸法より，

$$d_{a1} = m(z_1 + 2) = 5 \times (30 + 2)$$
$$= 160[\text{mm}]$$
$$d_{a2} = m(z_2 + 2) = 5 \times (60 + 2)$$
$$= 310[\text{mm}]$$

2 転位歯車

1 転位　**2** 転位歯車　**3** 転位量

4 転位係数　**5** 切下げ限界の転位係数

4 平歯車の設計　p.110

1 歯の強さ

1 折れ　**2** 摩耗　**3** ピッチング

2 歯の曲げ強さ

1 片持ばり　**2** 危険断面　**3** 歯形係数

4 形状　**5** 曲げ強さ

6，7 歯数，転位係数　**8** トルク

9，10 加工，取り付け　**11** $\dfrac{b}{m}$

12 歯幅係数

3 歯面強さ

1，2 摩耗，ピッチング　**3** 圧力

4 使用係数　**5** 動荷重係数　**6** 安全率

7 Z_H　**8** Z_E

4 歯の強さの計算

1，2 歯の曲げ強さ，歯面強さ　**3** 材料

4 連続回転　**5** 摩耗　**6** ピッチング

7 歯面強さ　**8** 曲げ強さ

問7　(1) 曲げ強さから円周力 F を求める。

周速度　$v = \dfrac{\pi m z_1 n_1}{60 \times 10^3}$

$$= \frac{\pi \times 4 \times 25 \times 1200}{60 \times 10^3}$$

$$= 6.283[\text{m/s}]$$

(a) 小歯車　$\sigma_{Flim} = 211\,\text{MPa}$，$K_A = 1.25$，$K_V = 1.2$，$S_F = 1.2$，$Y = 2.65$ とすれば，

$$F = \frac{\sigma_{Flim} bm}{Y K_A K_V S_F}$$

$$= \frac{211 \times 35 \times 4}{2.65 \times 1.25 \times 1.2 \times 1.2}$$

$$= 6193[\text{N}]$$

(b) 大歯車　$\sigma_{Flim} = 211\,\text{MPa}$，$Y = 2.23$ とすれば，

$$F = \frac{\sigma_{Flim} bm}{Y K_A K_V S_F}$$

$$= \frac{211 \times 35 \times 4}{2.23 \times 1.25 \times 1.2 \times 1.2}$$

$$= 7359[\text{N}]$$

(2) 歯面強さから円周力 F を求める。

歯車の許容接触応力 $\sigma_{Hlim} = 540\,\text{MPa}$，

$$Z_E = 189.8[\sqrt{\text{MPa}}], \ Z_H = 2.49, \ S_H = 1.0,$$

$$u = \frac{z_2}{z_1} = \frac{76}{25} = 3.04 \ \text{だから,}$$

$$F = \left(\frac{\sigma_{H\lim}}{Z_H Z_E}\right)^2 \frac{u}{u+1} \cdot \frac{d_1 b}{K_A K_V S_H^2}$$

$$= \left(\frac{540}{2.49 \times 189.8}\right)^2 \times \frac{3.04}{3.04+1} \times$$

$$\frac{4 \times 25 \times 35}{1.25 \times 1.2 \times 1.0^2} = 2292[\text{N}]$$

以上の計算から，歯面強さから求めた円周力が最小なので，動力を求めると，

$$P = Fv = 2292 \times 6.283 = 14400[\text{W}]$$

$$= 14.4[\text{kW}]$$

2 歯車各部の設計

3 鋳造歯車および溶接構造歯車

1，2 鋳造歯車，溶接構造歯車

3 炭素鋼鋳鋼品　**4** ウェブ

5，6，7 リム，ウェブ，ハブ

3 設計例

1 設計の要点

1 伝達動力　**2，3** 回転速度，速度伝達比

4 中心距離

問8 周速度 $\quad v = \dfrac{\pi d n}{60 \times 10^3}$

$$= \frac{\pi \times 300 \times 250}{60 \times 10^3}$$

$$= 3.927[\text{m/s}]$$

円周力 $\quad F = \dfrac{P}{v} = \dfrac{7.5 \times 10^3}{3.927} = 1910[\text{N}]$

使用係数 $K_A = 1.25$, $K_V = 1.2$, $\sigma_{F\lim} = 90.6$ [MPa], $S_F = 1.2$, Y は歯数 100 枚から $Y = 2.18$ である。

また，$m = \dfrac{d}{z} = \dfrac{300}{100} = 3[\text{mm}]$ だから，

$$b = \frac{F}{\sigma_{F\lim} m} Y K_A K_V S_F$$

$$= \frac{1910 \times 2.18 \times 1.25 \times 1.2 \times 1.2}{90.6 \times 3}$$

$$= 27.57[\text{mm}], \ 28 \text{mm とする。}$$

問9 (1) 軸 径

$$d_{s1} = 36.5 \sqrt[3]{\frac{P}{\tau_a n_1}} = 36.5 \times \sqrt[3]{\frac{8 \times 10^3}{20 \times 750}}$$

$$= 29.60[\text{mm}] \ \fallingdotseq \ 35[\text{mm}]$$

$$d_{s2} = 36.5 \sqrt[3]{\frac{P}{\tau_a n_2}} = 36.5 \times \sqrt[3]{\frac{8 \times 10^3}{20 \times 120}}$$

$$= 54.52[\text{mm}] \ \fallingdotseq \ 60[\text{mm}]$$

キー溝の深さを調べ，それを計算値に加えて軸の規格(p.84)から軸径を求める。

(2) モジュール

$$i = \frac{n_1}{n_2} = \frac{d_2}{d_1}$$

よって，$d_2 = \dfrac{n_1}{n_2} d_1 = \dfrac{750}{120} d_1 = 6.25 d_1$

$$a = \frac{d_1 + d_2}{2} = \frac{d_1 + 6.25 d_1}{2} = 400 \ \text{から,}$$

$$d_1 = \frac{400 \times 2}{7.25} = 110.3 \ \fallingdotseq \ 110[\text{mm}]$$

周速度を求めて円周力を求める。

周速度 $\quad v = \dfrac{\pi d_1 n_1}{60 \times 10^3} = \dfrac{\pi \times 110 \times 750}{60 \times 10^3}$

$$= 4.320[\text{m/s}]$$

円周力 $\quad F = \dfrac{P}{v} = \dfrac{8 \times 10^3}{4.320} = 1852[\text{N}]$

$K_A = 1.25$, $K_V = 1.2$, $S_F = 1.2$, $b = Km = 10m$

① 小歯車について m を求める。Y は歯数が決まっていないが，およそ 20〜30 くらいとして，その平均を求める。

$$Y = 2.67, \ \sigma_{F\lim} = 340 \text{MPa}$$

$$m = \sqrt{\frac{FYK_A K_V S_F}{10 \, \sigma_{F\lim}}}$$

$$= \sqrt{\frac{1852 \times 2.67 \times 1.25 \times 1.2 \times 1.2}{10 \times 340}}$$

$$= 1.618[\text{mm}]$$

$m = 2[\text{mm}]$ とすると，

$$z_1 = \frac{d_1}{m} = \frac{110}{2} = 55 \ \text{となる。ここで，歯}$$

数 $z_1 = 55$ の歯形係数は 2.3 であり計算で用いた値 2.67 より小さい値なので，m を計算しなおせばより小さい値になるから，このままでよい。

② 大歯車についても同様に m を求める。

$d_2 = 6.25 d_1$ だから，$mz_2 = 6.25 mz_1$

$$z_2 = 6.25 z_1$$

$$= 6.25 \times 55 = 344$$

歯数 $z_2 = 344$ の $Y = 2.09$, $\sigma_{F\lim} = 211 \text{MPa}$

$$m = \sqrt{\frac{FYK_A K_V S_F}{10 \, \sigma_{F\lim}}}$$

$$= \sqrt{\frac{1852 \times 2.09 \times 1.25 \times 1.2 \times 1.2}{10 \times 211}}$$

$$= 1.817[\text{mm}]$$

したがって，小歯車と同様に m は 2mm とする。また，$d_2 = 6.25 d_1 = 6.25 \times 110 = 687.5 \ \fallingdotseq \ 688[\text{mm}]$,

$$z_2 = \frac{d_2}{m} = \frac{688}{2} = 344$$

$m = 2[\text{mm}]$, $d_1 = 110[\text{mm}]$, $d_2 = 688$ [mm], $z_1 = 55$, $z_2 = 344$ とする。

(3) 歯　幅

$K = 10$ から $b = Km = 10 \times 2 = 20[\text{mm}]$ であるが，一般に小歯車の歯幅は大歯車の歯幅よりいく分大きくする。また歯の側面の面取りも考えて，次のように決める。

$$b_1 = 25[\text{mm}], \quad b_2 = 22[\text{mm}]$$

(4) 各部の寸法

規格をもとにして各部の寸法を決める。小歯車は円板状とする。

中心距離

$$a = \frac{d_1 + d_2}{2} = \frac{110 + 688}{2}$$
$$= 399[\text{mm}]$$

外径

$$d_{a1} = m(z_1 + 2) = 2 \times (55 + 2)$$
$$= 114[\text{mm}]$$
$$d_{a2} = m(z_2 + 2) = 2 \times (344 + 2)$$
$$= 692[\text{mm}]$$

歯底円直径

$$d_{f1} = m(z_1 - 2.5)$$
$$= 2 \times (55 - 2.5)$$
$$= 105[\text{mm}]$$
$$d_{f2} = m(z_2 - 2.5)$$
$$= 2 \times (344 - 2.5)$$
$$= 683[\text{mm}]$$

キーの寸法　　　　　　　　　単位〔mm〕

小歯車 10×8 　軸の溝 $t_1 \begin{matrix}5.0\\7.0\end{matrix}$ 　ハブの溝 $t_2 \begin{matrix}3.3\\4.4\end{matrix}$
大歯車 18×11

大歯車はウェブ付き C 型とする。

ハブの外径

$$d_{h2} = d_{s2} + 7\,t_2$$
$$= 60 + 7 \times 4.4 = 90.8$$
$$\fallingdotseq 90[\text{mm}]$$

ハブの長さ

$$l_2 = b_2 + 2\,m + 0.04\,d_2$$
$$= 22 + 2 \times 2 + 0.04 \times 688$$
$$= 53.52 \fallingdotseq 55[\text{mm}]$$

リムの厚さ

$$l_w = 3.15\,m = 3.15 \times 2$$
$$= 6.3[\text{mm}]$$

リムの内径

$$d_{i2} = d_{f2} - 2l_w$$
$$= 683 - 2 \times 6.3 = 670.4$$
$$\fallingdotseq 670[\text{mm}]$$

ウェブの厚さ

$$b_{w2} = 3\,m = 3 \times 2$$
$$= 6[\text{mm}]$$

抜き穴の中心円の直径

$$d_{c2} = 0.5(d_{i2} + d_{h2})$$
$$= 0.5 \times (670 + 90)$$
$$= 380[\text{mm}]$$

抜き穴の直径

$$d_{p2} = 0.25(d_{i2} - d_{h2})$$
$$= 0.25 \times (670 - 90)$$
$$= 145[\text{mm}]$$

抜き穴の数　4 個とする。

5　その他の歯車　p.118

1　はすば歯車

1　断続的　**2**　衝撃，騒音　**3**　はすば歯車

4　かみあい率　**5**　回転音　**6**　運転性能

7　動力　**8**　減速装置　**9**　製作

10　ねじれ角　**11**　10～30°　**12**　回転力

13　スラスト荷重　**14**　はすば歯車

15　やまば歯車　**16**　歯直角歯形

17　軸直角歯形

2　かさ歯車

1　かさ歯車　**2**　基準円すい

3, 4, 5　すぐばかさ歯車，まがりばかさ歯車，はすばかさ歯車　**6**　マイタ歯車　**7**　冠歯車

8　背円すい面

3　ウォームギヤ

1　ウォーム　**2**　ウォームホイール

3　ウォームギヤ　**4**　速度伝達比

5　大きな減速　**6**　ウォーム

7　ウォームホイール　**8**　摩擦　**9**　進み角

10　増速装置

6　歯車伝動装置　p.119

1　歯車列の速度伝達比

1　歯車列　**2**　z_2　**3**　z_1　**4**　z_3　**5**　z_2

6　中間の歯車　**7**　遊び歯車　**8**　速度伝達比

9　同方向　**10**　逆方向　**11**　z_4　**12**　z_3

13　z_6　**14**　z_5　**15**　従動歯車の歯数の積

16　原動歯車の歯数の積

17　速度伝達比

18, 19　従動歯車，原動歯車　**20**　速度伝達比

問10　$n_{IV} = n_1 \times \dfrac{z_1 \times z_3 \times z_5}{z_2 \times z_4 \times z_6}$

$$= 1600 \times \frac{45 \times 32 \times 15}{64 \times 75 \times 72}$$

$= 100 [\mathrm{min}^{-1}]$

問11 $i = i_1 \cdot i_2 = 15 = 3 \times 5$

$\dfrac{z_2}{z_1} = 3 = \dfrac{90}{30}$ $\dfrac{z_4}{z_3} = 5 = \dfrac{100}{20}$ となる。

よって，$i = \dfrac{z_2}{z_1} \cdot \dfrac{z_4}{z_3} = \dfrac{90}{30} \times \dfrac{100}{20}$

ここで，歯のかみあいを考え，二つの速度伝達比 i_1, i_2 を近づけるため分母を入れかえる。

$z_1 = 20$, $z_2 = 90$, $z_3 = 30$, $z_4 = 100$

解答は一例である。その他の解答を考えてみよ。

問12 モジュールが等しいから，

$z_1 + z_2 = z_3 + z_4$，がなりたつ。

$z_4 = z_1 + z_2 - z_3 = 25 + 75 - 30 = 70$

よって，$i = \dfrac{z_2}{z_1} \cdot \dfrac{z_4}{z_3} = \dfrac{75 \times 70}{25 \times 30} = 7$

問13 $\dfrac{n_{\mathrm{III}}}{n_{\mathrm{IV}}} = \dfrac{z_6}{z_5}$ から，

$n_{\mathrm{IV}} = n_{\mathrm{III}} \dfrac{z_5}{z_6} = 120 \times \dfrac{3}{80} = 4.5 [\mathrm{min}^{-1}]$

$i = \dfrac{n_{\mathrm{I}}}{n_{\mathrm{IV}}} = 96$

よって，$n_{\mathrm{I}} = 96 \, n_{\mathrm{IV}}$

$= 96 \times 4.5 = 432 [\mathrm{min}^{-1}]$

問14 $i = \dfrac{n_{\mathrm{I}}}{n_{\mathrm{IV}}}$

$n_{\mathrm{IV}} = \dfrac{n_{\mathrm{I}}}{i} = \dfrac{1\,200}{96} = 12.5 [\mathrm{min}^{-1}]$

2 平行軸歯車装置

1 速度伝達比 **2** 変速装置 **3** 歯車式

4, 5 電気式，油圧式 **6** 巻掛け式

1 減速歯車装置

1 7 **2** 5 **3** 2段・3段

4 はすば歯車式 **5** 大幅な減速

6 機械効率 **7** 不適当

2 変速歯車装置

1 変速歯車装置 **2** 速度列 **3** 等比数例

3 遊星歯車装置

1 遊星歯車装置 **2** 太陽歯車 **3** 遊星歯車

	A	①	②
(1)全体のりづけ	+3	+3	+3
(2)腕　固　定	0	−5	$-(-5) \times \dfrac{80}{20} = +20$
(3)正味回転数	+3	−2	$+3 + 20 = +23$

問15 (1) 全体を固定して+5回転する。

(2) A を固定して①を−5回転する。

(3) 正味回転数の算出をする。(1) + (2)

したがって，＋30回転

	A	①	②
(1)全体のりづけ	+5	+5	+5
(2)腕　固　定	0	−5	$-(-5) \times \dfrac{60}{12} = +25$
(3)正味回転数	+5	0	+30

問16 (1) 全体を固定して+1回転する。

(2) A を固定して①を−1回転する。

(3) 正味回転数の算出をする。(1) + (2)

したがって，$-\dfrac{1}{25}$回転

	A	①	②と②′	③
(1)全体のりづけ	+1	+1	+1	+1
(2)腕　固　定	0	−1	$-(-1) \times \dfrac{51}{50} = +\dfrac{51}{50}$	$-\dfrac{51 \times 51}{50 \times 50} \fallingdotseq -1\dfrac{1}{25}$
(3)正味回転数	+1	0	$+2\dfrac{1}{50}$	$-\dfrac{101}{2500} \fallingdotseq -\dfrac{1}{25}$

問17 (1) 全体を固定して−6回転する。

(2) A を固定して①を+5回転する。

(3) 正味回転数の算出をする。(1) + (2)

したがって，②−21回転，③−9回転

	A	①	②	③
(1)全体のりづけ	−6	−6	−6	−6
(2)腕　固　定	0	+5	$-(+5) \times \dfrac{60}{20} = -15$	$-(+5) \times \dfrac{60}{20} \times \dfrac{20}{100} = -3$
(3)正味回転数	−6	−1	−21	−9

3 かさ歯車装置

1 滑り **2** 速く **3** 終減速装置

4 減速歯車装置 **5** 差動歯車装置

6 逆方向 **7** 同じ **8** 反対側

問18 左車軸の固定ということになり，差動小歯車④が減速大歯車②と一緒に公転しながら自転するため，右車軸は左右両車軸の回転の差だけ余計に回転する。このようなとき右車軸は正常の回転の2倍回転する。

第10章 ベルト・チェーン

1 ベルトによる伝動 p.125

1 ベルト伝動の種類

1 プーリ **2** ベルト **3** ベルト伝動

4 Vベルト **5** 平ベルト **6** Vベルト

7 Vリブドベルト **8** 複数 **9** リブ

10 高効率 **11** 背面 **12** 多軸伝動

13 自動車補機駆動用 **14** 歯付ベルト

15 歯付プーリ 16 滑り 17 正確

18, 19 騒音, 振動 20, 21 事務機械,
家電機器

2 Vベルト伝動

1 回転速度 2 回転比 3 軸間距離

4 騒音 5 メンテナンス 6 潤滑

7 ゴム 8 ポリエステルコード

9 初張力 10 3 11 呼び番号

12 鋳鉄 13 鋳鋼 14 40 15 大きく

問1 (1)衝撃的なトルク変動を吸収したい(2)過剰な
トルクによる機械の破壊を滑りによって防ぎたい
(3)騒音を小さくしたい(4)軸間距離をとりたい(5)装
置を安価にしたい(6)メンテナンスを容易にしたい
など。

問2 式 (10-2) より,

$$L = 2a + \frac{\pi}{2}(d_{e2} + d_{e1}) + \frac{(d_{e2} - d_{e1})^2}{4a}$$

$$= 2 \times 645 + \frac{\pi}{2} \times (200 + 125) +$$

$$\frac{(200 - 125)^2}{4 \times 645} = 1803[mm]$$

式(10-1)より,

$$i = \frac{d_{e2}}{d_{e1}} = \frac{200}{125} = 1.600$$

$$n_2 = \frac{n_1}{i} = \frac{1400}{1.600} = 875.0[min^{-1}]$$

$L = 1803$ mm, $n_2 = 875$ min^{-1}

16 負荷変動 17 伝達動力 18 軸間距離

補充問題

式(10-4) より, $P_d = K_0 P = 1.3 \times 1.0 = 1.3$
[kW], $d_{e1} = 80$ mm とすると,

$$d_{e2} = \frac{n_1}{n_2} d_{e1} = \frac{1425}{370} \times 80 = 308.1[mm]$$

表10-5 から $d_{e2} = 315$ mm のプーリとする。
式(10-2)より,

$$L = 2a + \frac{\pi}{2}(d_{e2} + d_{e1}) + \frac{(d_{e2} - d_{e1})^2}{4a}$$

$$= 2 \times 350 + \frac{\pi}{2} \times (315 + 80) +$$

$$\frac{(315 - 80)^2}{4 \times 350} = 1360[mm]$$

表10-3 から呼び番号530, 1346 mm とする。式
(10-5) において $B = L - \frac{\pi}{2}(d_{e2} + d_{e1}) =$
$1346 - \frac{\pi}{2} \times (315 + 80) = 725.5$ となるので,

$$a = \frac{B + \sqrt{B^2 - 2(d_{e2} - d_{e1})^2}}{4}$$

$$= \frac{725.5 + \sqrt{725.5^2 - 2 \times (315 - 80)^2}}{4}$$

$$= 342.6 = 343[mm]$$

表10-8 から, $\frac{d_{e2} - d_{e1}}{a} = \frac{315 - 80}{342.6} = 0.6859$
より, $K_\theta = 0.89$, ベルトの呼び番号を530とし
たので表10-9 から $K_L = 0.97$ である。表10-10
から $n_1 = 1425$ min^{-1} では, $P_S = 1.66$ kW,
回転比は式(10-1) より, $i = \frac{d_{e2}}{d_{e1}} = \frac{315}{80} =$
3.94 だから, $P_a = 0.25$ kW である。Vベルト1
本あたりの P_C は, 式(10-6) より, $P_C = (P_S +$
$P_a)K_\theta K_L = (1.66 + 0.25) \times 0.89 \times 0.97 =$
1.649[kW] となる。Vベルトの本数 Z は, 式
(10-7) より, $Z = \frac{P_d}{P_C} = \frac{1.3}{1.649} = 0.788$ とな
るので1本とする。

細幅ベルト：3V形, 呼び番号530, 本数1本

細幅プーリ：呼び外径 $d_{e1} = 80$ mm,
$d_{e2} = 315$ mm

軸間距離：a = 343 mm

3 歯付ベルト伝動

1 鋼線 2 ゴム 3 7 4 片面歯付

5 多軸伝動 6 逆回転駆動 7 伝達動力

8, 9 回転速度, 回転比 10 軸間距離

11 7 12, 13 インボリュート, 直線

問3 式 (10-2) より,

$$L = 2a + \frac{\pi}{2}(d_{e2} + d_{e1}) + \frac{(d_{e2} - d_{e1})^2}{4a}$$

$$= 2 \times 250 + \frac{\pi}{2} \times (45.28 + 22.64)$$

$$+ \frac{(45.28 - 22.64)^2}{4 \times 250}$$

$$= 607.2[mm],$$

表10-13 からベルトの長さは, 609.60 mm(呼び
長さ240)とする。

2 チェーンによる伝動 p.130

1 スプロケット 2 ローラチェーン

3 サイレントチェーン 4 滑り

5, 6 運動, 力 7 軸間距離

8 初張力 9 軸受部 10 S歯形

11, 12 鋼, 鋳鉄 13 摩耗

14 17 15 114 16 奇数 17 水平

18 60° 19 上 20 下

21, 22 滴下潤滑, 油浴潤滑 23 強制潤滑

24 カバー 25 伝達動力 26 回転速度

27, 28, 29 平均速度, 回転比, 軸間距離

30 A系 31 伝達動力 32 スプロケット

問4 式 (10-14) より，

$$z_2 = iz_1 = 1.5 \times 18 = 27$$

式(10-16)より，

$$L_p = \frac{2a}{p} + \frac{1}{2}(z_1 + z_2) + \frac{p(z_2 - z_1)^2}{4\pi^2 a}$$

$$= \frac{2 \times 400}{12.70} + \frac{1}{2} \times (18 + 27)$$

$$+ \frac{12.70 \times (27 - 18)^2}{4 \times \pi^2 \times 400}$$

$$= 85.56$$

リンク数は 86 とする。

第11章　クラッチ・ブレーキ

1　クラッチ　p. 132

1　クラッチの種類

1，2，3　かみあいクラッチ，摩擦クラッチ，自動クラッチ　**4，5，6，7**　機械クラッチ，油圧クラッチ，電磁クラッチ，空気圧クラッチ

8　つめ　**9**　軸線　**10**　つめ　**11**　かみあい

12，13　停止中，低速回転　**14**　摩擦板

15　摩擦力　**16**　滑り　**17**　滑らかな

18　半クラッチ　**19**　摩擦板　**20**　電磁力

21　回転　**22**　摩擦面　**23**　単板クラッチ

24　多板クラッチ　**25**　回転状態　**26**　自動的

27，28　一方向，遠心　**29**　扇風機　**30**　風

2　単板クラッチの設計

1　両軸端　**2**　従動軸側　**3**　軸方向

4　圧力　**5**　摩擦部品　**6**　摩擦熱

7　慣性　**8**　軸方向　**9**　軸受

問1　$T = 9.55 \times 10^3 \dfrac{P}{n}$

$$= 9.55 \times 10^3 \times \frac{12 \times 10^3}{300}$$

$$= 382.0 \times 10^3 [\text{N·mm}]$$

$\dfrac{D_2}{D_1} = 1.5$ より，$D_2 = 1.5 D_1$ となるので，

$$T = \frac{\pi \mu f}{16}(D_2 + D_1)^2 (D_2 - D_1)$$

$$382.0 \times 10^3 = \frac{\pi \times 0.2 \times 1.5}{16}$$

$$\times (1.5 D_1 + D_1)^2$$

$$\times (1.5 D_1 - D_1)$$

$$= 0.1841 D_1^3$$

内径 D_1 を求めるので，

$$D_1 = \sqrt[3]{\frac{382.0 \times 10^3}{0.1841}} = 127.5 [\text{mm}]$$

よって，$D_1 = 130 [\text{mm}]$ とする。

外径 D_2 は，

$$D_2 = 1.5 D_1 = 1.5 \times 130 = 195 [\text{mm}]$$

2　ブレーキ　p. 134

1　摩擦ブレーキの種類

1，2　減速，停止　**3**　停止　**4**　人力

5，6　流体圧，電磁力　**7**　ブレーキドラム

8　ブレーキシュー　**9，10**　単，複

11　内側　**12**　ブレーキシュー

13　ドラムブレーキ　**14**　複ブロックブレーキ

15　ディスクブレーキ　**16**　速度　**17**　位置

18，19　ウインチ，クレーン

20　ねじブレーキ　**21**　バンドブレーキ

2　回生ブレーキ

1　発電機　**2**　運動　**3**　電気　**4**　運動

5　循環型社会　**6**　ハイブリッド

3　ブロックブレーキの設計

問2　$F = \dfrac{fa}{\mu l}$ から，

$$f = \mu F \frac{l}{a} = 0.2 \times 150 \times \frac{1200}{200} = 180 [\text{N}]$$

問3　ブレーキドラムに加わる力 R を求める。

$$F = \frac{a}{l} R \text{ から，}$$

$$R = \frac{l}{a} F = \frac{1200}{300} \times 200 = 800 [\text{N}]$$

ブレーキシューの長さは，$p = \dfrac{R}{hb}$ から，

$$h = \frac{R}{pb} = \frac{800}{0.2 \times 30} = 133.3 \fallingdotseq 133 [\text{mm}]$$

ブレーキトルク T は，複ブロックブレーキなので単ブロックブレーキの2倍のトルクとなる。よって，

$$T = f \frac{D}{2} \times 2 = \mu R \frac{D}{2} \times 2$$

$$= 0.2 \times 800 \times \frac{400}{2} \times 2$$

$$= 64 \times 10^3 [\text{N·mm}]$$

第12章　ばね・振動

1　ばね　p. 136

1　ばね定数　**2**　ばね指数　**3**　座巻数

4 有効巻数

問1 (1) $k = \dfrac{Gd^4}{8N_aD^3} = \dfrac{78.5 \times 10^3 \times 2^4}{8 \times 250 \times 18^3}$

$\qquad\qquad = 0.1077 = 0.108[\text{N/mm}]$

(2) $3F = 3k\delta = 3 \times 0.1077 \times \delta = 300[\text{N}]$

だから，

$\qquad \delta = \dfrac{300}{3 \times 0.1077} = 928.5 = 929[\text{mm}]$

(1) 0.108 N/mm (2) 929 mm

問2 $k = \dfrac{Gd^4}{8N_aD^3} = \dfrac{78.5 \times 10^3 \times 12^4}{8 \times 14 \times 100^3}$

$\qquad\quad = 14.53[\text{N/mm}]$

$\qquad \delta = \dfrac{W}{k} = \dfrac{150}{14.53} = 10.32 \fallingdotseq 10.3[\text{mm}]$

$c = \dfrac{D}{d} = \dfrac{100}{12} = 8.333$ なので，

$\kappa = \dfrac{4c-1}{4c-4} + \dfrac{0.615}{c}$

$\quad = \dfrac{4 \times 8.333 - 1}{4 \times 8.333 - 4} + \dfrac{0.615}{8.333} = 1.176$

$\tau = \dfrac{\kappa 8WD}{\pi d^3} = \dfrac{1.176 \times 8 \times 150 \times 100}{\pi \times 12^3}$

$\quad = 25.995 = 26.0[\text{MPa}]$

5 板ばね

問3 $k = \dfrac{bh^3E}{4l^3} = \dfrac{100 \times 6^3 \times 206 \times 10^3}{4 \times 500^3}$

$\qquad\quad = 8.899 = 8.90[\text{N/mm}]$

$\sigma = \dfrac{6Wl}{bh^2} = \dfrac{6 \times 100 \times 500}{100 \times 6^2}$

$\quad = 83.33 = 83.3[\text{MPa}]$

$\delta = \dfrac{4l^3W}{bh^3E} = \dfrac{4 \times 500^3 \times 100}{100 \times 6^3 \times 206 \times 10^3}$

$\quad = 11.24 = 11.2[\text{mm}]$

問4 $\sigma_b = \dfrac{3Wl}{2Nbh^2} = \dfrac{3 \times 30 \times 10^3 \times 500}{2 \times 4 \times 200 \times 15^2}$

$\qquad\quad = 125[\text{MPa}]$

$\delta = \dfrac{3Wl^3}{8Nbh^3E}$

$\quad = \dfrac{3 \times 30 \times 10^3 \times 500^3}{8 \times 4 \times 200 \times 15^3 \times 206 \times 10^3}$

$\quad = 2.528 \fallingdotseq 2.53[\text{mm}]$

6 トーションバー

問5 $I_p = \dfrac{\pi}{32}d^4 = \dfrac{\pi}{32} \times 6^4 = 127.2[\text{mm}^4]$

だから，

$k_\tau = \dfrac{GI_p}{l} = \dfrac{78.5 \times 10^3 \times 127.2}{500}$

$\qquad = 19.97 \times 10^3 = 20.0 \times 10^3[\text{N}\cdot\text{mm/rad}]$

2 振 動 p. 138

1 単振動 **2** 振幅 **3** 周期 **4** 振動数

5，6 円振動数，角振動数 **7** 減衰振動

問6 $T = \dfrac{2\pi}{\omega} = \dfrac{2\pi}{31.4} = 0.2[\text{s}]$

問7 $f = \dfrac{1}{T} = \dfrac{1}{0.2} = 5[\text{Hz}]$

第13章　圧力容器と管路

1 圧力容器 p. 139

1 圧力を受ける円筒と球　**2** 円筒容器

1 垂直 **2** 内径 **3** 円周 **4** 軸

問1 $t = \dfrac{pD}{2\sigma} = \dfrac{1.6 \times 1200}{2 \times 80} = 12[\text{mm}]$

問2 $\sigma = \dfrac{pD}{2t}$ より，p と t が一定ならば D が大き

いほど σ が大きくなる。したがって D が小さいほ

うがよい。

問3 $\sigma_1 = \dfrac{p(D_2{}^2 + D_1{}^2)}{D_2{}^2 - D_1{}^2}$

$\qquad\quad = \dfrac{10 \times (1200^2 + 800^2)}{1200^2 - 800^2}$

$\qquad\quad = 26.0[\text{MPa}]$

問4 $0.385\,\sigma_a\eta = 0.385 \times 50 \times 0.95$

$\qquad\qquad\qquad = 18.29 \fallingdotseq 18.3[\text{MPa}]$

$0.385\,\sigma_a\eta > p = 1$ MPa で薄肉円筒だから，

$\quad t = \dfrac{pD}{2\sigma_a\eta - 1.2p}$

$\quad = \dfrac{1 \times 1000}{2 \times 50 \times 0.95 - 1.2 \times 1}$

$\quad = 10.66 \fallingdotseq 11[\text{mm}]$

（安全を考え，計算値より厚くする。）

問5 $0.385\,\sigma_a\eta = 0.385 \times 20 \times 0.95$

$\qquad\qquad\qquad = 7.315 \fallingdotseq 7.32[\text{MPa}]$

$p = 8$ MPa $> 0.385\,\sigma_a\eta$ で厚肉円筒だから，

$\quad t = \dfrac{D}{2}\left(\sqrt{\dfrac{\sigma_a\eta + p}{\sigma_a\eta - p}} - 1\right)$

$\quad = \dfrac{100}{2} \times \left(\sqrt{\dfrac{20 \times 0.95 + 8}{20 \times 0.95 - 8}} - 1\right)$

$\quad = 50 \times 0.5667 = 28.34 \fallingdotseq 28.4[\text{mm}]$

（安全を考え，計算値より厚くする。）

3 球形容器

問6 $D = \dfrac{4\,t\sigma}{p} = \dfrac{4 \times 12 \times 80}{1.6}$

$\qquad\quad = 2400 [\text{mm}]$

問7 $0.665\,\sigma_a\eta = 0.665 \times 50 \times 0.95$

$\qquad\qquad\quad = 31.59 \fallingdotseq 31.6 [\text{MPa}]$

$0.665\,\sigma_a\eta > p = 1\,\text{MPa}$ で薄肉球だから,

$\qquad t = \dfrac{pD}{4\,\sigma_a\eta - 0.4\,p}$

$\qquad\quad = \dfrac{1 \times 1000}{4 \times 50 \times 0.95 - 0.4 \times 1}$

$\qquad\quad = 5.274 \fallingdotseq 5.3 [\text{mm}]$

（安全を考え，計算値より厚くする。）

問8 $0.665\,\sigma_a\eta = 0.665 \times 25 \times 0.95$

$\qquad\qquad\quad = 15.79 \fallingdotseq 15.8 [\text{MPa}]$

$p = 20\,\text{MPa} > 0.665\,\sigma_a\eta$ で厚肉球だから,

$\qquad t = \dfrac{D}{2}\left\{ \sqrt[3]{\dfrac{2(\sigma_a\eta + p)}{2\,\sigma_a\eta - p}} - 1 \right\}$

$\qquad\quad = \dfrac{200}{2} \times \left\{ \sqrt[3]{\dfrac{2 \times (25 \times 0.95 + 20)}{2 \times 25 \times 0.95 - 20}} - 1 \right\}$

$\qquad\quad = 100 \times 0.4708 = 47.08 \fallingdotseq 47.1 [\text{mm}]$

（安全を考え，計算値より厚くする。）

2 管 路 p.142

2 管の寸法

1 薄肉円筒 **2** 0.80 **3** 1.00

問9 継目なし鋼管なので $\eta = 1$ として,

$\qquad t = \dfrac{pD}{2\,\sigma_a\eta - 1.2\,p} + 1$

$\qquad\quad = \dfrac{0.8 \times 65}{2 \times 100 \times 1 - 1.2 \times 0.8} + 1$

$\qquad\quad = 1.261 \fallingdotseq 1.26 [\text{mm}]$

問10 管の内径 D は,

$\qquad D = 2 \times 10^3 \sqrt{\dfrac{Q}{\pi v_m}} = 2 \times 10^3 \times \sqrt{\dfrac{7}{3\,\pi}}$

$\qquad\quad = 1724 [\text{mm}]$

よって，肉厚 t は,

$\qquad t = \dfrac{pD}{2\,\sigma_a\eta - 1.2\,p}$

$\qquad\quad = \dfrac{1 \times 1724}{2 \times 25 \times 0.8 - 1.2 \times 1}$

$\qquad\quad = 44.43 \fallingdotseq 44.5 [\text{mm}]$

（安全を考え，計算値より厚くする。）

第14章 構造物と継手

1 構造物 p.143

1, 2 溶接構造，骨組構造
3 平面骨組構造 **4** 部材 **5** 節点
6 滑節 **7** 剛節 **8** 滑節 **9** トラス
10 ピン結合 **11** 回転支点 **12** 移動支点
13 示力図 **14** 圧縮材 **15** 引張材

問1 **1** R_2 **2** R_1 **3** W **4** R_1
5 R_2 **6** 60° **7** 30° **8** 60° **9** 30°
10 2.5 **11** 7.5 **12** 5.0 **13** 圧縮 **14** 8.7
15 圧縮 **16** 4.3 **17** 引張